"十三五"江苏省高等学校重点教材（编号：2019-2-233）

海洋数值模拟

Oceanographic Numerical Simulation

主　编　董昌明

副主编　王　锦　李夹屿　刘广介

U0220867

科学出版社

北　京

内 容 简 介

本书为"十三五"江苏省高等学校重点教材，旨在全面、系统介绍海洋数值模拟的基本理论和方法及当前常用的海洋数值模式。本书共分 8 章，从海水运动基本控制方程出发，介绍数值模拟的基本理论，包括方程的推导、离散和求解，另外重点介绍海洋模式中常用的参数化方案，最后介绍海流模式、波浪模式、海气耦合模式等的研究进展和应用实例。全书以学为主，深入浅出，教材内容易被学生接受和理解；理论实践结合，读者可以学以致用。

本书可供海洋科学及相关学科的师生教学使用，也可供海洋管理、海洋开发、海洋交通运输和海洋环境保护等方面的科技人员参阅。

审图号：GS 京（2025）0157 号

图书在版编目（CIP）数据

海洋数值模拟 / 董昌明主编. —北京：科学出版社，2021.10

"十三五"江苏省高等学校重点教材

ISBN 978-7-03-069032-6

Ⅰ. ①海… Ⅱ. ①董… Ⅲ. ①海洋动力学－数值模拟－高等学校－教材 Ⅳ. ①P731.2

中国版本图书馆 CIP 数据核字（2021）第 108311 号

责任编辑：王腾飞 石宏杰 / 责任校对：杨聪敏
责任印制：赵 博 / 封面设计：许 瑞 董慰远

斜 学 出 版 社 出版

北京东黄城根北街 16 号
邮政编码：100717
http://www.sciencep.com

北京厚诚则铭印刷科技有限公司印刷
科学出版社发行 各地新华书店经销

*

2021 年 10 月第 一 版 开本：720 × 1000 1/16
2025 年 2 月第五次印刷 印张：12 1/4
字数：245 000
定价：89.00 元
（如有印装质量问题，我社负责调换）

前　言

本书为"十三五"江苏省高等学校重点教材，全面介绍海洋数值模拟相关原理方法及应用。自 20 世纪中叶以来，随着计算机技术发展，海洋数值计算研究逐渐兴起，成为人类研究认识海洋的重要手段之一。海洋数值模式在数值预报方面具有广泛的应用，包括气候研究、气候预测、近海环境预报等。本书主要内容包括海水运动控制方程、海洋数值模拟离散方法、海洋数值模拟参数化方案、常见的海洋数值模式（海流模式、波浪模式和海气耦合模式等）的介绍和应用。作者根据厚基础、宽口径的基本培养要求，依据多年的教学经验，将已有课程知识重点进行融合和修订，强调基础知识的教学，并将近年来的科研成果内化到教学中，编写适用于海洋学专业、涉海专业本科生和研究生使用的实用型教科书。

本书以介绍海洋数值模拟基础理论知识和海洋数值模式为主，辅以海洋数值模式实例，共分为 8 章。本书由董昌明教授为主编，其教学团队王锦、李春辉、孙文金、单海霞和陆青老师为副主编，同时董昌明教授团队成员和其延伸团队成员也参与了本书的编写工作：第 1 章为绪论，主要介绍海洋数值模拟基础概念和参数化方案以及常见的海洋数值模式（余洋、滕芳园、杨霄、韦销蔚、高慧、董蔚远、嵇宇翔、曹茜、谢文鸿参与编写）；第 2 章为海洋数值模拟基本知识，主要介绍不同坐标系下海水运动控制方程、海洋数值模拟离散方法、常系数二阶偏微分方程的数值求解方法（王锦、李春辉、单海霞、徐瑾、滕芳园、王青玥、陆晓婕、季巾淋、冯钰婷参与编写）；第 3 章介绍海洋数值模拟参数化方案（孙文金、董济海、杨霄、高晓倩、陆晓婕、王海丽、Kenny、王青玥、匡志远、钱苏慧、徐瑾参与编写）；第 4 章介绍海流模式及其应用（李春辉、滕芳园、杨霄、王淼、韩国庆、蒋星亮参与编写）；第 5 章介绍波浪模式及其应用（王锦、曹玉晗、徐瑾参与编写）；第 6 章介绍海气耦合模式及其应用（单海霞、王青玥、陆晓婕参与编写）；第 7 章介绍大洋环流模式在气候变化研究中的应用（陆青、韦销蔚、季巾淋、戴亮洁参与编写）；第 8 章介绍其他常用海洋模式（张一鸣、王海丽、高慧、曹茜、付冠琦、胡晨悦参与编写）。

作为从事海洋科学工作的教育者，我们希望学生们能够通过对本书理论和实践性的学习，具备海洋数值模拟基础知识并初步掌握数值模拟方法，这将有助于学生以后采用数值模型开展科学研究及工程应用工作，也能够帮助学生对海洋数值模拟的知识形成一个全面的认识和了解。作为海洋科学的研究者，我们站在国家面向海洋、走向深蓝的历史阶段，更加期盼这本书能够成为海洋科学及其相关学科的师生们实际使用的严谨而科学的学术教材，让大家能够更为全面真切地了解海洋数值模拟的最新发展，为当今蓬勃发展的海洋事业贡献些许力量。

本书的出版得到了科技部重点研发专项（2017YFA0604100，2016YFA0601803）、南方海洋科学与工程广东省实验室（珠海）资助项目（SML2020SP007）、自然资源部海洋环境科学与数值模拟重点实验室重点项目（2020-ZD-02）、2019 年江苏省品牌专业经费项目、"十三五"江苏省高等学校重点教材基金等的支持。

海洋科学理论研究发展迅猛，与之相应的数值模拟方法与技术也正在发生日新月异的变化。我们敬畏科学教育的理念，以科技工作者和高等教育工作者认真负责的态度，编写这本教材，由于知识水平有限，疏漏之处在所难免，若各位同仁、老师和同学在使用中发现问题，请及时指出，以便我们再版时更新修改。

董昌明

2021 年春于南京龙王山下

目　录

第1章 绪 论

海洋学是一门十分年轻的科学，发展至今不足 100 年的时间。人类认识海洋是从沿海地区和在海上从事生产活动开始的。1942 年，由著名的海洋学家 Sverdrup、Johnson 和 Fleming 合著的 *The Oceans* 一书标志着海洋学成为一门独立的学科。20 世纪 50～60 年代以后，海洋学的研究取得了较大进展并使海洋学成为一门综合性较强的学科，发展出许多学科分支，主要包括物理海洋学、海洋化学、海洋生物学、海洋地质学等。

海洋学研究包括多种研究手段：理论分析、现场观测、卫星遥感观测、实验室实验和数值模拟等。理论分析主要是通过总结海洋相关现象的物理特征，结合已有的物理定律，构建出宏观的海洋物理模型或者理论模型。对海洋进行现场观测是获取海洋数据资料的重要手段，目前主要的现场观测手段包括：浮标、走航观测、高持久的漂流船和滑翔机及小型的水下自动机器人等。卫星遥感观测利用卫星测高仪、红外传感器、微波传感器及海洋水色传感器等对海洋物理场进行大面积的持续观测。实验室实验主要是通过水槽或旋转水池模拟海洋中的各种现象，并通过测量分析得出海洋现象的规律。数值模拟是利用计算机把流场分为许多小网格或者区域，构建一维、二维或者三维的数值模型，利用数值计算方法如有限差分法（finite difference method，FDM）、有限体积法（finite volume method，FVM）等求解流体运动方程组，海洋数值模拟是目前研究海洋各种现象不可或缺的研究手段。相比其他的研究方法，海洋数值模拟研究发展相对较晚，第一个综合的海洋数值模型在 20 世纪 60 年代晚期才由 Bryan（1969）构建完成。近一二十年，随着高性能计算机的出现，海洋数值模拟研究得到了显著发展，出现了一批开源共享的数值模式系统，对海洋学的发展起了非常重要的作用。

掌握并在实际研究工作中熟练应用海洋数值模拟技术，要求使用者在充分理解海洋数值模拟的基础概念和模式中使用的参数化方案的基础上，了解不同类型的海洋模式，如海流模式、波浪模式、海气耦合模式、大洋环流模式及其他模式等，根据每个模式具体的要求特征，结合实际课题的需求，进行针对性的应用。

1.1 海洋数值模拟基础概念和参数化方案

利用数值模拟方法实现对海洋科学问题的研究，需要建立能够反映问题本质的数学模型（即反映问题中各变量之间关系的微分方程及对应的定解条件），这就需要掌握基本的海洋动力学知识；建立起数学模型后，还需要了解对这些微分方程进行离散和求解的方法，并寻求高准确度和高效率的计算方法，这就需要掌握基本的计算流体力学知识。

海洋动力学基于牛顿第二定律研究海水的运动。流体运动遵循动量守恒、质量守恒、盐度守恒、能量守恒和角动量守恒定律，海洋运动的控制方程建立在这些守恒定律的基础上，包括三维动量（纳维-斯托克斯方程，Navier-Stokes equations，简称 N-S 方程）（三个方程）、海水连续性方程、盐度平流扩散方程、温度平流扩散方程和海水状态方程。该方程组理论上涵盖了海浪、潮汐、风生大洋环流和深层环流等物理海洋学中所有的海水运动过程。这七个方程包含了七个变量，并且构成一个闭合的方程组，给定初始条件和边界条件便可求解该方程组。在不同坐标系下，如笛卡儿直角坐标系、球坐标系和垂向坐标 σ 坐标系等，海水运动控制方程又呈现不同的形式，以适应不同的研究情况。

海水运动控制方程由七个非线性方程（微分方程）组成，现有的数学和物理理论无法求出其解析解，只能依靠离散手段求出数值近似解。常用的数值模拟离散方法包括有限差分法、有限体积法和有限元法等。离散后的方程组（差分方程）还需要进行相容性（差分方程是否逼近微分方程）、收敛性（步长取多少，才能使差分方程的截断误差达到指定的精度要求）和稳定性（差分方程的误差是否随时间的增长被无限放大）的验证。Lax 等价定理则揭示了差分方程相容性、稳定性和收敛性三者之间的关系。

对于离散后的差分方程，可以通过二阶偏微分方程的数值求解方法求出差分方程的数值解。根据二阶偏微分方程的一般形式，二阶偏微分方程可分为双曲型、抛物型和椭圆型，给定边界条件和初始条件就可通过迭代法、追赶法等手段求出数值解。

海洋数值模式的核心问题之一是模式的参数化方案。现实中宏观物理过程通常是连续发生的，根据现实所归纳出的方程也是连续的。而在数值模式中，为了使计算机能够处理连续的方程，当前采用的数值化方案都是建立在微积分的理论上，使用离散网格点进行的，旨在求解网格分辨的速度、温度、盐度等控制方程。然而，使用离散网格会使得一些物理过程无法被模式分辨，同时一些模式自身由于客观条件的限制也无法将一些过程包含进来，这些不能被分辨、识别的过程统称为次网格过程。尽管这些次网格过程无法被识别，但是它们对模拟结果的影响依然不能被忽略。通过参数化的方式对这些过程进行有效的表达是目前对次网格过程的主要处理方式。参数化方案本身并不是针对次网格尺度的过程而设计出来的，自然界中仍然存在着一些物理过程，如湍流运动，其机制尚未得到科学的解释。参数化方案可以根据其特征进行数学上的归纳表达，从而达到在未知物理机制的前提下较为准确地使用函数代表这些物理过程的目的。

海洋数值模式在发展的过程中产生了多种次网格模式参数化方案。目前，海洋模式中常用的参数化方案主要包括：湍流参数化方案、中尺度过程参数化方案、次网格参数化方案、海气界面交换参数化方案、底边界层参数化方案等。在某些特定情况下，湍流参数化方案也会在次网格参数化方案中体现。

湍流参数化方案是针对海洋中的湍流过程所提出的参数化方案，在海洋数值模式中得到了广泛的运用。常见的湍流参数化方案有 Prandtl 混合长湍流闭合方案、标准 k-ε 参数化方案、Mellor-Yamada 参数化方案、混合型参数化方案及 KPP（K-profile parameterization）参数化方案等。其中需要注意的是，使用者应当首先学习湍流的基本概念，如分子黏性与扩散、雷诺应力及湍流二阶矩等，以便于理解湍流参数化方案的内容。

中尺度过程参数化方案是针对次网格过程的，其中常见的方案有 Redi 82（Redi，1982）方案及 GM 90（Gent and McWilliams，1990）参数化方案。次网格过程是数值计算上的概念，与现实存在的湍流过程有着本质区别，但是，湍流理论常常作为中尺度过程参数化的参照，有时这两个概念容易发生混用。中尺度过程至关重要。观察表明，中尺度过程是海洋多尺度运动过程中最活跃的部分，海洋中大部分的动能都储存在中尺度涡旋中。

随着计算机软硬件技术的飞速发展，许多以前在气候模式中不能分辨的次中尺度过程也逐渐成为海洋数值模拟的工作重心。相较于中尺度涡旋，次中尺度过程除了时空特征更小，它还是非地转的运动，能够引起海水在水平方向上强烈的辐聚辐散，从而诱发海水的垂向运动。研究次中尺度过程对于进一步研究海洋不同尺度运动的能量传递过程十分重要。它们可以由海洋中尺度涡旋、海洋锋面或者强流的剪切产生，为海洋湍流尺度的耗散及跨等密度面的混合提供了能量级串的通道，是海洋能量级串中的重要组成部分。目前，次中尺度参数化方案的研发已经成为当今物理海洋学领域的前沿热点问题之一。

海洋边界往往存在海洋与周围环境的能量交换过程，如海气界面的热辐射、海底边界的摩擦拖曳。这些物理过程同样需要参数化的处理。边界过程参数化方案一般包括：海气界面热量辐射的两种参数化方案、海气界面动量交换的两种参数化方案、海气界面飞沫过程的参数化方案及海底边界应力参数化方案。而海洋中的水平混合过程往往会受不同海域的不同海况影响，因此该类参数化方案具有尺度选择性，如 Laplacian 方案、Biharmonic 方案、Smagorinsky 方案等。

此外，海洋中的对流不稳定及浪致混合过程的参数化也同样重要。海洋表面的对流不稳定过程被认为是大西洋经向翻转流和深层海水形成的主要机制，浪致垂向混合是海洋波浪对海洋物理过程的主要影响方式之一。针对这些过程的参数化方案有对流调整参数化方案、热液羽流参数化方案、海浪直接作用与间接作用的参数化方案。

1.2　常见的海洋数值模式

随着海洋数值模拟技术的发展，海洋模式形成了许多不同的类型，如海流模式、波浪模式、海气耦合模式、大洋环流模式及其他模式等。研究者根据每个模式具体的要求特征，结合实际课题的需求，选择适合的海洋数值模式进行针对性的应用。目前，研究者较广泛使用的、常见的海洋数值模式有以下 5 类。

1.2.1　海流模式

海流又称为洋流，是海水因热辐射、蒸发、降水、冷缩等而形成密度不同的水团，再加上风应力、地转偏向力、引潮力等作用的大规模相对稳定的非周期性海水流动，是海水的普遍运动形式之一。海流一般为三维结构，通常将海流的水平运动分量狭义地称为海流，而铅直分量则单独命名为升降流，且水平方向的流动远强于铅直方向的流动。海域中的海流首尾相接可形成相对独立的环流系统，其将整个世界大洋联系起来，使大洋得以保持各水文、化学要素的长期相对稳定。海流的形成原因可归纳为两种，一为海表面的风力驱动，形成风生海流；二为海水的温盐变化，形成热盐环流。根据海水受力情况和发生区域的不同，海流还可以分为地转流、惯性流、陆架流、赤道流、东西边界流等。为了获得海洋流动的时空变化规律，海洋学家以一定的初始条件和边界条件将N-S 方程（描述黏性不可压缩流体动量守恒的运动方程）进行离散差分变为差分方程，并利用计算机数值求解差分方程组以获得区域和海盆尺度的海洋三维环流结构。

随着实测数据的增加、数据质量的优化及模式自身的快速发展，海洋数值模式如今已能较好地应用于海洋各个领域的基础研究，如海洋锋面、中尺度涡旋、黑潮等，并向精确预测方向发展，实现海流较为准确的预报。经过多年的探索和研究，海流模式发展出了多个通用开源模式，按照模式研究区域可将其划分为区域海流模式和全球海流模式，可用于模拟从中小尺度到大尺度的多种海洋流动现象。目前比较常用的区域海流模式包括：ROMS（Regional Ocean Modeling System）、FVCOM（Finite-Volume Coastal Ocean Model）、POM（Princeton Ocean Model）。全球海流模式包括：MITgcm（Massachusetts Institute of Technology General Circulation Model）、HYCOM（the HYbrid Coordinate Ocean Model）、OFES（Ocean General Circulation Model for the Earth Simulator）、LICOM（LASG/IAP Climate System Ocean Model）等。学习区域海流模式，应当重点针对各模式发展历程、基本概况、模式特点、模式原理、模式模拟流程及模式应用等几个方面进行，详细理解各模式所包含的模拟功能模块、采用的坐标系及方程组、嵌套和网格、输入条件、模式结果处理等，并结合典型实例在不同海域的各模式中进行应用。

1.2.2　波浪模式

海洋波动是海洋水体运动的主要形式之一，以多种形式存在，如风生浪、海洋内部密度跃层上的波动（内波）、物体（如海岸滑坡及海冰）溅入海水中引起的波浪（飞溅浪）、海啸、潮汐等。波浪模式是主要针对海洋波浪进行数值模拟和预报的模式。目前，国内外研究波浪的数学模式主要基于三类方程：缓坡方程、Boussinesq 方程和动谱平衡方程。基于不同方程的模式在模拟和预报时对波浪的机理各有侧重又各有特色。缓坡方程（椭圆型、抛物型和双曲型）基于线性波浪理论研究波浪在近岸的传播变形（折射和绕射），可以模拟波浪浅化、摩擦、折射、绕射等过程，但难于合理模拟风能输入、白帽和波-波非线性效应，尤其在非线性作用剧烈的水域不适用；Boussinesq 方程是一个含有孤立子波解的非线性方程，是法国力学家、理论物理学家布西内斯克（J. V. Boussinesq）于 1872 年在浅水波的研究中导出的，由于其在一个波长内计算网格密度要求较高和在长时间计算中的稳定性问题，其应用具有相对的局限性；动谱平衡方程（即波作用量平衡方程）数值模式视波浪为随机波，比其他模式更合理地考虑随机波的能量输入、耗散及转换机理。

波浪模式的发展主要经历了几个阶段：Phillips（1957）开发了第一代波浪模式；20 世纪 70 年代，众学者在模式的源项方程里引入非线性相互作用项从而开发了第二代波浪模式；80 年代末，欧洲海浪模拟小组开发了 WAM（Wave Modeling）模式。随后美国开发了 WW3（WaveWatch Ⅲ）模式，荷兰代尔夫特理工大学开发了 SWAN（Simulating WAves Nearshore）模式；国内先后提出了文氏风浪谱、LAGFD-WAM（LAGFD-Wave Modelling）波浪模式及 YE-WAM（YE-Wave Modelling）波浪模式等。

1.2.3　海气耦合模式

海洋和大气作为地球系统中两个最为活跃、最具气候影响力的圈层，大气和海洋之间的相互作用在整个地球圈层天气气候系统的生消和演变过程中起着主导作用。海洋状态的改变会对大气状态产生影响，而大气状态的改变又会反过来作用于海洋，二者的相互作用循环往复，形成耦合系统。气候变化既是海洋过程也是大气过程，二者相互影响。要想全面而准确地了解海洋或大气过程，就必须将二者耦合起来，割裂它们的相互作用进行研究是不准确的。因此，将现有的大气模式和海洋模式耦合在一起，组成一个各模式之间可以互相交换变量的耦合模式是十分必要的。

　　海气耦合模式经历了从简单到完善（复杂）的发展历程，早期的耦合模式仅考虑大气和海洋的相互作用，仅包含大气和海洋模块，随着耦合模式的发展，逐渐加入了陆地模块、海冰模块、生物模块和化学模块等，包含了大量地球气候系统中的物理、化学、生物等过程。另外，早期的海气耦合模式使用的是粗分辨率的全球模式，主要用于研究大尺度的海气相互作用，为了研究更小尺度的物理过程，研究人员尝试提高全球海气耦合模式的分辨率，但是受限于计算条件，不可能无限制地提高分辨率，因此又发展出了区域海气耦合模式。区域海气耦合模式在中小尺度的海气相互作用中，比全球海气耦合模式效果更好。目前海气耦合模式在研究和实际业务中已经得到了十分广泛的应用。

1.2.4　大洋环流模式

　　全球气候的变化会对地球环境和生态产生重大影响，甚至会威胁到人类生存。海洋在全球气候变化中起着不可替代的作用，海洋不仅可以调节全球气温、通过大洋环流促进热量的再分配、吸收二氧化碳减缓全球温室效应，还可以在海陆热力性质差异的作用下形成海陆风和季风从而影响沿海气候。全球大洋在调节气候的同时，自身也在发生显著的变化，例如，人类活动排放到大气中的二氧化碳含量剧增会导致全球海温升高和海平面抬升等现象的发生。

　　数值模式是目前我们认识、理解和预测气候变化的重要手段。海洋数值模式可以分为区域模式和全球模式，后者往往用于气候变化研究。有关大洋环流的数值模拟称为大洋环流模式或者全球海流模式，它由海表动量通量、淡水通量和热通量驱动，既可以单独运行，也可以作为海气耦合模式中的海洋模块耦合运行。目前国际上常用的大洋环流模式主要有 LICOM、HYCOM、MOM（Modular Ocean Model）、NEMO（Nucleus for European Modelling of the Ocean）和 POP（Parallel Ocean Program）等。

　　在经典的气候变化过程研究中，海洋气候模式也被广泛使用：如厄尔尼诺和南方涛动（El Nino and southern oscillation，ENSO）、大洋经向翻转环流（Meridional Overturning Circulation，MOC）、南极绕极流（Antarctic Circumpolar Current，ACC）和印尼贯穿流（Indonesia Through Flow，ITF）等都会对气候变化产生影响。ENSO是发生于赤道东太平洋地区的风场和海面温度振荡，是一种低纬度的海气相互作用现象，在海洋方面表现为厄尔尼诺-拉尼娜的转变，在大气方面表现为南方涛动。大洋经向翻转环流是纬向平均意义上的经向闭合环流，大西洋、太平洋和印度洋中均存在着 MOC 并分别被称为大西洋经向翻转环流（Atlantic Meridional Overturning Circulation，AMOC），太平洋经向翻转环流（Pacific Meridional Overturning Circulation，PMOC）和印度洋经向翻转环流（Indian Ocean Meridional Overturning Circulation，IOMOC）。

1.2.5　其他模式

海流模式、波浪模式、海气耦合模式、大洋环流模式等能够很好地模拟海水的运动变化。但是在海洋研究中，针对更为具体的科学问题和现象，如海洋湍流尺度过程、海冰变化、海洋生态过程、海洋沉积输运等过程的研究，还需要开发和使用更具有针对性的海洋模式，例如，大涡模拟（large eddy simulation，LES）是一种用于研究湍流运动的重要手段。大涡模拟采用滤波器将物理量分为大尺度量和小尺度量，直接模拟大尺度运动，利用次网格尺度模型描述小尺度运动对大尺度运动的影响，被认为是最具潜力的湍流数值模拟发展方向；海冰模式对模拟大气-海冰-海洋相互作用有着重要作用，其通过动力学和热力学过程模块从而模拟海冰厚度分布随时间和空间的演变；海洋生态动力学模型由物理-化学-生物模型耦合而成，目前所有海洋生态动力学模型都会含有营养盐（nutrient，N）、浮游植物（phytoplankton，P）、浮游动物（zooplankton，Z）三个状态变量，大部分海洋生态动力模型同时还会包括生物碎屑（detritus，D）变量，称为 NPZD 模型；沉积物输运的数值模拟可以对沉积物变化进行预测，模拟海洋环境中沉积物的输运中涉及复杂的物理过程和动力机制，通过各种流体动力学过程描述沉积物的再悬浮、输运和沉积，并提高人们对有关输运机制的认识。

综上所述，海洋数值模拟是在海洋科学及其相关学科的研究、应用工作中被广泛使用的重要手段之一。本书将从介绍数值模式的基本知识开始，系统全面地介绍海洋中各种数值模式，包括海流模式、波浪模式、海气耦合模式、气候模式系统中的海洋模式及其他常用海洋模式（大涡模式、海冰模式、海洋生态动力学模式、海洋沉积输运模式等）。其中，第 2 章对海洋数值模拟的基础知识，如海水运动控制方程、有限差分法等进行详细介绍；第 3 章对海洋数值模拟中常用的参数化方案，如湍流参数化方案、中尺度参数化方案、海气界面与海底边界过程参数化方案等进行详细介绍；第 4 章对常用的海流模式进行介绍，例如，区域海流模式包括：ROMS、FVCOM、POM，全球海流模式包括：MITgcm、HYCOM、OFES、LICOM 等；第 5 章对 SWAN 模式、WaveWatch 模式、LAGFD-WAM 模式和混合型海浪数值预报模式进行详细介绍；第 6 章对大气模式 WRF（Weather Research and Forecast）和区域海气耦合系统之一的 COAWST（Coupled Ocean-

Atmosphere-Wave-Sediment Transport Modeling System）模式及其应用进行介绍；第 7 章就 ENSO 和大洋经向翻转环流的气候意义及模拟进行介绍。第 8 章介绍大涡模拟、海冰模式、海洋生态动力学模型及海洋沉积输运模式，以此帮助读者进一步了解海洋数值模拟技术，学习海洋数值模拟理论，扩展对海洋数值模拟模式的认识和理解。

第 2 章　海洋数值模拟基本知识

　　系统学习海洋数值模式，首先必须了解和掌握海洋数值模拟的基本知识：①海水运动控制方程，②海洋数值模拟离散方法，③常系数二阶偏微分方程的数值求解方法。本章将从上述三个方面详细介绍相关基本知识。

2.1　海水运动控制方程

　　本节介绍三种坐标系下的海水运动控制方程：笛卡儿直角坐标系、球坐标系和垂向坐标 σ 坐标系。笛卡儿直角坐标系往往应用于区域海流模式；而球坐标系应用于海盆尺度物理过程的研究；垂向坐标 σ 坐标系将水深标准化，便于模式的设计。

2.1.1　笛卡儿直角坐标系下海水运动控制方程

　　海洋数值模式的控制方程包括三维动量方程（N-S 方程）（三个方程）、海水连续性方程、盐度平流扩散方程、温度平流扩散方程、海水状态方程，一共 7 个方程。求解这些方程，还需要海洋上边界、底边界和侧边界条件。这些方程与边界条件构成了海洋数值模式的完备动力系统。有关这些方程的详细物理推导过程，请读者参考《物理海洋学导论》（董昌明，2019）。本节只对这些方程做简要的叙述。

　　1. 三维动量方程

$$
\begin{cases}
\dfrac{\partial u}{\partial t}+\dfrac{\partial u^{2}}{\partial x}+\dfrac{\partial uv}{\partial y}+\dfrac{\partial uw}{\partial z}=-\dfrac{1}{\rho}\dfrac{\partial p}{\partial x}+2\Omega\sin\varphi\, v-2\Omega\cos\varphi\, w-\dfrac{\partial \Pi}{\partial x}+v\Delta u+\dfrac{\partial}{\partial x}\left(A_{xx}\dfrac{\partial u}{\partial x}\right) \\
\qquad\qquad\qquad\qquad +\dfrac{\partial}{\partial y}\left(A_{xy}\dfrac{\partial u}{\partial y}\right)+\dfrac{\partial}{\partial z}\left(A_{xz}\dfrac{\partial u}{\partial z}\right) \\[6pt]
\dfrac{\partial v}{\partial t}+\dfrac{\partial vu}{\partial x}+\dfrac{\partial v^{2}}{\partial y}+\dfrac{\partial vw}{\partial z}=-\dfrac{1}{\rho}\dfrac{\partial p}{\partial y}-2\Omega\sin\varphi\, u-\dfrac{\partial \Pi}{\partial y}+v\Delta v+\dfrac{\partial}{\partial x}\left(A_{yx}\dfrac{\partial v}{\partial x}\right) \\
\qquad\qquad\qquad\qquad +\dfrac{\partial}{\partial y}\left(A_{yy}\dfrac{\partial v}{\partial y}\right)+\dfrac{\partial}{\partial z}\left(A_{yz}\dfrac{\partial v}{\partial z}\right)
\end{cases}
$$

$$\left| \begin{aligned} \frac{\partial w}{\partial t} + \frac{\partial wu}{\partial x} + \frac{\partial wv}{\partial y} + \frac{\partial w^2}{\partial z} &= -\frac{1}{\rho}\frac{\partial p}{\partial z} + 2\Omega\cos\varphi u - g - \frac{\partial \Pi}{\partial z} + \nu\Delta w + \frac{\partial}{\partial x}\left(A_{zx}\frac{\partial w}{\partial x}\right) \\ &+ \frac{\partial}{\partial y}\left(A_{zy}\frac{\partial w}{\partial y}\right) + \frac{\partial}{\partial z}\left(A_{zz}\frac{\partial w}{\partial z}\right) \end{aligned} \right.$$

$$(2.1.1)$$

其中，u,v,w 分别为在 x,y,z 方向上的速度，x 的正向为向东，y 的正向为向北，z 的正向为向上；p 为压强；Ω 为地球旋转角速度；g 为重力加速度；φ 为纬度；Δ 为拉普拉斯算子，$\Delta = \dfrac{\partial^2}{\partial x^2} + \dfrac{\partial^2}{\partial y^2} + \dfrac{\partial^2}{\partial z^2}$；$\Pi$ 为天体引潮势；ν 为流体分子黏性系数，取值范围为 $10^{-7}\sim10^{-5}\mathrm{m^2/s}$；$A_{xx},A_{xy},\cdots,A_{zz}$ 为湍流运动黏滞系数，其中 $A_{xx},A_{yx},A_{zx},A_{xy},A_{yy},A_{zy}$ 为水平湍流运动黏滞系数，取值范围为 $10\sim10^4\mathrm{m^2/s}$，A_{xz},A_{yz},A_{zz} 为垂直湍流运动黏滞系数，取值范围为 $10^{-4}\sim10^{-1}\mathrm{m^2/s}$。

2. 海水连续性方程

通常认为海水是不可压缩的，其质量连续方程可写成：

$$\frac{\partial u}{\partial x} + \frac{\partial v}{\partial y} + \frac{\partial w}{\partial z} = 0 \qquad (2.1.2)$$

3. 盐度平流扩散方程

根据盐度守恒定律，可得盐度平流扩散方程

$$\frac{\partial s}{\partial t} + u\frac{\partial s}{\partial x} + v\frac{\partial s}{\partial y} + w\frac{\partial s}{\partial z} = k_D\Delta s + \frac{\partial}{\partial x}\left(K_{sx}\frac{\partial s}{\partial x}\right) + \frac{\partial}{\partial y}\left(K_{sy}\frac{\partial s}{\partial y}\right) + \frac{\partial}{\partial z}\left(K_{sz}\frac{\partial s}{\partial z}\right) \quad (2.1.3)$$

其中，s 为盐度；k_D 为分子盐扩散系数，在 15℃时，$k_D = 1.1\times10^{-9}\ \mathrm{m^2/s}$，$k_D\Delta s$ 为分子盐通量；K_{sx},K_{sy},K_{sz} 为湍流盐扩散系数，取值范围为 $10^{-6}\sim10^{-2}\mathrm{m^2/s}$。

4. 温度平流扩散方程

类比盐度平流扩散方程，可得到温度平流扩散方程

$$\frac{\partial \theta}{\partial t} + u\frac{\partial \theta}{\partial x} + v\frac{\partial \theta}{\partial y} + w\frac{\partial \theta}{\partial z} = k_\theta\Delta\theta + \frac{\partial}{\partial x}\left(K_{\theta x}\frac{\partial \theta}{\partial x}\right) + \frac{\partial}{\partial y}\left(K_{\theta y}\frac{\partial \theta}{\partial y}\right) + \frac{\partial}{\partial z}\left(K_{\theta z}\frac{\partial \theta}{\partial z}\right)$$

$$(2.1.4)$$

其中，θ 为海水温度；k_θ 为分子热传导系数，$k_\theta \approx 1.4\times10^{-7}\ \mathrm{m^2/s}$，$k_\theta\Delta\theta$ 为分子热通量；$K_{\theta x},K_{\theta y},K_{\theta z}$ 为湍流热扩散系数，取值范围为 $10^{-6}\sim10^{-2}\mathrm{m^2/s}$。

5. 海水状态方程

海水状态方程是表示海水密度与盐度、温度和压强之间关系的方程式：

$$\rho = \rho(s, \theta, p) \tag{2.1.5}$$

海水状态方程是一个非线性方程，可以参考联合国教育、科学及文化组织（UNESCO）在 1980 年和 2010 年推出的海水状态方程 EOS-80 和 TEOS-10。EOS-80 是标准联合专家小组在 1980 年第 10 次报告（UNESCO，1981）中公布的国际海水状态方程，分为"一个大气压国际海水状态方程"和"高压国际海水状态方程"两种。"一个大气压国际海水状态方程"具体定义如下。

在一个标准大气压（$p = 1013.25$ hPa）下，海水密度（ρ, kg/m³）根据实用盐度（s, psu）和温度（θ_{68}, ℃），按下列方程计算得出：

$$\rho(s, \theta, 0) = \rho_W + As + Bs^{3/2} + Cs^2 \tag{2.1.6}$$

其中，

$$A = 8.24493 \times 10^{-1} - 4.0899 \times 10^{-3}\theta + 7.6438 \times 10^{-5}\theta^2$$
$$- 8.2467 \times 10^{-7}\theta^3 + 5.3875 \times 10^{-9}\theta^4$$
$$B = -5.72466 \times 10^{-3} + 1.0227 \times 10^{-4}\theta - 1.6546 \times 10^{-6}\theta^2$$
$$C = 4.8314 \times 10^{-4}$$

而 ρ_W 是基准水的密度，当作纯水参考标准，由式（2.1.7）给出：

$$\rho_W = 999.842594 + 6.793952 \times 10^{-2}\theta - 9.095290 \times 10^{-3}\theta^2$$
$$+ 1.001685 \times 10^{-4}\theta^3 - 1.120083 \times 10^{-6}\theta^4 + 6.536332 \times 10^{-9}\theta^5 \tag{2.1.7}$$

式（2.1.7）由比格（Bigg，1967）给出，式（2.1.6）的适用范围：温度 $-2 \sim 40$℃（θ_{68}），实用盐度 $0 \sim 42$，计算密度标准差为 3.6×10^{-3} kg/m³。

通常情况下，为了工程使用的便利，海水状态方程可以简化为线性的形式：

$$\rho = \rho_0[1 - \alpha(\theta - \theta_0) + \beta(s - s_0)] \tag{2.1.8}$$

其中，$\rho_0 = 1028$ kg/m³；$\theta_0 = 10$℃ $= 283$K；$s_0 = 35$psu；α, β 分别为海水热膨胀系数和盐收缩系数，可取 $\alpha = 1.7 \times 10^{-4}$ K⁻¹，$\beta = 7.6 \times 10^{-4}$ psu⁻¹。

至此，我们将三维动量方程、海水连续性方程、盐度平流扩散方程、温度平流扩散方程、海水状态方程联立便得到了局地直角坐标系下海水运动的基本方程组：

$$\begin{cases} \dfrac{\partial u}{\partial t}+u\dfrac{\partial u}{\partial x}+v\dfrac{\partial u}{\partial y}+w\dfrac{\partial u}{\partial z}=-\dfrac{1}{\rho}\dfrac{\partial p}{\partial x}+2\Omega\sin\varphi v-2\Omega\cos\varphi w-\dfrac{\partial\Pi}{\partial x}+\nu\Delta u+\dfrac{\partial}{\partial x}\left(A_{xx}\dfrac{\partial u}{\partial x}\right) \\ \qquad\qquad +\dfrac{\partial}{\partial y}\left(A_{xy}\dfrac{\partial u}{\partial y}\right)+\dfrac{\partial}{\partial z}\left(A_{xz}\dfrac{\partial u}{\partial z}\right) \\ \dfrac{\partial v}{\partial t}+u\dfrac{\partial v}{\partial x}+v\dfrac{\partial v}{\partial y}+w\dfrac{\partial v}{\partial z}=-\dfrac{1}{\rho}\dfrac{\partial p}{\partial y}-2\Omega\sin\varphi u-\dfrac{\partial\Pi}{\partial y}+\nu\Delta v+\dfrac{\partial}{\partial x}\left(A_{yx}\dfrac{\partial v}{\partial x}\right) \\ \qquad\qquad +\dfrac{\partial}{\partial y}\left(A_{yy}\dfrac{\partial v}{\partial y}\right)+\dfrac{\partial}{\partial z}\left(A_{yz}\dfrac{\partial v}{\partial z}\right) \\ \dfrac{\partial w}{\partial t}+u\dfrac{\partial w}{\partial x}+v\dfrac{\partial w}{\partial y}+w\dfrac{\partial w}{\partial z}=-\dfrac{1}{\rho}\dfrac{\partial p}{\partial z}+2\Omega\cos\varphi u-g-\dfrac{\partial\Pi}{\partial z}+\nu\Delta w+\dfrac{\partial}{\partial x}\left(A_{zx}\dfrac{\partial w}{\partial x}\right) \\ \qquad\qquad +\dfrac{\partial}{\partial y}\left(A_{zy}\dfrac{\partial w}{\partial y}\right)+\dfrac{\partial}{\partial z}\left(A_{zz}\dfrac{\partial w}{\partial z}\right) \\ \dfrac{\partial u}{\partial x}+\dfrac{\partial v}{\partial y}+\dfrac{\partial w}{\partial z}=0 \\ \dfrac{\partial s}{\partial t}+u\dfrac{\partial s}{\partial x}+v\dfrac{\partial s}{\partial y}+w\dfrac{\partial s}{\partial z}=k_D\Delta s+\dfrac{\partial}{\partial x}\left(K_{sx}\dfrac{\partial s}{\partial x}\right)+\dfrac{\partial}{\partial y}\left(K_{sy}\dfrac{\partial s}{\partial y}\right)+\dfrac{\partial}{\partial z}\left(K_{sz}\dfrac{\partial s}{\partial z}\right) \\ \dfrac{\partial\theta}{\partial t}+u\dfrac{\partial\theta}{\partial x}+v\dfrac{\partial\theta}{\partial y}+w\dfrac{\partial\theta}{\partial z}=k_\theta\Delta\theta+\dfrac{\partial}{\partial x}\left(K_{\theta x}\dfrac{\partial\theta}{\partial x}\right)+\dfrac{\partial}{\partial y}\left(K_{\theta y}\dfrac{\partial\theta}{\partial y}\right)+\dfrac{\partial}{\partial z}\left(K_{\theta z}\dfrac{\partial\theta}{\partial z}\right) \\ \rho=\rho(s,\theta,p) \end{cases}$$

$$(2.1.9)$$

该方程组理论上涵盖了海浪、潮汐、风生大洋环流和深层环流等物理海洋学中所有的海水运动过程。这 7 个方程含有 7 个变量：u,v,w,p,ρ,s,θ，构成一个数学上完备的闭合方程组（值得指出的是，方程中的湍流扩散黏性系数是由湍流方程计算所得，这将在第 3 章中讨论），同时注意到u,v,w,s,θ的控制方程都含有对空间的二阶导数和对时间的一阶导数，需要在 x、y、z 方向上分别给出两个边界条件和一个初始条件。

在方程组中，u,v,w,p,ρ,s,θ 都是空间和时间的连续函数，由于海洋是有界的，与大气、海底和海岸线之间存在不连续界面，在这些界面上，基于连续性的海水运动方程不能应用，必须用边界条件来代替。在模拟区域海洋时，存在与外海交换信息的侧开边界，也需要边界条件的限制。下面介绍各种边界条件的具体形式。

（1）上边界条件。在海表面 $z=\xi(x,y,t)$ 处：

$$A_{xz}\dfrac{\partial u}{\partial z}=\tau_s^x(x,y,t) \qquad (2.1.10)$$

$$A_{yz}\dfrac{\partial v}{\partial z}=\tau_s^y(x,y,t) \qquad (2.1.11)$$

$$K_{\theta z} \frac{\partial \theta}{\partial z} = \frac{Q_\theta}{\rho_0 c_p} + \frac{1}{\rho_0 c_p} \frac{\mathrm{d} Q_\theta}{\mathrm{d}\theta}(\theta - \theta_{\mathrm{ref}}) \qquad (2.1.12)$$

$$K_{sz} \frac{\partial s}{\partial z} = \frac{(E-P)s}{\rho_0} \qquad (2.1.13)$$

$$w = \frac{\partial \xi}{\partial t} \qquad (2.1.14)$$

式（2.1.10）、式（2.1.11）为海表动力学边界条件，式（2.1.12）为海表温度场边界条件，式（2.1.13）为海表盐度场边界条件，式（2.1.14）为垂向速度在海表处的边界条件。其中，$\tau_s^x(x,y,t)$，$\tau_s^y(x,y,t)$ 为海表面风应力；Q_θ 为海表面热通量；θ 为海表面温度；θ_{ref} 为海表面参考温度；c_p 为海水的定压比热容；E 为蒸发量；P 为降水量。

（2）底边界条件。在海底 $z = -h(x,y)$ 处：

$$A_{xz} \frac{\partial u}{\partial z} = \tau_b^x(x,y,t) \qquad (2.1.15)$$

$$A_{yz} \frac{\partial v}{\partial z} = \tau_b^y(x,y,t) \qquad (2.1.16)$$

$$K_{\theta z} \frac{\partial \theta}{\partial z} = 0 \qquad (2.1.17)$$

$$K_{sz} \frac{\partial s}{\partial z} = 0 \qquad (2.1.18)$$

$$-w + \boldsymbol{v} \cdot \nabla h = 0 \qquad (2.1.19)$$

式（2.1.15）、式（2.1.16）为海底动力学边界条件，式（2.1.17）为海底温度场边界条件，式（2.1.18）为海底盐度场边界条件，式（2.1.19）为垂向速度在海底处的边界条件。其中，h 为海平面以下的水深；$\tau_b^x(x,y,t)$ 和 $\tau_b^y(x,y,t)$ 为海底摩擦力，海底摩擦力是海底水平流速的函数，一般有线性、二次和对数形式。例如，模式中的二次形式的摩擦定律表示为 $(\tau_b^x, \tau_b^y) = C_d \sqrt{u^2 + v^2} \cdot (u, v)$，其中，$C_d$ 为底摩擦系数。

（3）侧边界条件。在区域海洋数值模拟过程中，往往还需要给定侧边界条件，也可以设置开边界条件。区域模式的边界条件主要包括开边界、闭边界及周期边界。在开边界处需要给变量 u、v、T、S 和 ξ 提供合适的强迫。在 ROMS 手册中提供了详细的侧边界条件方案，详细内容请参考第 4 章。

2.1.2　球坐标系下海水运动控制方程

地球是近似球形的天体，海洋则是这一球体表面的薄层流体，在海盆尺度下

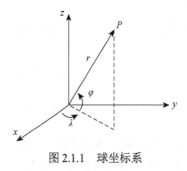

图 2.1.1　球坐标系

以球坐标系（图 2.1.1）描述海水运动更为准确。全球或海盆尺度的海洋模式，如气候模式，都以球坐标系下的海水运动方程为基本控制方程。

球坐标系是一种利用球坐标 (r,λ,φ) 表示任一个点 P 在三维空间位置的三维正交坐标系，图 2.1.1 显示了球坐标系的几何意义：原点到 P 点的距离为 r，原点到 P 点的连线与其在 xy 平面投影的夹角为 φ，即纬度，原点到 P 点的连线在 xy 平面的投影与 x 轴正向之间的方位角为 λ，即经度。

1. 三维动量方程

$$
\begin{cases}
\begin{aligned}
&\frac{\partial u}{\partial t}+\frac{u}{r\cos\varphi}\frac{\partial u}{\partial\lambda}+\frac{v}{r}\frac{\partial u}{\partial\varphi}+w\frac{\partial u}{\partial r}-\frac{uv}{r}\tan\varphi+\frac{uw}{r}=-\frac{1}{\rho r\cos\varphi}\frac{\partial p}{\partial\lambda}+2\omega\sin\varphi v-2\omega\cos\varphi w-\frac{1}{r\cos\varphi}\frac{\partial\Omega}{\partial\lambda}\\
&\quad+\nu\left(\Delta u-\frac{u}{r^2\cos\varphi}-\frac{2\tan\varphi}{r^2\cos\varphi}\frac{\partial v}{\partial\lambda}+\frac{2}{r^2\cos\varphi}\frac{\partial w}{\partial\lambda}\right)+\frac{1}{r^2\cos^2\varphi}\frac{\partial}{\partial\lambda}\left(A_{\lambda\lambda}\frac{\partial u}{\partial\varphi}\right)+\frac{1}{r^2\cos^2\varphi}\frac{\partial}{\partial\varphi}\left(\cos\varphi A_{\lambda\varphi}\frac{\partial u}{\partial\varphi}\right)\\
&\quad+\frac{1}{r^2}\frac{\partial}{\partial\lambda}\left(r^2A_{\lambda r}\frac{\partial u}{\partial r}\right)-\tan\varphi A_{\lambda\varphi}\frac{1}{r^2}\frac{\partial u}{\partial\varphi}+A_{\lambda r}\frac{1}{r}\frac{\partial u}{\partial r}\\[4pt]
&\frac{\partial v}{\partial t}+\frac{u}{r\cos\varphi}\frac{\partial v}{\partial\lambda}+\frac{v}{r}\frac{\partial v}{\partial r}+w\frac{\partial v}{\partial r}+\frac{u^2}{r}\tan\varphi+\frac{vw}{r}=\frac{1}{\rho r}\frac{\partial p}{\partial\varphi}-2\omega\sin\varphi u-\frac{1}{r}\frac{\partial\Omega}{\partial\varphi}\\
&\quad+\nu\left(\Delta v-\frac{v}{r^2\cos^2\varphi}+\frac{2\tan\varphi}{r^2\cos\varphi}\frac{\partial u}{\partial\lambda}+\frac{2}{r^2}\frac{\partial w}{\partial\varphi}\right)+\frac{1}{r^2\cos\varphi}\frac{\partial}{\partial\lambda}\left(A_{\varphi\lambda}\frac{\partial v}{\partial\lambda}\right)+\frac{1}{r^2\cos\varphi}\frac{\partial}{\partial\varphi}\left(\cos\varphi A_{\varphi\varphi}\frac{\partial v}{\partial\varphi}\right)\\
&\quad+\frac{1}{r^2}\frac{\partial}{\partial r}\left(r^2A_{\varphi r}\frac{\partial v}{\partial r}\right)+\tan\varphi A_{\lambda\lambda}\frac{1}{r^2\cos\varphi}\frac{\partial u}{\partial\lambda}+A_{\varphi r}\frac{1}{r}\frac{\partial v}{\partial r}\\[4pt]
&\frac{\partial w}{\partial t}+\frac{u}{r\cos\varphi}\frac{\partial w}{\partial\lambda}+\frac{v}{r}\frac{\partial w}{\partial\lambda}+\frac{v}{r}\frac{\partial w}{\partial\varphi}+w\frac{\partial w}{\partial r}-\frac{u^2+v^2}{r}=-\frac{1}{\rho}\frac{\partial p}{\partial r}+2\omega\cos\varphi u-g-\frac{\partial\Omega}{\partial r}\\
&\quad+\nu\left(\Delta w-\frac{2}{r^2}w+\frac{2\tan\varphi}{r^2}v-\frac{2}{r^2\cos\varphi}\frac{\partial u}{\partial\lambda}-\frac{2}{r^2}\frac{\partial v}{\partial\varphi}\right)+\frac{1}{r^2\cos^2\varphi}\frac{\partial}{\partial\lambda}\left(A_{r\lambda}\frac{\partial w}{\partial\lambda}\right)\\
&\quad+\frac{1}{r^2\cos\varphi}\frac{\partial}{\partial\varphi}\left(\cos\varphi A_{r\varphi}\frac{\partial w}{\partial\varphi}\right)+\frac{1}{r^2}\frac{\partial}{\partial r}\left(r^2A_{rr}\frac{\partial w}{\partial r}\right)\\
&\quad+\frac{1}{r}\left(A_{\lambda\lambda}\frac{1}{r\cos\varphi}\frac{\partial u}{\partial\lambda}+A_{\varphi\varphi}\frac{1}{r}\frac{\partial v}{\partial\varphi}\right)+\tan\varphi\frac{1}{r^2}\frac{\partial w}{\partial r}
\end{aligned}
\end{cases}
$$

（2.1.20）

其中，$\Delta=\dfrac{1}{r^2\cos^2\varphi}\dfrac{\partial^2}{\partial\lambda^2}+\dfrac{1}{r^2\cos\varphi}\dfrac{\partial\left(\cos\varphi\dfrac{\partial}{\partial\varphi}\right)}{\partial\varphi}+\dfrac{1}{r}\dfrac{\partial\left(r^2\dfrac{\partial}{\partial r}\right)}{\partial r}$；$\lambda$ 为经度；φ 为纬度；r 为地心到任意点的距离；Ω 为地球旋转角速度；$A_{\lambda\lambda},A_{\lambda\varphi},\cdots,A_{\varphi\varphi}$ 为湍流黏滞系数。

2. 海水连续性方程

$$\frac{1}{r\cos\varphi}\frac{\partial u}{\partial\lambda}+\frac{1}{r\cos\varphi}\frac{\partial(v\cos\varphi)}{\partial\varphi}+\frac{1}{r^2}\frac{\partial(r^2w)}{\partial r}=0 \tag{2.1.21}$$

3. 盐度平流扩散方程

$$\frac{\partial s}{\partial t}+\frac{u}{r\cos\varphi}\frac{\partial s}{\partial\lambda}+\frac{v}{r}\frac{\partial s}{\partial\varphi}+w\frac{\partial s}{\partial r}=k_D\Delta s+\frac{1}{r^2\cos^2\varphi}\frac{\partial}{\partial\lambda}\left(K_{s\lambda}\frac{\partial s}{\partial\lambda}\right)$$

$$+\frac{1}{r^2\cos\varphi}\frac{\partial}{\partial\varphi}\left(\cos\varphi K_{s\varphi}\frac{\partial s}{\partial\varphi}\right)+\frac{1}{r^2}\frac{\partial}{\partial r}\left(r^2K_{sr}\frac{\partial s}{\partial r}\right) \tag{2.1.22}$$

其中，$K_{s\lambda},K_{s\varphi},K_{sr}$ 为湍流盐扩散系数。

4. 温度平流扩散方程

$$\frac{\partial\theta}{\partial t}+\frac{u}{r\cos\varphi}\frac{\partial\theta}{\partial\lambda}+\frac{v}{r}\frac{\partial\theta}{\partial\varphi}+w\frac{\partial\theta}{\partial r}=k_\theta\Delta\theta+\frac{1}{r^2\cos^2\varphi}\frac{\partial}{\partial\lambda}\left(K_{\theta\lambda}\frac{\partial\theta}{\partial\lambda}\right)$$

$$+\frac{1}{r^2\cos\varphi}\frac{\partial}{\partial\varphi}\left(\cos\varphi K_{\theta\varphi}\frac{\partial\theta}{\partial\varphi}\right)+\frac{1}{r^2}\frac{\partial}{\partial r}\left(r^2K_{\theta r}\frac{\partial\theta}{\partial r}\right) \tag{2.1.23}$$

其中，$K_{\theta\lambda},K_{\theta\varphi},K_{\theta r}$ 为湍流热扩散系数。

5. 海水状态方程

$$\rho=\rho(s,\theta,p) \tag{2.1.24}$$

因此，球坐标系下联立的海水运动闭合方程组为

$$\begin{cases}\dfrac{\partial u}{\partial t}+\dfrac{u}{r\cos\varphi}\dfrac{\partial u}{\partial\lambda}+\dfrac{v}{r}\dfrac{\partial u}{\partial\varphi}+w\dfrac{\partial u}{\partial r}-\dfrac{uv}{r}\tan\varphi+\dfrac{uw}{r}=-\dfrac{1}{\rho r\cos\varphi}\dfrac{\partial p}{\partial\lambda}+2\omega\sin\varphi v-2\omega\cos\varphi w-\dfrac{1}{r\cos\varphi}\dfrac{\partial\Omega}{\partial\lambda}\\[2mm]
\quad+v\left(\Delta u-\dfrac{u}{r^2\cos\varphi}-\dfrac{2\tan\varphi}{r^2\cos\varphi}\dfrac{\partial v}{\partial\lambda}+\dfrac{2}{r^2\cos\varphi}\dfrac{\partial w}{\partial\lambda}\right)+\dfrac{1}{r^2\cos^2\varphi}\dfrac{\partial}{\partial\lambda}\left(A_{\lambda\lambda}\dfrac{\partial u}{\partial\lambda}\right)+\dfrac{1}{r^2\cos^2\varphi}\dfrac{\partial}{\partial\varphi}\left(\cos\varphi A_{\lambda\varphi}\dfrac{\partial u}{\partial\varphi}\right)\\[2mm]
\quad+\dfrac{1}{r^2}\dfrac{\partial}{\partial\lambda}\left(r^2A_{\lambda r}\dfrac{\partial u}{\partial r}\right)-\tan\varphi A_{\lambda\varphi}\dfrac{1}{r^2}\dfrac{\partial u}{\partial\varphi}+A_{\lambda r}\dfrac{1}{r}\dfrac{\partial u}{\partial r}\\[2mm]
\dfrac{\partial v}{\partial t}+\dfrac{u}{r\cos\varphi}\dfrac{\partial v}{\partial\lambda}+\dfrac{v}{r}\dfrac{\partial v}{\partial r}+w\dfrac{\partial v}{\partial r}+\dfrac{u^2}{r}\tan\varphi+\dfrac{vw}{r}=\dfrac{1}{\rho r}\dfrac{\partial p}{\partial\varphi}-2\omega\sin\varphi u-\dfrac{1}{r}\dfrac{\partial\Omega}{\partial\varphi}\\[2mm]
\quad+v\left(\Delta v-\dfrac{v}{r^2\cos^2\varphi}+\dfrac{2\tan\varphi}{r^2\cos\varphi}\dfrac{\partial u}{\partial\lambda}+\dfrac{2}{r^2}\dfrac{\partial w}{\partial\varphi}\right)+\dfrac{1}{r^2\cos\varphi}\dfrac{\partial}{\partial\lambda}\left(A_{\varphi\lambda}\dfrac{\partial v}{\partial\lambda}\right)+\dfrac{1}{r^2\cos\varphi}\dfrac{\partial}{\partial\varphi}\left(\cos\varphi A_{\varphi\varphi}\dfrac{\partial v}{\partial\varphi}\right)\\[2mm]
\quad+\dfrac{1}{r^2}\dfrac{\partial}{\partial r}\left(r^2A_{\varphi r}\dfrac{\partial v}{\partial r}\right)+\tan\varphi A_{\lambda\lambda}\dfrac{1}{r^2\cos\varphi}\dfrac{\partial u}{\partial\lambda}+A_{\varphi r}\dfrac{1}{r}\dfrac{\partial v}{\partial r}\\[2mm]
\dfrac{\partial w}{\partial t}+\dfrac{u}{r\cos\varphi}\dfrac{\partial w}{\partial\lambda}+\dfrac{v}{r}\dfrac{\partial w}{\partial\lambda}+\dfrac{v}{r}\dfrac{\partial w}{\partial\varphi}+w\dfrac{\partial w}{\partial r}-\dfrac{u^2+v^2}{r}=-\dfrac{1}{\rho}\dfrac{\partial p}{\partial r}+2\omega\cos\varphi u-g-\dfrac{\partial\Omega}{\partial r}
\end{cases}$$

$$+ v\left(\Delta w - \frac{2}{r^2}w + \frac{2\tan\varphi}{r^2}v - \frac{2}{r^2\cos\varphi}\frac{\partial u}{\partial\lambda} - \frac{2}{r^2}\frac{\partial v}{\partial\varphi}\right) + \frac{1}{r^2\cos^2\varphi}\frac{\partial}{\partial\lambda}\left(A_{r\lambda}\frac{\partial w}{\partial\lambda}\right)$$

$$+ \frac{1}{r^2\cos\varphi}\frac{\partial}{\partial\varphi}\left(\cos\varphi A_{r\varphi}\frac{\partial w}{\partial\varphi}\right) + \frac{1}{r^2}\frac{\partial}{\partial r}\left(r^2 A_{rr}\frac{\partial w}{\partial r}\right) + \frac{1}{r}\left(A_{\lambda\lambda}\frac{1}{r\cos\varphi}\frac{\partial u}{\partial\lambda} + A_{\varphi\varphi}\frac{1}{r}\frac{\partial v}{\partial\varphi}\right) + \tan\varphi\frac{1}{r^2}\frac{\partial w}{\partial r}$$

$$\frac{1}{r\cos\varphi}\frac{\partial u}{\partial\lambda} + \frac{1}{r\cos\varphi}\frac{\partial(v\cos\varphi)}{\partial\varphi} + \frac{1}{r^2}\frac{\partial(r^2 w)}{\partial r} = 0$$

$$\frac{\partial s}{\partial t} + \frac{u}{r\cos\varphi}\frac{\partial s}{\partial\lambda} + \frac{v}{r}\frac{\partial s}{\partial\varphi} + w\frac{\partial s}{\partial r} = k_D\Delta s + \frac{1}{r^2\cos^2\varphi}\frac{\partial}{\partial\lambda}\left(K_{s\lambda}\frac{\partial s}{\partial\lambda}\right) + \frac{1}{r^2\cos\varphi}\frac{\partial}{\partial\varphi}\left(\cos\varphi K_{s\varphi}\frac{\partial s}{\partial\varphi}\right) + \frac{1}{r^2}\frac{\partial}{\partial r}\left(r^2 K_{sr}\frac{\partial s}{\partial r}\right)$$

$$\frac{\partial\theta}{\partial t} + \frac{u}{r\cos\varphi}\frac{\partial\theta}{\partial\lambda} + \frac{v}{r}\frac{\partial\theta}{\partial\varphi} + w\frac{\partial\theta}{\partial r} = k_\theta\Delta\theta + \frac{1}{r^2\cos^2\varphi}\frac{\partial}{\partial\lambda}\left(K_{\theta\lambda}\frac{\partial\theta}{\partial\lambda}\right) + \frac{1}{r^2\cos\varphi}\frac{\partial}{\partial\varphi}\left(\cos\varphi K_{\theta\varphi}\frac{\partial\theta}{\partial\varphi}\right) + \frac{1}{r^2}\frac{\partial}{\partial r}\left(r^2 K_{\theta r}\frac{\partial\theta}{\partial r}\right)$$

$$\rho = \rho(s,\theta,p)$$

$$(2.1.25)$$

　　球坐标系下控制方程的边界条件与直角坐标系方程的边界条件类似，这里不再详细介绍。

　　其他海洋物理生化过程的控制方程，如波浪方程、海冰发展和运动方程、海洋生化过程等将在第 5 章和第 8 章里详细介绍。

2.1.3　垂向坐标 σ 坐标系下海水运动控制方程

　　海水的运动复杂多变，再加上海底地形的变化莫测，导致在模拟水深变化剧烈时出现分层差异较大的情况。垂向坐标 σ 坐标系将不同水深的海水在垂向分层时进行标准化处理（图 2.1.2），这对处理显著变化的地形至关重要，也给模式的设计提供极大的便利。下面简要介绍垂向坐标 σ 坐标系下海水运动控制方程（Song and Haidvogel，1994）。

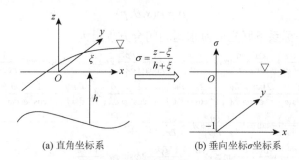

(a) 直角坐标系　　　　　　　　(b) 垂向坐标 σ 坐标系

图 2.1.2　坐标系变换示意图

ξ 为自由水面；h 为静水深；z 为 z 坐标系中的垂向水深

　　首先，引入垂向坐标变换关系式：

$$\sigma = \frac{z-\xi}{h+\zeta}$$

$$(2.1.26)$$

则在垂向坐标 σ 坐标系中：

$$\sigma=\begin{cases}0, & z=\xi\\-1, & z=-h\end{cases}\qquad(2.1.27)$$

即经坐标变换后，水深规范在（−1,0）。这样在水浅处可以享有和水深处相同的分层数，且各层的岸边界是不再变化的，利用式（2.1.21）和复合函数微分法则，可得 σ 坐标系下的控制方程组：

$$\frac{\partial u}{\partial t}-\frac{1}{H}\left(\sigma\frac{\partial H}{\partial t}+\frac{\partial \xi}{\partial t}\right)\frac{\partial u}{\partial \sigma}+u\left[\frac{\partial u}{\partial x}-\frac{1}{H}\left(\sigma\frac{\partial H}{\partial x}+\frac{\partial \xi}{\partial t}\right)\frac{\partial u}{\partial \sigma}\right]+v\left[\frac{\partial u}{\partial y}-\frac{1}{H}\left(\sigma\frac{\partial H}{\partial y}+\frac{\partial \xi}{\partial t}\right)\frac{\partial u}{\partial \sigma}\right]-w\frac{1}{H}\frac{\partial u}{\partial \sigma}$$

$$=-\frac{1}{\rho}\frac{\partial p}{\partial x}-\frac{1}{H}\left(\sigma\frac{\partial H}{\partial x}+\frac{\partial \xi}{\partial t}\right)\frac{\partial p}{\partial \sigma}+2\Omega\sin\varphi v-2\Omega\cos\varphi w-\frac{\partial \Pi}{\partial x}+\frac{1}{H}\left(\sigma\frac{\partial H}{\partial x}+\frac{\partial \xi}{\partial t}\right)\frac{\partial \Pi}{\partial \sigma}$$

$$+v\left\{\left[\frac{\partial u}{\partial x}-\frac{1}{H}\left(\sigma\frac{\partial H}{\partial x}+\frac{\partial \xi}{\partial t}\right)\frac{\partial u}{\partial \sigma}\right]+\left[\frac{\partial u}{\partial y}-\frac{1}{H}\left(\sigma\frac{\partial H}{\partial y}+\frac{\partial \xi}{\partial t}\right)\frac{\partial u}{\partial \sigma}\right]-\frac{1}{H}\frac{\partial u}{\partial \sigma}\right\}$$

$$+\left[\frac{\partial}{\partial x}-\frac{1}{H}\left(\sigma\frac{\partial H}{\partial x}+\frac{\partial \xi}{\partial t}\right)\frac{\partial}{\partial \sigma}\right]\left\{A_{xx}\left[\frac{\partial u}{\partial x}-\frac{1}{H}\left(\sigma\frac{\partial H}{\partial x}+\frac{\partial \xi}{\partial t}\right)\frac{\partial u}{\partial \sigma}\right]\right\}$$

$$+\left\{\left[\frac{\partial}{\partial y}-\frac{1}{H}\left(\sigma\frac{\partial H}{\partial y}+\frac{\partial \xi}{\partial t}\right)\frac{\partial}{\partial \sigma}\right]\right\}\left\{A_{xy}\left[\frac{\partial u}{\partial y}-\frac{1}{H}\left(\sigma\frac{\partial H}{\partial y}+\frac{\partial \xi}{\partial t}\right)\frac{\partial u}{\partial \sigma}\right]+\frac{1}{H}\frac{\partial}{\partial \sigma}\left(A_{xz}\frac{1}{H}\frac{\partial u}{\partial \sigma}\right)\right\}$$

$$\frac{\partial v}{\partial t}-\frac{1}{H}\left(\sigma\frac{\partial H}{\partial t}+\frac{\partial \xi}{\partial t}\right)\frac{\partial v}{\partial \sigma}+u\left[\frac{\partial v}{\partial x}-\frac{1}{H}\left(\sigma\frac{\partial H}{\partial x}+\frac{\partial \xi}{\partial t}\right)\frac{\partial v}{\partial \sigma}\right]+v\left[\frac{\partial v}{\partial y}-\frac{1}{H}\left(\sigma\frac{\partial H}{\partial y}+\frac{\partial \xi}{\partial t}\right)\frac{\partial v}{\partial \sigma}\right]-w\frac{1}{H}\frac{\partial v}{\partial \sigma}$$

$$=-\frac{1}{\rho}\left[\frac{\partial p}{\partial y}-\frac{1}{H}\left(\sigma\frac{\partial H}{\partial y}+\frac{\partial \xi}{\partial t}\right)\frac{\partial p}{\partial \sigma}\right]-2\Omega\sin\varphi u-\frac{\partial \Pi}{\partial y}+\frac{1}{H}\left(\sigma\frac{\partial H}{\partial y}+\frac{\partial \xi}{\partial t}\right)\frac{\partial \Pi}{\partial \sigma}$$

$$+v\left\{\left[\frac{\partial v}{\partial x}-\frac{1}{H}\left(\sigma\frac{\partial H}{\partial x}+\frac{\partial \xi}{\partial t}\right)\frac{\partial v}{\partial \sigma}\right]+\left[\frac{\partial v}{\partial y}-\frac{1}{H}\left(\sigma\frac{\partial H}{\partial y}+\frac{\partial \xi}{\partial t}\right)\frac{\partial v}{\partial \sigma}\right]-\frac{1}{H}\frac{\partial v}{\partial \sigma}\right\}$$

$$+\left[\frac{\partial}{\partial x}-\frac{1}{H}\left(\sigma\frac{\partial H}{\partial x}+\frac{\partial \xi}{\partial t}\right)\frac{\partial}{\partial \sigma}\right]\left\{A_{yx}\left[\frac{\partial v}{\partial x}-\frac{1}{H}\left(\sigma\frac{\partial H}{\partial x}+\frac{\partial \xi}{\partial t}\right)\frac{\partial v}{\partial \sigma}\right]\right\}$$

$$+\left[\frac{\partial}{\partial y}-\frac{1}{H}\left(\sigma\frac{\partial H}{\partial y}+\frac{\partial \xi}{\partial t}\right)\frac{\partial}{\partial \sigma}\right]\left\{A_{yy}\left[\frac{\partial v}{\partial y}-\frac{1}{H}\left(\sigma\frac{\partial H}{\partial y}+\frac{\partial \xi}{\partial t}\right)\frac{\partial v}{\partial \sigma}\right]+\frac{1}{H}\frac{\partial}{\partial \sigma}\left(A_{yz}\frac{1}{H}\frac{\partial v}{\partial \sigma}\right)\right\}$$

$$\frac{\partial w}{\partial t}-\frac{1}{H}\left(\sigma\frac{\partial H}{\partial t}+\frac{\partial \xi}{\partial t}\right)\frac{\partial w}{\partial \sigma}+u\left[\frac{\partial w}{\partial x}-\frac{1}{H}\left(\sigma\frac{\partial H}{\partial x}+\frac{\partial \xi}{\partial t}\right)\frac{\partial w}{\partial \sigma}\right]+v\left[\frac{\partial w}{\partial y}-\frac{1}{H}\left(\sigma\frac{\partial H}{\partial y}+\frac{\partial \xi}{\partial t}\right)\frac{\partial w}{\partial \sigma}\right]-w\frac{1}{H}\frac{\partial w}{\partial \sigma}$$

$$=\frac{1}{\rho}\frac{1}{H}\frac{\partial p}{\partial \sigma}+2\Omega\cos\varphi u-g+\frac{1}{H}\frac{\partial \Pi}{\partial \sigma}+v\left\{\left[\frac{\partial w}{\partial x}-\frac{1}{H}\left(\sigma\frac{\partial H}{\partial x}+\frac{\partial \xi}{\partial t}\right)\frac{\partial w}{\partial \sigma}\right]+\left[\frac{\partial w}{\partial y}-\frac{1}{H}\left(\sigma\frac{\partial H}{\partial y}+\frac{\partial \xi}{\partial t}\right)\frac{\partial w}{\partial \sigma}\right]-\frac{1}{H}\frac{\partial w}{\partial \sigma}\right\}$$

$$+\left[\frac{\partial}{\partial x}-\frac{1}{H}\left(\sigma\frac{\partial H}{\partial x}+\frac{\partial \xi}{\partial t}\right)\frac{\partial}{\partial \sigma}\right]\left\{A_{zx}\left[\frac{\partial w}{\partial x}-\frac{1}{H}\left(\sigma\frac{\partial H}{\partial x}+\frac{\partial \xi}{\partial t}\right)\frac{\partial w}{\partial \sigma}\right]\right\}$$

$$+\left[\frac{\partial}{\partial y}-\frac{1}{H}\left(\sigma\frac{\partial H}{\partial y}+\frac{\partial \xi}{\partial t}\right)\frac{\partial}{\partial \sigma}\right]\left\{A_{zy}\left[\frac{\partial w}{\partial y}-\frac{1}{H}\left(\sigma\frac{\partial H}{\partial y}+\frac{\partial \xi}{\partial t}\right)\frac{\partial w}{\partial \sigma}\right]+\frac{1}{H}\frac{\partial}{\partial \sigma}\left(A_{zz}\frac{1}{H}\frac{\partial w}{\partial \sigma}\right)\right\}$$

$$\frac{\partial u}{\partial x}-\frac{1}{H}\left(\sigma\frac{\partial H}{\partial x}+\frac{\partial \xi}{\partial t}\right)\frac{\partial u}{\partial \sigma}+\frac{\partial v}{\partial y}-\frac{1}{H}\left(\sigma\frac{\partial H}{\partial y}+\frac{\partial \xi}{\partial t}\right)\frac{\partial v}{\partial \sigma}-\frac{1}{H}\frac{\partial w}{\partial \sigma}=0$$

$$\rho=\rho(s,\theta,p)$$

$$\frac{\partial s}{\partial t}-\frac{1}{H}\left(\sigma\frac{\partial H}{\partial t}+\frac{\partial \xi}{\partial t}\right)\frac{\partial s}{\partial \sigma}+u\left[\frac{\partial s}{\partial x}-\frac{1}{H}\left(\sigma\frac{\partial H}{\partial x}+\frac{\partial \xi}{\partial t}\right)\frac{\partial s}{\partial \sigma}\right]+v\left[\frac{\partial s}{\partial y}-\frac{1}{H}\left(\sigma\frac{\partial H}{\partial y}+\frac{\partial \xi}{\partial t}\right)\frac{\partial s}{\partial \sigma}\right]-\frac{w}{H}\frac{\partial s}{\partial \sigma}$$

$$=k_D\left\{\left[\frac{\partial s}{\partial x}-\frac{1}{H}\left(\sigma\frac{\partial H}{\partial x}+\frac{\partial \xi}{\partial t}\right)\frac{\partial s}{\partial \sigma}\right]+\left[\frac{\partial s}{\partial y}-\frac{1}{H}\left(\sigma\frac{\partial H}{\partial y}+\frac{\partial \xi}{\partial t}\right)\frac{\partial s}{\partial \sigma}\right]-\frac{1}{H}\frac{\partial s}{\partial \sigma}\right\}$$

$$+\left[\frac{\partial}{\partial x}-\frac{1}{H}\left(\sigma\frac{\partial H}{\partial x}+\frac{\partial \xi}{\partial t}\right)\frac{\partial}{\partial \sigma}\right]\left\{k_{xx}\left[\frac{\partial s}{\partial x}-\frac{1}{H}\left(\sigma\frac{\partial H}{\partial x}+\frac{\partial \xi}{\partial t}\right)\frac{\partial s}{\partial \sigma}\right]+\left[\frac{\partial}{\partial y}-\frac{1}{H}\left(\sigma\frac{\partial H}{\partial y}+\frac{\partial \xi}{\partial t}\right)\frac{\partial}{\partial \sigma}\right]\left\{k_{xy}\left[\frac{\partial s}{\partial y}-\frac{1}{H}\left(\sigma\frac{\partial H}{\partial y}+\frac{\partial \xi}{\partial t}\right)\frac{\partial s}{\partial \sigma}\right]\right\}\right\}$$

$$\left|\begin{array}{l}+\dfrac{1}{H}\dfrac{\partial}{\partial\sigma}\left[A_{sz}\left(\dfrac{1}{H}\dfrac{\partial s}{\partial\sigma}\right)\right]\\[2mm]\dfrac{\partial\theta}{\partial t}-\dfrac{1}{H}\left(\sigma\dfrac{\partial H}{\partial t}+\dfrac{\partial\xi}{\partial t}\right)\dfrac{\partial\theta}{\partial\sigma}+u\left[\dfrac{\partial\theta}{\partial x}-\dfrac{1}{H}\left(\sigma\dfrac{\partial H}{\partial x}+\dfrac{\partial\xi}{\partial t}\right)\dfrac{\partial\theta}{\partial\sigma}\right]+v\left[\dfrac{\partial\theta}{\partial y}-\dfrac{1}{H}\left(\sigma\dfrac{\partial H}{\partial y}+\dfrac{\partial\xi}{\partial t}\right)\dfrac{\partial\theta}{\partial\sigma}\right]-\dfrac{w}{H}\dfrac{\partial\theta}{\partial\sigma}\\[2mm]=k_{\theta}\left\{\left[\dfrac{\partial\theta}{\partial x}-\dfrac{1}{H}\left(\sigma\dfrac{\partial H}{\partial x}+\dfrac{\partial\xi}{\partial t}\right)\dfrac{\partial\theta}{\partial\sigma}\right]+\left[\dfrac{\partial\theta}{\partial y}-\dfrac{1}{H}\left(\sigma\dfrac{\partial H}{\partial y}+\dfrac{\partial\xi}{\partial t}\right)\dfrac{\partial\theta}{\partial\sigma}\right]-\dfrac{1}{H}\dfrac{\partial\theta}{\partial\sigma}\right\}\\[2mm]+\left[\dfrac{\partial}{\partial x}-\dfrac{1}{H}\left(\sigma\dfrac{\partial H}{\partial x}+\dfrac{\partial\xi}{\partial t}\right)\dfrac{\partial}{\partial\sigma}\right]\left\{k_{\theta x}\left[\dfrac{\partial\theta}{\partial x}-\dfrac{1}{H}\left(\sigma\dfrac{\partial H}{\partial x}+\dfrac{\partial\xi}{\partial t}\right)\dfrac{\partial\theta}{\partial\sigma}\right]\right\}+\left[\dfrac{\partial}{\partial y}-\dfrac{1}{H}\left(\sigma\dfrac{\partial H}{\partial y}+\dfrac{\partial\xi}{\partial t}\right)\dfrac{\partial}{\partial\sigma}\right]\\[2mm]\cdot\left\{k_{\theta y}\left[\dfrac{\partial\theta}{\partial y}-\dfrac{1}{H}\left(\sigma\dfrac{\partial H}{\partial y}+\dfrac{\partial\xi}{\partial t}\right)\dfrac{\partial\theta}{\partial\sigma}\right]\right\}+\dfrac{1}{H}\dfrac{\partial}{\partial\sigma}\left[A_{\theta z}\dfrac{1}{H}\dfrac{\partial\theta}{\partial\sigma}\right]\end{array}\right.$$

$$(2.1.28)$$

式（2.1.28）为 σ 坐标系下的海水运动控制方程组。包括 x 方向动量方程、y 方向动量方程、σ 方向动量方程、海水连续性方程、海水状态方程、盐度平流扩散方程、温度平流扩散方程。其中，$H=h+\xi$ 为总水深。其余各符号见 2.1.1 节。σ 坐标系下方程组的边界条件与笛卡儿坐标系下的相似，不再赘述。

2.2　海洋数值模拟离散方法

　　海水运动的基本方程组是一组非线性方程组，现有的理论和技术无法求得其解析解，只能通过离散方法求得其数值近似解。大多数海洋模式在数值离散原始方程组时常采用三种方法：有限差分法、有限元法和有限体积法。有限差分法是求解各类数学物理问题最基本的数值方法，计算效率高且易于修改。有限元法可采用拟合岸界较好的三角形网格，计算精度大大提高，但同时运算量也成倍增加，计算效率偏低。近年来发展起来的有限体积法综合了有限差分法和有限元法的优点，在海洋模式发展和开发中逐步获得重视，有限体积法求解控制方程在控制体上的积分形式，既可以采用可拟合复杂岸界的三角网格等非结构网格，又能保证具有较高的计算效率。

　　本节将详细介绍有限差分法，有关其他两种方法请参考相关文献。

2.2.1　有限差分法

　　有限差分法在求解偏微分方程时，首先将求解区域划分为差分网格，用有限个网格点代替连续的求解域，将待求解的变量（如海水运动速度、温度和盐度等）存储在各网格点上，采用差分和差商代替原偏微分方程中的微分和导数，差分相应于微分，差商相应于导数，只不过差分和差商是用有限形式表示的，而微分和导数是以极限形式表示的。如果将微分方程中的导数用相应的差商近似代替，即可得到有限形式的差分方程，进而求得数值解。差分方程就是用差商代替微分方程中的导数项后导出的一组代数方程，该方程的导出是有限差分法的核心。

下面介绍两种常用的差分方程导出方法。

1. 泰勒级数展开法

泰勒级数展开法是构造差分方程时普遍采用的方法，该方法的中心思想是将偏微分方程中的偏导数用泰勒级数展开的方法转换为差分形式，从而将偏微分方程转化为差分方程，下面以变量 $f(x,y,t)$ 微分形式的转换为例介绍该方法。

图 2.2.1 中矩形网格的坐标 (i,j) 表示网格点在坐标 x、y 上的位置，位于该网格点上的变量的空间位置采用下标的形式进行表示，时间采用上标 n 来表示，i，j 方向的间距分别是 Δx、Δy，称为空间步长。f，$\dfrac{\partial f}{\partial x}$，$\dfrac{\partial f}{\partial t}$ 在图中 P 点 (x_i, y_j, t_n) 处的值简记为 $f_{i,j}^n$，$\left(\dfrac{\partial f}{\partial x}\right)_{i,j}^n$，$\left(\dfrac{\partial f}{\partial t}\right)_{i,j}^n$。

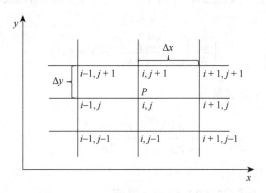

图 2.2.1 矩形网格示意图

如果 $f(x,y,t)$ 满足泰勒级数展开的条件，可将其在空间上进行向前或向后泰勒展开：

$$f_{i+1,j}^n = f_{i,j}^n + \left(\frac{\partial f}{\partial x}\right)_{i,j}^n \Delta x + \frac{1}{2!}\left(\frac{\partial^2 f}{\partial x^2}\right)_{i,j}^n \Delta x^2 + \frac{1}{3!}\left(\frac{\partial^3 f}{\partial x^3}\right)_{i,j}^n \Delta x^3 + o(\Delta x^4) \quad (2.2.1)$$

$$f_{i-1,j}^n = f_{i,j}^n - \left(\frac{\partial f}{\partial x}\right)_{i,j}^n \Delta x + \frac{1}{2!}\left(\frac{\partial^2 f}{\partial x^2}\right)_{i,j}^n \Delta x^2 - \frac{1}{3!}\left(\frac{\partial^3 f}{\partial x^3}\right)_{i,j}^n \Delta x^3 + o(\Delta x^4) \quad (2.2.2)$$

其中，$o(\Delta x^4)$ 为截断误差，表示差分的精度，Δx 的次方表示阶的大小，如式（2.2.1）和式（2.2.2）在空间上是四阶精度。将式（2.2.1）和式（2.2.2）变形分别可得 $\dfrac{\partial f}{\partial x}$ 的一阶精度的空间向前差分（forward difference in space，FS）和空间向后差分（backward difference in space，BS）形式：

$$\left(\frac{\partial f}{\partial x}\right)^n_{i,j} = \frac{f^n_{i+1,j} - f^n_{i,j}}{\Delta x} + o(\Delta x) \qquad (2.2.3)$$

$$\left(\frac{\partial f}{\partial x}\right)^n_{i,j} = \frac{f^n_{i,j} - f^n_{i-1,j}}{\Delta x} + o(\Delta x) \qquad (2.2.4)$$

采用记号 $\dfrac{\delta f}{\delta x}$ 表示 $\dfrac{\partial f}{\partial x}$ 的有限差分近似，有

$$\left(\frac{\delta f}{\delta x}\right)^n_{i,j} = \frac{f^n_{i+1,j} - f^n_{i,j}}{\Delta x} \qquad (2.2.5)$$

$$\left(\frac{\delta f}{\delta x}\right)^n_{i,j} = \frac{f^n_{i,j} - f^n_{i-1,j}}{\Delta x} \qquad (2.2.6)$$

式（2.2.5）、式（2.2.6）分别为空间向前差分、空间向后差分。

式（2.2.1）减去式（2.2.2），可得空间中心差分（central difference in space，CS）形式

$$\left(\frac{\partial f}{\partial x}\right)^n_{i,j} = \frac{f^n_{i+1,j} - f^n_{i-1,j}}{2\Delta x} + o(\Delta x^2) \qquad (2.2.7)$$

于是 $\dfrac{\delta f}{\delta x}$ 的中心差分公式是

$$\left(\frac{\delta f}{\delta x}\right)^n_{i,j} = \frac{f^n_{i+1,j} - f^n_{i-1,j}}{2\Delta x} \qquad (2.2.8)$$

该格式具有二阶精度。

将式（2.2.1）和式（2.2.2）相加，得到

$$\left(\frac{\partial^2 f}{\partial x^2}\right)^n_{i,j} = \frac{f^n_{i+1,j} - 2f^n_{i,j} + f^n_{i-1,j}}{\Delta x^2} + o(\Delta x^2) \qquad (2.2.9)$$

可得 $\dfrac{\delta^2 f}{\delta^2 x}$ 的中心差分公式

$$\left(\frac{\delta^2 f}{\delta x^2}\right)^n_{i,j} = \frac{f^n_{i+1,j} - 2f^n_{i,j} + f^n_{i-1,j}}{\Delta x^2} \qquad (2.2.10)$$

该格式具有二阶精度。

同样地，对于时间导数 $\dfrac{\partial f}{\partial t}$，$\dfrac{\partial^2 f}{\partial t^2}$，…，可以利用类似方法得到相应的时间差分表达式，如

$$\left(\frac{\delta f}{\delta t}\right)^n_{i,j} = \frac{f^{n+1}_{i,j} - f^n_{i,j}}{\Delta t}，时间向前差分（forward\ difference\ in\ time，FT）$$

$$\left(\frac{\delta f}{\delta t}\right)^n_{i,j} = \frac{f^n_{i,j} - f^{n-1}_{i,j}}{\Delta t}，\text{时间向后差分（backward difference in time，BT）}$$

$$\left(\frac{\delta f}{\delta t}\right)^n_{i,j} = \frac{f^{n+1}_{i,j} - f^{n-1}_{i,j}}{2\Delta t}，\text{时间中心差分（central difference in time，CT）}$$

$$\left(\frac{\delta^2 f}{\delta t^2}\right)^n_{i,j} = \frac{f^{n+1}_{i,j} - 2f^n_{i,j} + f^{n-1}_{i,j}}{\Delta t^2}，\text{时间二次偏导的中心差分}$$

同样，容易得到二维中心差分

$$\left(\frac{\delta^2 f}{\delta x \delta y}\right)^n_{i,j} = \frac{f^n_{i+1,j+1} - f^n_{i+1,j-1} - f^n_{i-1,j+1} + f^n_{i-1,j-1}}{4\Delta x \Delta y} \qquad (2.2.11)$$

将单独的变量偏导数的有限差分表达式组合起来，即可构造出偏微分方程的差分方程，如一维对流-扩散方程

$$\frac{\partial u}{\partial t} = \frac{\partial u}{\partial x} + \alpha \frac{\partial^2 u}{\partial x^2} \qquad (2.2.12)$$

其差分方程可以写为

$$\frac{u^{n+1}_i - u^n_i}{\Delta t} = \frac{u^n_{i+1} - u^n_{i-1}}{2\Delta x} + \alpha \frac{u^n_{i+1} - 2u^n_i + u^n_{i-1}}{\Delta x^2} \qquad (2.2.13)$$

该格式时间上是向前差分，空间上是中心差分，记作 FTCS，精度在时间上是一阶，在空间上是二阶。

根据差分方程是否可以直接求解，可将差分方程分为两类：一类是显式差分方程，另一类是隐式差分方程。差分方程在计算时仅含有一个未知项时，称为显式差分方程，对应的差分格式称为显式差分格式，采用这种格式进行计算时可以直接求解；当差分方程在计算时含有两个或两个以上未知项时，称为隐式差分方程，对应的差分格式称为隐式差分格式，采用这种格式进行计算时无法直接求解，需要进行迭代求解。

2. 多项式拟合法

多项式拟合法是另一种导出差分方程的方法，以下以一个一维问题简要介绍该方法。如图 2.2.2 所示，定义 x_i 为坐标原点，于是 $x_{i+1} = \Delta x$，$x_{i-1} = -\Delta x$，$x_i = 0$。

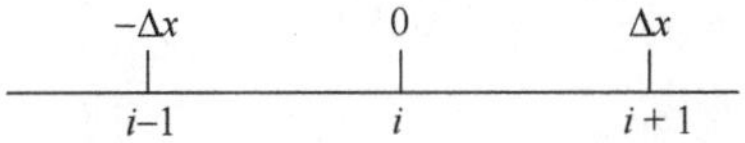

在区间 (x_i, x_{i+1}) 中采用一次多项式，即直线形式，来拟合真实函数 f，可以得到：

图 2.2.2　多项式拟合法示意图

$$\begin{cases} f(x) = a + bx & (2.2.14a) \\ \left[\dfrac{\delta f(x)}{\delta x}\right]_i = b & (2.2.14b) \end{cases}$$

显然

$$\begin{cases} f_i = a & (2.2.15a) \\ f_{i+1} = a + b\Delta x & (2.2.15b) \end{cases}$$

即

$$\left[\frac{\delta f(x)}{\delta x}\right]_i = \frac{f_{i+1} - f_i}{\Delta x} \qquad (2.2.16)$$

这就是空间向前差分格式。完全类似地，在区间 (x_{i-1}, x_i) 上用直线形式拟合，得到空间向后差分格式

$$\left[\frac{\delta f(x)}{\delta x}\right]_i = \frac{f_i - f_{i-1}}{\Delta x} \qquad (2.2.17)$$

如果在 x_{i-1}，x_i，x_{i+1} 三点作抛物线拟合，则有

$$\begin{cases} f(x) = a + bx + cx^2 & (2.2.18a) \\ \left[\dfrac{\delta f(x)}{\delta x}\right]_i = b + 2cx\big|_{x=0} = b & (2.2.18b) \\ \left[\dfrac{\delta^2 f(x)}{\delta x^2}\right]_i = 2c & (2.2.18c) \end{cases}$$

将 x_{i-1}，x_i，x_{i+1} 三点处的函数值代入，得

$$\begin{cases} f_{i-1} = a - b\Delta x + c\Delta x^2 & (2.2.19a) \\ f_i = a & (2.2.19b) \\ f_{i+1} = a + b\Delta x + c\Delta x^2 & (2.2.19c) \end{cases}$$

解之，得到

$$\begin{cases} b = \dfrac{f_{i+1} - f_{i-1}}{2\Delta x} & (2.2.20a) \\ c = \dfrac{f_{i+1} - 2f_i + f_{i-1}}{2\Delta x^2} & (2.2.20b) \end{cases}$$

于是

$$\begin{cases} \left(\dfrac{\delta f}{\delta x}\right)_i = \dfrac{f_{i+1} - f_{i-1}}{2\Delta x} & (2.2.21a) \\ \left(\dfrac{\delta^2 f}{\delta x^2}\right)_i = \dfrac{f_{i+1} - 2f + f_{i-1i}}{2\Delta x^2} & (2.2.21b) \end{cases}$$

式（2.2.21a）和式（2.2.21b）即 $\dfrac{\delta f}{\delta x}$ 及 $\dfrac{\delta^2 f}{\delta x^2}$ 的空间中心差分形式，类似地，可以进行时间差分。

通过以上两种差分方程的构造方法得到了几种基本的差分格式，在实际应用

中可以采用一些更为复杂的差分格式。不同的差分格式具有不同的内在性质，与原微分方程有不同的近似关系，为了使采用的差分格式得到的数值解能反映真实情形，需要分析格式的有效性和可靠性。因此时间和空间差分格式的选取必须满足一些准则，这些准则包括差分近似的相容性、收敛性和稳定性等，以下将详细介绍差分格式的这些基本性质。

2.2.2　有限差分格式的相容性、收敛性及稳定性

设微分方程及其对应的差分方程分别为

$$L\zeta = 0, \quad \tilde{L}\zeta = 0 \tag{2.2.22}$$

其中，L 为微分算子；$\tilde{L}$ 为差分算子。

为了更直观地表述，以一维平流扩散方程为例，

$$L\zeta \equiv \frac{\partial \zeta}{\partial t} - u\frac{\partial \zeta}{\partial x} - \alpha\frac{\partial^2 \zeta}{\partial x^2} = 0 \tag{2.2.23}$$

其 FTCS 格式的差分方程为

$$(\tilde{L}\zeta)_i^n \equiv \frac{\zeta_i^{n+1} - \zeta_i^n}{\Delta t} - u\frac{\zeta_{i+1}^n - \zeta_{i-1}^n}{2\Delta x} - \alpha\frac{\zeta_{i+1}^n - 2\zeta_i^n + \zeta_{i-1}^n}{\Delta x^2} = 0 \tag{2.2.24}$$

在用式（2.2.24）近似代替式（2.2.23）进行计算时会产生一个数学问题：差分方程的解在 Δt，$\Delta x \to 0$ 时是否收敛于原微分方程的解？这个问题可以从有限差分法的相容性、收敛性和稳定性三个方面来回答。

1. 有限差分格式的相容性

相容性：当有限差分方程的时间步长和空间步长趋于 0 时，如果差分方程逼近微分方程，那么这种格式的差分方程与相应的微分方程是相容的，即当 Δt，$\Delta x \to 0$ 时，如果微分方程的解 $\zeta(x,t)$ 在网格点上满足

$$[L\zeta - \tilde{L}\zeta]_i^n \to 0 \tag{2.2.25}$$

则由有限差分格式得到的差分方程和原微分方程是相容的，其中 $L\zeta - \tilde{L}\zeta$ 称为差分方程的截断误差。截断误差的阶数称为差分方程精度的阶数，用来表征差分方程的精度。有关截断误差阶数的确定方法详见 2.2.5 节。

在采用有限差分格式将地球流体力学方程组转化为差分方程时，需要满足的第一个性质就是有限差分格式的相容性，即要求导出的差分方程和原微分方程协调。该条件是最基本的要求，只有满足该条件，才能进一步计算所研究的问题。

2. 有限差分格式的收敛性

当 Δt 和 Δx 取得足够小时，可以使差分方程的截断误差达到所要求的精度，

但并不能确保数值解的误差一定随之减小。当步长 Δt ，$\Delta x \rightarrow 0$，在网格点上，差分方程 [式（2.2.24）] 的解 ζ_i^n 趋向于微分方程 [式（2.2.22）] 满足定解条件的解 $\zeta(x,t)$ 时，即

$$\lim_{\Delta x, \Delta t \rightarrow 0} [\zeta_i^n - \zeta(x,t)] = 0 \qquad (2.2.26)$$

则差分方程的解是收敛的，其中 $\zeta_i^n - \zeta(x,t)$ 为解的误差。

由此可得到差分方程解的收敛性定义：如果在给定时刻，当 Δt 和 Δx 趋于 0 时，差分方程的解趋于微分方程的解，那么这个差分方程的解是收敛的。

从以上的表述中可以看出，差分方程的收敛性与相容性之间是有联系的，当 Δt ，$\Delta x \rightarrow 0$ 时，如果差分方程的解收敛于微分方程的解，则差分方程 [式（2.2.24）] 一定趋向于微分方程 [式（2.2.23）]，即满足差分方程的相容性。也就是说，差分方程的收敛性保证了它的相容性，需要注意的是，差分方程的相容性并不能够保证其收敛性。

3. 有限差分格式的稳定性

在利用有限差分法进行计算时产生的数值解的误差主要由两种原因引起。一是在差分方程近似微分方程时，由截断误差引起，它取决于选用的差分格式精度和空间步长 Δx 与时间步长 Δt 的大小；二是舍入误差，该误差的大小取决于在计算过程中计算机存储一个"字节"时位数的多少及最后一位的舍入方式。一般来说，舍入误差很小，但是在求解差分方程时计算是逐层进行的，舍入误差将在计算过程中不断累积。

从评估计算误差的角度可以给出稳定性的定义：若某一差分格式在计算中产生的误差（包括截断误差和舍入误差）随着时间 t 的无限增长会被无限放大，则此差分格式是不稳定的，反之，此差分格式是稳定的。

根据差分格式的稳定性，可将有限差分格式分为三类：当一个差分格式，无论时间步长 Δt 选取多小，计算总是不稳定的，称为绝对不稳定格式；当一个差分格式，无论时间步长 Δt 选取多大，计算总是稳定的，称为绝对稳定格式；当一个差分格式，只在时间步长 Δt 满足一定条件时才是稳定的，这种格式称为条件稳定格式。常见的差分格式及其稳定性分析将在 2.2.3 节中给出。

从以上差分格式的收敛性、相容性和稳定性的表述中可以看出：差分方程的收敛能够保证它的相容性和稳定性，即差分方程的稳定性和相容性是微分方程收敛的必要条件。如果差分方程式是相容的和稳定的，它们是否同时也是差分方程收敛的充分条件呢？

对于线性方程，Lax 等价定理定义了收敛性与相容性和稳定性之间的关系。下面详细介绍 Lax 等价定理。

4. Lax 等价定理

Lax 等价定理：对于适定的（即解存在，唯一且连续地依赖初值）线性偏微分方程组初值问题，一个与之相容的线性差分格式收敛的充分必要条件是该格式是稳定的。有关这个定理的证明请参考相关文献（徐文灿和胡俊，2011）。

Lax 等价定理说明，差分方程的相容性和稳定性可以保证其收敛性，如果差分方程是相容的且稳定的，则其解一定收敛于微分方程的解。可以通过证明差分方程的相容性和稳定性来间接地证明差分方程的收敛性。差分方程的相容性可以通过泰勒级数展开的方式进行证明。验证差分方程的稳定性也有比较有效的办法，详见 2.2.3 节。

Lax 等价定理只适用于线性系统，而流体力学问题本质上是非线性的，这是在使用 Lax 等价定理时需要注意的问题。

2.2.3 有限差分格式的稳定性分析方法

有限差分格式的稳定性分析方法有 von Neumann（傅里叶）方法、能量法和离散扰动法等。本节以一维平流方程为例介绍 von Neumann 方法和能量法的原理及计算过程。

1. von Neumann 方法

von Neumann 方法的思想是用单个傅里叶分量替代空间的变化，其实质是将差分方程的解展开成有限的傅里叶级数，然后考察每个波形随时间的变化，如果对于所有波形来说，振幅都不随时间增长，则这种差分格式是稳定的，否则是不稳定的。

一维平流方程：

$$\frac{\partial u}{\partial t} + c\frac{\partial u}{\partial x} = 0 \tag{2.2.27}$$

其中，$u(x,t)$ 为两个变量 x 和 t 的函数；c 为常数。其 FTBS 格式的有限差分方程可以写为

$$u_i^{n+1} = u_i^n - \beta(u_i^n - u_{i-1}^n) \tag{2.2.28}$$

其中，$\beta = c\frac{\Delta t}{\Delta x}$，为柯朗（Courant）数。

首先，将式（2.2.27）的解展开成傅里叶级数

$$u(x,t) = \sum_{k=0}^{\infty} A(t)e^{ikx} \tag{2.2.29}$$

其中，$i = \sqrt{-1}$，为虚数单位；$A(t)$ 为振幅；k 为波数。

代入式（2.2.27）后即可将变量 x 和 t 分离。同样，可以将差分方程［式（2.2.28）］的解展开成有限傅里叶级数

$$u_i^n = \sum_{k_x=0}^{J} A^n e^{ik_x(i\Delta x)} \tag{2.2.30}$$

这里将 x 定义区间分成 J 份。将式（2.2.30）代入式（2.2.28），并令 $\theta = k_x \Delta x$，得到

$$\sum_{k_x=0}^{J} A^{n+1} e^{ii\theta} = \sum_{k_x=0}^{J} \{A^n e^{ii\theta} - \beta[A^n e^{ii\theta} - A^n e^{i(i-1)\theta}]\} \tag{2.2.31}$$

由于 $e^{ii\theta}(i = 1, 2, 3, \cdots)$ 是线性独立的函数族，因此，对每一个波形都有

$$A^{n+1} = A^n[1 - \beta(1 - e^{-i\theta})] \tag{2.2.32}$$

定义增幅因子 G 为

$$G = \frac{A^{n+1}}{A^n} \tag{2.2.33}$$

可以得到如下结果：

$$A^n = GA^{n-1} = G^2 A^{n-2} = \cdots G^n A^0 \tag{2.2.34}$$

最终可将差分近似解表示为

$$u_i^n = \sum_{k_x=0}^{J} G^n A^0 e^{ii\theta} \tag{2.2.35}$$

可见，如果式（2.2.35）满足 $|G| \leqslant 1$，即 $|A^{n+1}/A^n| \leqslant 1$，则差分近似解是有界的，也意味着差分近似解是稳定的。此时，差分解的振幅将不再随 n 的增加而增大，差分格式是稳定的。这就是 von Neumann 稳定性的必要条件。

下面将继续求解，得到 FTBS 格式的稳定性条件。

将 $e^{-i\theta} = \cos\theta - I\sin\theta$ 代入式（2.2.32），并结合式（2.2.33）可得

$$|G| = |1 - \beta + \beta(\cos\theta - I\sin\theta)| \tag{2.2.36}$$

乘其共轭复数可得

$$\begin{aligned}
|G|^2 &= (1 - \beta + \beta\cos\theta)^2 + (\beta\sin\theta)^2 \\
&= 1 - 2\beta(1 - \beta)(1 - \cos\theta) \\
&= 1 - 4\beta(1 - \beta)\sin^2\frac{\theta}{2}
\end{aligned} \tag{2.2.37}$$

要使 $|G|^2 \leqslant 1$，则应有 $-4\beta(1-\beta)\sin^2\dfrac{\theta}{2} \leqslant 0$，其解为 $0 \leqslant \beta \leqslant 1$，这也是上述差分格式稳定的充分条件，即 $0 \leqslant c\dfrac{\Delta t}{\Delta x} \leqslant 1$。

综上所述，采用 von Neumann 稳定性判别方法求解差分格式计算稳定性条件时的主要步骤如下。

（1）设解为波动形式，代入差分方程；

（2）得出增幅因子 G；

（3）讨论 $|G| \leqslant 1$ 时的情况；

（4）判断格式稳定性及满足稳定性的条件。

2. 常用的有限差分格式稳定性分析（von Neumann 方法）

以下为采用 von Neumann 稳定性判别方法对一维对流方程 [式（2.2.27）] 的其他常用有限差分格式进行的稳定性分析。

1）FTFS 格式

$$u_i^{n+1} = u_i^n - \beta(u_{i+1}^n - u_i^n) \tag{2.2.38}$$

增幅因子为

$$G = 1 + \beta - \beta(\cos\theta + I\sin\theta) \tag{2.2.39}$$

$$\begin{aligned} |G|^2 &= (1 + \beta - \beta\cos\theta)^2 + \beta^2\sin^2\theta \\ &= 1 + 2\beta(1+\beta)(1-\cos\theta) \\ &= 1 + 4\beta(1+\beta)\sin^2\frac{\theta}{2} \end{aligned} \tag{2.2.40}$$

要保证增幅因子有界，需满足 $\beta(1+\beta) \leqslant 0$，解为 $-1 \leqslant \beta \leqslant 0$，要使 $\beta \leqslant 0$，则要求 $c \leqslant 0$，因此该差分格式的稳定性条件：$-1 \leqslant \beta \leqslant 0, c < 0$。

2）FTCS 格式

$$u_i^{n+1} = u_i^n - \frac{\beta}{2}(u_{i+1}^n - u_{i-1}^n) \tag{2.2.41}$$

增幅因子为

$$G = 1 - I\beta\sin\theta \tag{2.2.42}$$

要保证增幅因子有界，必须使所有的 θ，即 $k\Delta x$ 都满足 $|G| \leqslant 1$。当 $\sin\theta \neq 0$ 时，

$$|G| = [1 + \beta^2\sin^2\theta]^{\frac{1}{2}} > 1 \tag{2.2.43}$$

可见，FTCS 格式是绝对不稳定的。

3）迎风格式

在 FTCS 格式中，因为使用了空间中心差分格式，在求解 $n+1$ 时刻的值时需要使用上游处的值和下游处的值，导致在求解时会带入下游的信息，使得下游的信息影响到上游，这是不合理的，为了解决这一问题，可以采用以下格式：

$$u_i^{n+1} = u_i^n - \beta(u_i^n - u_{i-1}^n), \quad c > 0 \tag{2.2.44a}$$

$$u_i^{n+1} = u_i^n - \beta(u_{i+1}^n - u_i^n), \quad c < 0 \tag{2.2.44b}$$

该格式是在 FTBS 和 FTFS 的基础上加以限定得到的差分格式。在 $c > 0$ 时，该格式与 FTBS 格式一致，此时在计算 u_i^{n+1} 时采用的是该点前一个时刻 u_i^n 和该点前一

个时刻的上游格点 u_{i-1}^n 的值，$c<0$ 时也是类似的处理。此格式可以有效避免下游信息在数值计算中对上游产生影响，称为迎风（upwind）格式，可以将式（2.2.44）统一为一个公式：

$$u_i^{n+1} = u_i^n - \frac{\beta + |\beta|}{2}(u_i^n - u_{i-1}^n) - \frac{\beta - |\beta|}{2}(u_{i+1}^n - u_i^n) \qquad (2.2.45)$$

增幅因子为

$$G_1 = 1 - \beta + \beta(\cos\theta - I\sin\theta), \quad c > 0 \qquad (2.2.46a)$$

$$G_2 = 1 + \beta - \beta(\cos\theta + I\sin\theta), \quad c < 0 \qquad (2.2.46b)$$

$$|G_1| = |G_2| = \sqrt{1 + 4|\beta|(|\beta| - 1)\sin^2\frac{\theta}{2}} \qquad (2.2.47)$$

因此，该格式的稳定条件：$-1 \leqslant \beta \leqslant 1$。

4）BTCS 差分格式（隐式差分格式）

$$u_i^{n-1} = u_i^n - \frac{\beta}{2}(u_{i+1}^n - u_{i-1}^n) \qquad (2.2.48)$$

增幅因子为

$$G = \frac{1}{\sqrt{(1 + \beta^2\sin^2\theta)}} \leqslant 1 \qquad (2.2.49)$$

在任何情况下都满足 $|G| \leqslant 1$。因此 BTCS 差分格式是无条件稳定的。

5）Lax 差分格式

$$u_i^{n+1} = \frac{1}{2}(u_{i+1}^n + u_{i-1}^n) - \frac{\beta}{2}(u_{i+1}^n - u_{i-1}^n) \qquad (2.2.50)$$

增幅因子为

$$G = \cos\theta - I\beta\sin\theta \qquad (2.2.51)$$

$$|G| = \sqrt{1 - (1 - \beta^2)\sin^2\theta} \qquad (2.2.52)$$

当 $-1 \leqslant \beta \leqslant 1$ 时，$|G| \leqslant 1$，Lax 格式是稳定的。

6）CTCS 格式（蛙跳格式）

$$u_i^{n+1} = u_i^{n-1} - \beta(u_{i+1}^n - u_{i-1}^n) \qquad (2.2.53)$$

增幅因子为

$$G = -\beta I\sin\theta \pm \sqrt{1 - \beta^2\sin^2\theta} \qquad (2.2.54)$$

$$|G| = |\beta^2\sin^2\theta + 1 - \beta^2\sin^2\theta| = 1 \qquad (2.2.55)$$

因此，CTCS 格式是弱稳定的。

7）Lax-Wendroff 格式（L-W 格式）

$$u_i^{n+1} = u_i^n - \frac{\beta}{2}(u_{i+1}^n - u_{i-1}^n) + \frac{\beta^2}{2}(u_{i+1}^n - 2u_i^n + u_{i-1}^n) \qquad (2.2.56)$$

增幅因子为

$$G = 1 - 2\beta^2 \sin^2 \frac{\theta}{2} - I\beta \sin\theta \qquad (2.2.57)$$

$$|G| = \sqrt{1 - (1 - \beta^2)4\beta^2 \sin^4 \frac{\theta}{2}} \qquad (2.2.58)$$

当 $-1 \leqslant \beta \leqslant 1$ 时，$|G| \leqslant 1$，L-W 格式是稳定的。

3. 能量法

在实际应用中，尽管能量法的使用频率远低于 von Neumann 方法，但是能量法是非常重要的，有别于 von Neumann 方法，能量法可以应用于非线性方程问题。能量法的基本思想是找到一个正定量，如 $\sum_j (u_j^n)^2$ 的形式，证明该变量对所有的 n 是有界的，如果 $\sum_j (u_j^n)^2$ 有界，那么它的解是稳定的。下面以迎风格式 [式 (2.2.44a)] 为例，采用能量法对其稳定性条件进行分析，该差分格式可以写为

$$u_j^{n+1} = (1 - \beta)u_j^n + \beta u_{j-1}^n \qquad (2.2.59)$$

对式 (2.2.59) 两侧取平方并对所有的 j 求和，可得

$$\sum_j (u_j^{n+1})^2 = \sum_j [(1-\beta)^2 (u_j^n)^2 + 2\beta(1-\beta)u_j^n u_{j-1}^n + \beta^2 (u_{j-1}^n)^2] \qquad (2.2.60)$$

假定周期边界条件：

$$\sum_j (u_{j-1}^n)^2 = \sum_j (u_j^n)^2 \qquad (2.2.61)$$

并使用 Schwarz 不等式（对于两个向量 $\boldsymbol{u}$ 和 $\boldsymbol{v}$，$|\boldsymbol{u} \cdot \boldsymbol{v}| \leqslant \|\boldsymbol{u}\| \|\boldsymbol{v}\|$），可得

$$\sum_j u_j^n u_{j-1}^n \leqslant \left[\sum_j (u_j^n)^2\right]^{1/2} \left[\sum_j (u_{j-1}^n)^2\right]^{1/2} = \sum_j (u_j^n)^2 \qquad (2.2.62)$$

如果 $\beta(1-\beta) \geqslant 0$，式 (2.2.60) 中的三个系数都为正值，式 (2.2.61) 和式 (2.2.62) 可以用来构造不等式：

$$\sum_j (u_j^{n+1})^2 \leqslant [(1-\beta)^2 + 2\beta(1-\beta) + \beta^2]\sum_j (u_j^n)^2 = \sum_j (u_j^n)^2 \qquad (2.2.63)$$

式 (2.2.63) 需要满足 $\|u^{n+1}\|_2 \leqslant \|u^0\|_2$，这表明迎风格式是稳定的。式 (2.2.63) 成立的条件为

$$\beta(1-\beta) \geqslant 0 \qquad (2.2.64)$$

该条件是差分方案稳定的充分条件。在 $\beta > 0$ 的假设下，对式（2.2.64）除以 β，可以得到关系式 $\beta \leqslant 1$，因此 β 的总约束条件为 $0 < \beta \leqslant 1$。如果假设 $\beta \leqslant 0$，类似处理可以得到 $\beta \geqslant 1$ 的矛盾结论，并无法得到其他解。因此，回顾对 β 的定义并注意到 $\beta = 0$ 满足式（2.2.64），稳定性条件可以写为

$$0 \leqslant \frac{c\Delta t}{\Delta x} \leqslant 1 \qquad (2.2.65)$$

式（2.2.65）表明，同大多数条件稳定差分方案一样，迎风格式的时间步长存在一个最大极限，超过这个极限，差分方案变得不稳定，并且随着空间分辨率的增大，稳定极限变得更加严格，同时式（2.2.65）与利用 von Neumann 方法得到的稳定性条件一致，该式常称为 CFL（Courant-Friedrichs-Lewy）条件。下面对这一判据作详细介绍。

2.2.4　CFL 条件

CFL 条件的基本思想是，有限差分方程的依赖域必须包含相应微分方程的依赖域。为了更明确地表述 CFL 条件，可以定义点（x_0, t_0）的依赖域为 x-t 平面上某个偏微分方程的解受（x_0, t_0）处解影响的区域。点（x_0, t_0）的依赖域，定义为在其影响范围内包含（x_0, t_0）的点的集合。因此，点（x_0, t_0）的依赖域将由所有点（x, t）组成，这些点上的解对点（x_0, t_0）处的解均会产生一定的影响。对于离散问题，一个网格点（$n_0\Delta t$, $j_0\Delta x$）的数值依赖域是时空网格上所有节点（$n\Delta t$, $j\Delta x$）的集合，该集合的数值解会影响网格点（$n_0\Delta t$, $j_0\Delta x$）处的数值解。需要注意的是，满足 CFL 条件是稳定性的必要条件，但不是保证稳定性的充分条件。

下面通过分析平流方程［式（2.2.27）］来说明 CFL 条件的性质，该方程的一般解的形式为 $\psi(x - ct)$。因此，点（x_0, t_0）的真实影响域是直线 $t = t_0 + \frac{1}{c}(x - x_0), t \geqslant t_0$。

真实依赖域在图 2.2.3 中用虚线绘制，连同网格点组成了迎风格式的数值依赖域。图 2.2.3（a）和图 2.2.3（b）显示了两个不同的时间步长对数值依赖域形状的影响。在图 2.2.3（a）中，沿 x 轴方向 ψ 的初始值，决定了在（$n\Delta t$, $j\Delta x$）处偏微分方程的解，但是不能确定有限差分解 ϕ_j^n。数值解可能有任意的误差，除非改变 $\Delta t / \Delta x$ 的值，否则在 Δt，$\Delta x \to 0$ 时，数值解不会收敛为真实值，因此，所采用的有限差分法一定是不稳定的（否则将违反 Lax 等价定理）。

图 2.2.3（b）给出了时间步长减半时的情况。此时，数值依赖域包含了真实解的依赖域，使得数值解有可能是稳定的。在本示例中，CFL 条件要求特征曲线的斜率大于依赖域左边界的斜率，小于右边界的斜率。从图 2.2.3 可以看出，

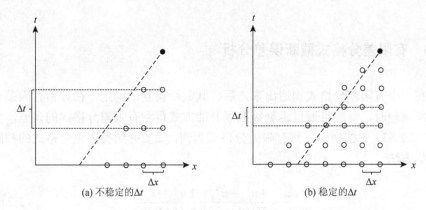

图 2.2.3　时间步长对迎风格式（空心圆）的数值依赖域与平流方程的真实依赖域
（虚线）之间的关系的影响

区域右边界的斜率始终满足 $1/c \leqslant \infty$ 的条件。区域左边界的斜率条件可以表示为 $\Delta t / \Delta x \leqslant 1/c$。如果 $c > 0$，那么要求 $c\Delta t / \Delta x \leqslant 1$，并且由 Δt 和 Δx 的非负性可得到 $c\Delta t / \Delta x \geqslant 0$。

可以得出，数值解是稳定的必要条件为

$$0 \leqslant c\frac{\Delta t}{\Delta x} \leqslant 1 \qquad (2.2.66)$$

在 $c < 0$ 的情况下，相似的推理会出现矛盾，并且差分格式不稳定。

上述稳定性条件与用能量法和 von Neumann 法得到的稳定条件相同，但实际上这种一致性是相当罕见的。CFL 条件只是稳定性的必要条件，而且在许多情况下，稳定性的充分条件比 CFL 条件所要求的有更强的限制性。例如，考虑下面对平流方程的近似值，

$$\frac{u_i^{n+1} - u_i^{n-1}}{2\Delta t} + c\left(\frac{4}{3}\frac{u_{i+1}^n - u_{i-1}^n}{2\Delta x} - \frac{1}{3}\frac{u_{i+2}^n - u_{i-2}^n}{4\Delta x}\right) = 0 \qquad (2.2.67)$$

使用对空间导数的四阶精确逼近。由于空间差异采用的是五个网格点的模型，因此当 $\left|c\dfrac{\Delta t}{\Delta x}\right| \leqslant 2$ 时才能满足 CFL 条件。然而，稳定的实际充分条件是限制性更强的条件 $\left|c\dfrac{\Delta t}{\Delta x}\right| \leqslant 0.728$，这可以通过 von Neumann 稳定性分析得出。

以上是针对有限差分格式稳定性分析的一些基本理论，对于一个稳定有效的差分格式，如果要评估其计算精度，还需对其进行误差分析。下面将简要介绍差分格式截断误差分析方法和常见有限差分格式的截断误差阶数。

2.2.5　有限差分格式截断误差分析

在一个有限差分格式构造出来之后，其截断误差已确定。在评估有限差分格式截断误差时，一般可通过泰勒级数展开的方式得到有限差分格式的误差，下面以式（2.2.67）中的空间五点有限差分格式为例，简要介绍有限差分格式的截断误差分析方法。

$$\frac{\partial u}{\partial x} = \frac{4}{3}\frac{u_{i+1}^{n} - u_{i-1}^{n}}{2\Delta x} - \frac{1}{3}\frac{u_{i+2}^{n} - u_{i-2}^{n}}{4\Delta x} \tag{2.2.68}$$

将等号右边各项在 $x = x_i$ 处进行泰勒级数展开：

$$u_{i+1}^{n} = u_i^{n} + \left(\frac{\partial u}{\partial x}\right)_i^{n}\Delta x + \frac{1}{2!}\left(\frac{\partial^2 u}{\partial x^2}\right)_i^{n}\Delta x^2 + \frac{1}{3!}\left(\frac{\partial^3 u}{\partial x^3}\right)_i^{n}\Delta x^3$$
$$+ \frac{1}{4!}\left(\frac{\partial^4 u}{\partial x^4}\right)_i^{n}\Delta x^4 + o(\Delta x^5) \tag{2.2.69}$$

$$u_{i-1}^{n} = u_i^{n} - \left(\frac{\partial u}{\partial x}\right)_i^{n}\Delta x + \frac{1}{2!}\left(\frac{\partial^2 u}{\partial x^2}\right)_i^{n}\Delta x^2 - \frac{1}{3!}\left(\frac{\partial^3 u}{\partial x^3}\right)_i^{n}\Delta x^3$$
$$+ \frac{1}{4!}\left(\frac{\partial^4 u}{\partial x^4}\right)_i^{n}\Delta x^4 + o(\Delta x^5) \tag{2.2.70}$$

$$u_{i+2}^{n} = u_i^{n} + 2\left(\frac{\partial u}{\partial x}\right)_i^{n}\Delta x + \frac{2^2}{2!}\left(\frac{\partial^2 u}{\partial x^2}\right)_i^{n}\Delta x^2 + \frac{2^3}{3!}\left(\frac{\partial^3 u}{\partial x^3}\right)_i^{n}\Delta x^3$$
$$+ \frac{2^4}{4!}\left(\frac{\partial^4 u}{\partial x^4}\right)_i^{n}\Delta x^4 + o(\Delta x^5) \tag{2.2.71}$$

$$u_{i-2}^{n} = u_i^{n} - 2\left(\frac{\partial u}{\partial x}\right)_i^{n}\Delta x + \frac{2^2}{2!}\left(\frac{\partial^2 u}{\partial x^2}\right)_i^{n}\Delta x^2 - \frac{2^3}{3!}\left(\frac{\partial^3 u}{\partial x^3}\right)_i^{n}\Delta x^3$$
$$+ \frac{2^4}{4!}\left(\frac{\partial^4 u}{\partial x^4}\right)_i^{n}\Delta x^4 + o(\Delta x^5) \tag{2.2.72}$$

将式（2.2.69）～式（2.2.72）代入式（2.2.68），可得

$$\frac{\partial u}{\partial x} = \frac{4}{3}\frac{u_{i+1}^n - u_{i-1}^n}{2\Delta x} - \frac{1}{3}\frac{u_{i+2}^n - u_{i-2}^n}{4\Delta x}$$

$$= \frac{4}{3}\frac{2\left(\frac{\partial u}{\partial x}\right)_i^n \Delta x + \frac{1}{3}\left(\frac{\partial^3 u}{\partial x^3}\right)_i^n \Delta x^3 + o(\Delta x^5)}{2\Delta x} - \frac{1}{3}\frac{4\left(\frac{\partial u}{\partial x}\right)_i^n \Delta x + \frac{8}{3}\left(\frac{\partial^3 u}{\partial x^3}\right)_i^n \Delta x^3 + o(\Delta x^5)}{4\Delta x}$$

$$= \left[\frac{4}{3}\left(\frac{\partial u}{\partial x}\right)_i^n + \frac{2}{9}\left(\frac{\partial^3 u}{\partial x^3}\right)_i^n \Delta x^2 + o(\Delta x^4)\right] - \left[\frac{1}{3}\left(\frac{\partial u}{\partial x}\right)_i^n + \frac{2}{9}\left(\frac{\partial^3 u}{\partial x^3}\right)_i^n \Delta x^2 + o(\Delta x^4)\right]$$

$$= \left(\frac{\partial u}{\partial x}\right)_i^n + o(\Delta x^4) \tag{2.2.73}$$

可得式（2.2.68）的截断误差阶数为四阶。

按照上述方法可以导出任意有限差分格式截断误差的阶数，表 2.2.1 中列出了几种有限差分格式的截断误差阶数。

表 2.2.1　有限差分格式的截断误差阶数

导数	有限差分格式	截断误差阶数
	$\frac{u_{i+1} - u_i}{\Delta x}$	$o(\Delta x)$
	$\frac{u_i - u_{i-1}}{\Delta x}$	$o(\Delta x)$
$\frac{\partial u}{\partial x}$	$\frac{u_{i+1} - u_{i-1}}{2\Delta x}$	$o(\Delta x^2)$
	$\frac{-u_{i+2} + 4u_{i+1} - 3u_i}{2\Delta x}$	$o(\Delta x^2)$
	$\frac{-u_{i+2} + 8u_{i+1} - 8u_{i-1} + u_{i-2}}{12\Delta x}$	$o(\Delta x^4)$
$\frac{\partial^2 u}{\partial x^2}$	$\frac{u_{i+1} - 2u_i + u_{i-1}}{\Delta x^2}$	$o(\Delta x^2)$
	$\frac{-u_{i+2} + 16u_{i+1} - 30u_i + 16u_{i-1} - u_{i-2}}{12\Delta x^2}$	$o(\Delta x^4)$
$\frac{\partial^3 u}{\partial x^3}$	$\frac{u_{i+2} - 2u_{i+1} + 2u_{i-1} - u_{i-2}}{2\Delta x^3}$	$o(\Delta x^2)$
$\frac{\partial^4 u}{\partial x^4}$	$\frac{u_{i+2} - 4u_{i+1} + 6u_i - 4u_{i-1} + u_{i-2}}{\Delta x^4}$	$o(\Delta x^2)$

2.3　常系数二阶偏微分方程的数值求解方法

相对于未知函数为单一变量的常微分方程，偏微分方程是未知函数为多元变量及其偏导数的微分方程。常系数二阶偏微分方程的一般形式可表示为

$$A\Phi_{xx} + B\Phi_{xy} + C\Phi_{yy} + D\Phi_x + E\Phi_y + F\Phi = G \tag{2.3.1}$$

根据 $B^2 - 4AC$ 的正负关系，可将二阶偏微分方程分为三类：若式（2.3.1）中的系数满足 $B^2 - 4AC > 0$，则式（2.3.1）为双曲型方程；若 $B^2 - 4AC = 0$，则为抛物型方程；若 $B^2 - 4AC < 0$，则为椭圆型方程。下面分别介绍以上三种经典常系数二阶偏微分方程的数值解法。

2.3.1　双曲型方程

一个常见的双曲型二阶偏微分方程是线性波动方程：

$$\frac{\partial^2 u}{\partial t^2} = c^2 \frac{\partial^2 u}{\partial x^2} \tag{2.3.2}$$

其中，c 为波传播的相速度。对于模型方程［式（2.3.2）］，采用显式离散，即在时间和空间上均采用中心差分，得到差分方程：

$$\frac{u_i^{n+1} - 2u_i^n + u_i^{n-1}}{(\Delta t)^2} = c^2 \frac{u_{i+1}^n - 2u_i^n + u_{i-1}^n}{(\Delta x)^2} \tag{2.3.3}$$

令 $r = c\Delta t / \Delta x$，将其代入式（2.3.3），可得

$$u_i^{n+1} - 2u_i^n + u_i^{n-1} = r^2 (u_{i+1}^n - 2u_i^n + u_{i-1}^n) \tag{2.3.4}$$

整理式（2.3.4）可得

$$u_i^{n+1} = 2(1-r^2)u_i^n + r^2(u_{i-1}^n + u_{i+1}^n) - u_i^{n-1}, \quad i = 2,3,\cdots,n-1 \tag{2.3.5}$$

式（2.3.5）等号右边 4 个值 $(u_i^n, u_{i-1}^n, u_{i+1}^n, u_i^{n-1})$ 已知，可用来计算 u_i^{n+1} 的数值解。

以两端固定弦的自由振动问题为例，其位移 $u(x,t)$ 满足波动方程［式（2.3.2）］，在 $x = 0$ 和 $x = L$ 处固定，其初始位置和速度函数分别为

$$\begin{cases} u(x,0) = f(x), & t = 0, \quad 0 < x < L \\ u_t(x,0) = g(x), & t = 0, \quad 0 < x < L \end{cases} \tag{2.3.6}$$

边界值为

$$\begin{cases} u(0,t) = 0, & x = 0, \quad t \geqslant 0 \\ u(L,t) = 0, & x = L, \quad t \geqslant 0 \end{cases} \tag{2.3.7}$$

这样可构成一个定解问题。

例 2.1　计算下列波动方程定解问题的数值解

$$
\begin{cases}
\dfrac{\partial^2 u}{\partial t^2} = \dfrac{\partial^2 u}{\partial x^2}, & 0 < x < 1, \quad t > 0 \\[2mm]
u(x,0) = \sin \pi x, \quad \dfrac{\partial u(x,0)}{\partial t} = x(1-x) \\[2mm]
u(0,t) = u(1,t) = 0
\end{cases}
\tag{2.3.8}
$$

其解析解为 $u(x,t) = \cos \pi t \sin \pi x + \dfrac{8}{\pi^4} \sum\limits_{n=1}^{\infty} \dfrac{1}{(2n-1)^4} \sin(2n-1)\pi t \sin(2n-1)\pi x$，可将式（2.3.8）离散为

$$u_i^{n+1} = 2(1-r^2)u_i^n + r^2(u_{i-1}^n + u_{i+1}^n) - u_i^{n-1}, \quad i = 2,3,\cdots,n-1, \quad r = \Delta t / \Delta x$$

$$u_1^n = 0, \quad u_{i_{\max}}^n = 0$$

$$u_i^1 = \sin(i-1)\pi\Delta x$$

$$u_i^2 = \sin(i-1)\pi\Delta x + (i-1)\Delta x[1-(i-1)\Delta x]\Delta t$$

若空间步长 Δx 取 0.05，时间步长 Δt 取 0.025，图 2.3.1 为例 2.1 用显式差分格式得到的数值解分布图。

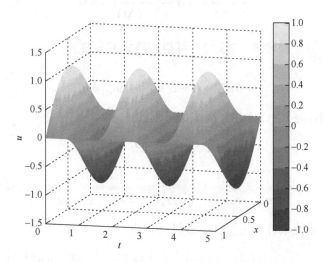

图 2.3.1　例 2.1 用显式差分格式得到的数值解分布图

2.3.2　抛物型方程

一个常见的抛物型二阶偏微分方程是热传导方程：

$$
\frac{\partial u}{\partial t} = \alpha \frac{\partial^2 u}{\partial x^2}
\tag{2.3.9}
$$

其中，α 为热传导系数。对抛物型方程［式（2.3.9）］的时间导数项采用向前差分，空间二阶导数采用二阶中心差分格式，则逼近微分方程的差分方程为

$$\frac{u_i^{n+1} - u_i^n}{\Delta t} = \alpha \frac{u_{i+1}^n - 2u_i^n + u_{i-1}^n}{(\Delta x)^2} \tag{2.3.10}$$

令 $r = \dfrac{\alpha \Delta t}{(\Delta x)^2}$，整理式（2.3.10）可得到显式差分公式：

$$u_i^{n+1} = (1 - 2r)u_i^n + r(u_{i+1}^n + u_{i-1}^n) \tag{2.3.11}$$

式（2.3.11）通过时间层 n 的 u 值来计算 $n+1$ 层的 u 值，该差分格式称为显式格式。因此，需要 $n = 0$ 时间层的 u 值来作为初始条件开始计算；此外，还需要给定在 $i = 0$，$i = i_{\max}$ 上的边界条件。这样，基于差分方程［式（2.3.11）］和所求问题的初、边值条件，可以获得该模型方程的数值解。

对抛物型方程［式（2.3.9）］，时间导数项仍采用向前差分，空间二阶导数项采用 $n+1$ 时间层上的未知变量进行中心差分格式离散，则逼近微分方程的差分方程为

$$\frac{u_i^{n+1} - u_i^n}{\Delta t} = \alpha \frac{u_{i+1}^{n+1} - 2u_i^{n+1} + u_{i-1}^{n+1}}{(\Delta x)^2} \tag{2.3.12}$$

仍然令 $r = \dfrac{\alpha \Delta t}{(\Delta x)^2}$，整理式（2.3.12）可得到隐式差分公式：

$$-ru_{i-1}^{n+1} + (1 + 2r)u_i^{n+1} - ru_{i+1}^{n+1} = u_i^n \tag{2.3.13}$$

为了便于说明，将式（2.3.13）写成如下形式：

$$a_i u_{i-1}^{n+1} + b_i u_i^{n+1} + c_i u_{i+1}^{n+1} = D_i^n \tag{2.3.14}$$

其中，

$$a_i = -r, \quad b_i = 1 + 2r, \quad c_i = -r, \quad D_i^n = u_i^n \tag{2.3.15}$$

利用初、边值条件，可得如下线性方程组：

$$
\begin{vmatrix}
b_1 & c_1 & & & & & \\
a_2 & b_2 & c_2 & & & & \\
 & \ddots & \ddots & \ddots & & & \\
 & & a_i & b_i & c_i & & \\
 & & & \ddots & \ddots & \ddots & \\
 & & & & a_{i_{\max}-2} & b_{i_{\max}-2} & c_{i_{\max}-2} \\
 & & & & & a_{i_{\max}-1} & b_{i_{\max}-1}
\end{vmatrix}
\cdot
\begin{vmatrix}
u_1^{n+1} \\
u_2^{n+1} \\
\vdots \\
u_i^{n+1} \\
\vdots \\
u_{i_{\max}-2}^{n+1} \\
u_{i_{\max}-1}^{n+1}
\end{vmatrix}
=
\begin{vmatrix}
D_1^n - a_1 u_0^{n+1} \\
D_2^n \\
\vdots \\
D_i^n \\
\vdots \\
D_{i_{\max}-2}^n \\
D_{i_{\max}-1}^n - c_{i_{\max}-1} u_{i_{\max}}^{n+1}
\end{vmatrix}
\tag{2.3.16}
$$

　　求解线性方程组［式（2.3.16）］常用的方法为追赶法，详细解法可参看《数值分析》（李庆扬等，2008）。

　　例 2.2　考虑长度为 1 的均匀直杆，其表面是绝热的，而且杆截面足够细，可以把断面上所有点的温度看成是相同的。x 轴取为沿杆轴方向，$x=0$ 和 $x=1$ 对应细杆的两个端点，则杆内温度分布 $u(x,t)$ 随时间变化可由热传导方程来描述：

$$\begin{cases} \dfrac{\partial u}{\partial t}=\dfrac{\partial^2 u}{\partial x^2}, & 0<x<1, \quad t>0 \\ u(x,0)=\sin \pi x, & 0<x<1 \\ u(0,t)=u(1,t)=0, & t>0 \end{cases} \qquad (2.3.17)$$

其解析解为 $u(x,t)=\mathrm{e}^{-\pi^2 t}\sin(\pi x)$，若空间步长 Δx 取为 0.1，时间步长 Δt 取为 0.0005，图 2.3.2 为例 2.2 用显式差分格式得到的数值解分布图，图 2.3.3 给出了 $t=0.5$ 时，用显式差分格式（虚线）、隐式差分格式（点划线）和精确解（实线）的分布情况，显式格式的计算精度要优于隐式格式，但是显式格式需要满足稳定性条件，显式格式要求时间步长尽量小，如不满足稳定性条件，计算结果就会失真。隐式格式对时间步长没有限制，因此可调整 r 的数值来减少时间步数，然而每一个时间层都需要求解线性方程组［式（2.3.16）］，计算量会很大。

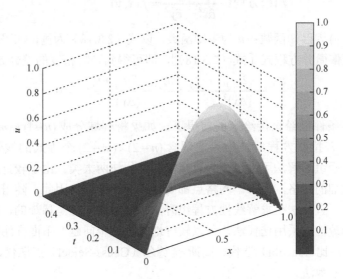

图 2.3.2　例 2.2 用显示差分格式得到的数值解分布图

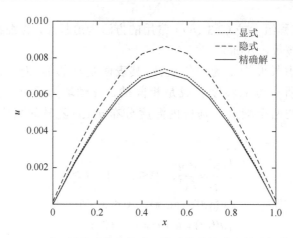

图 2.3.3　$t = 0.5$ 时，用显式差分格式、隐式差分格式和精确解的分布情况

2.3.3　椭圆型方程

常见的椭圆型微分方程包括拉普拉斯（Laplace）方程、泊松（Poisson）方程。

拉普拉斯方程：$\dfrac{\partial^2 u}{\partial x^2} + \dfrac{\partial^2 u}{\partial y^2} = 0$ 　　　　　　（2.3.18）

泊松方程：$\dfrac{\partial^2 u}{\partial x^2} + \dfrac{\partial^2 u}{\partial y^2} = f(x, y)$ 　　　（2.3.19）

其中，$f(x, y)$ 为已知函数；u 为未知函数，以式（2.3.18）为例，如采用中央差分格式来逼近偏微分方程式［式（2.3.18）］，即可得到二阶精度的差分方程：

$$\frac{u_{i+1,j} - 2u_{i,j} + u_{i-1,j}}{(\Delta x)^2} + \frac{u_{i,j+1} - 2u_{i,j} + u_{i,j-1}}{(\Delta y)^2} = 0 \qquad (2.3.20)$$

在边界条件已经直接给定的前提下，如果将解域分成 $(n-1) \times (m-1)$ 个小矩形，求解拉普拉斯方程就转换为求解含 $(n-2) \times (m-2)$ 个等式的线性方程组问题。线性方程组的解法可大致分为直接法和迭代法两大类。由于较好的数值逼近往往要求较细的网格，而每个网格点都要建立一个方程，因此，随着线性方程组维数的增加，直接法在求解线性方程组时，即使系数矩阵是稀疏的，在运算中也很难保持稀疏性。采用迭代法，可以较好地解决这个问题。下面介绍四种常见的迭代法：雅可比（Jacobi）迭代、高斯-赛德尔（Gauss-Seidel）点迭代、高斯-赛德尔线迭代及松弛法。

1. 雅可比迭代

雅可比迭代是最简单的迭代法，其表达式为

$$\frac{u_{i+1,j}^{k} - 2u_{i,j}^{k+1} + u_{i-1,j}^{k}}{(\Delta x)^2} + \frac{u_{i,j+1}^{k} - 2u_{i,j}^{k+1} + u_{i,j-1}^{k}}{(\Delta y)^2} = 0 \qquad (2.3.21)$$

其中，k 表示迭代层数，雅可比迭代法可表达成：

$$u_{i,j}^{k+1} = \frac{(\Delta y)^2 (u_{i+1,j}^{k} + u_{i+1,j}^{k}) + (\Delta x)^2 (u_{i,j+1}^{k} + u_{i,j-1}^{k})}{2[(\Delta x)^2 + (\Delta y)^2]} \qquad (2.3.22)$$

求解椭圆型方程需要封闭的边界条件，针对本节的模型方程 [式（2.3.18）]，假设边界条件是给定的。另外，式（2.3.22）迭代开始时，需要给定一个数值计算的起始值。一般来讲，起始值可以任意给定。但是，给定的起始值越接近方程的真解，其迭代次数就越少，且计算收敛的速度就越快。

2. 高斯-赛德尔点迭代

高斯-赛德尔点迭代是一个可以极大提高迭代效率的计算格式。高斯-赛德尔点迭代的方向设定为 $i = 0 \to i_{max}$，$j = 0 \to j_{max}$，当扫到网格点 (i,j) 时，$u_{i-1,j}^{k+1}$ 和 $u_{i,j-1}^{k+1}$ 是已知的，如果将式（2.3.21）中的 $u_{i-1,j}^{k}$，$u_{i,j-1}^{k}$ 分别用 $u_{i-1,j}^{k+1}$，$u_{i,j-1}^{k+1}$ 替代，则得到

$$\frac{u_{i+1,j}^{k} - 2u_{i,j}^{k+1} + u_{i-1,j}^{k+1}}{(\Delta x)^2} + \frac{u_{i,j+1}^{k} - 2u_{i,j}^{k+1} + u_{i,j-1}^{k+1}}{(\Delta y)^2} = 0 \qquad (2.3.23)$$

整理后得

$$u_{i,j}^{k+1} = \frac{(\Delta y)^2 (u_{i+1,j}^{k} + u_{i-1,j}^{k+1}) + (\Delta x)^2 (u_{i,j+1}^{k} + u_{i,j-1}^{k+1})}{2[(\Delta x)^2 + (\Delta y)^2]} \qquad (2.3.24)$$

3. 高斯-赛德尔线迭代

高斯-赛德尔线迭代的方向设定为 $j = 0 \to j_{max}$，即扫描到 j 行时，$j-1$ 行的 $k+1$ 时间层的迭代值已经求出，可将 $u_{i,j-1}^{k}$ 用 $u_{i,j-1}^{k+1}$ 替代，则得到

$$\frac{u_{i+1,j}^{k+1} - 2u_{i,j}^{k+1} + u_{i-1,j}^{k+1}}{(\Delta x)^2} + \frac{u_{i,j+1}^{k} - 2u_{i,j}^{k+1} + u_{i,j-1}^{k+1}}{(\Delta y)^2} = 0 \qquad (2.3.25)$$

将式（2.3.25）中需要扫描求解的未知量放到方程左边，已知量放到方程的右边，即得

$$(\Delta y)^2 u_{i+1,j}^{k+1} - 2[(\Delta x)^2 + (\Delta y)^2] u_{i,j}^{k+1} + (\Delta y)^2 u_{i-1,j}^{k+1} = -(\Delta x)^2 (u_{i,j+1}^{k} + u_{i,j-1}^{k+1}) \qquad (2.3.26)$$

求解由式（2.3.26）得到的三对角方程组可求出 j 行不同的 i 对应的 u 的新值。

4. 松弛法

为解决实际问题中大维数线性代数方程组的求解问题，提出了许多迭代法。使用迭代法的困难是计算量难以估计。有时迭代过程虽然收敛，但收敛速度缓慢，使计算量变得很大而失去实用价值。松弛法是一种能够加快迭代收敛速度的方法。

在高斯-赛德尔点迭代中加入松弛因子 ω 可构造一个高斯-赛德尔点迭代的松弛格式，在式（2.3.24）两边同时减去 $u_{i,j}^k$ ，可得

$$u_{i,j}^{k+1} - u_{i,j}^k = \frac{(\Delta y)^2(u_{i+1,j}^k + u_{i-1,j}^{k+1}) + (\Delta x)^2(u_{i,j+1}^k + u_{i,j-1}^{k+1})}{2[(\Delta x)^2 + (\Delta y)^2]} - u_{i,j}^k \qquad (2.3.27)$$

整理后得

$$u_{i,j}^{k+1} = u_{i,j}^k + \left\{ \frac{(\Delta y)^2(u_{i+1,j}^k + u_{i-1,j}^{k+1}) + (\Delta x)^2(u_{i,j+1}^k + u_{i,j-1}^{k+1})}{2[(\Delta x)^2 + (\Delta y)^2]} - u_{i,j}^k \right\} \qquad (2.3.28)$$

再加入松弛因子 ω ，得

$$u_{i,j}^{k+1} = u_{i,j}^k + \omega \left\{ \frac{(\Delta y)^2(u_{i+1,j}^k + u_{i-1,j}^{k+1}) + (\Delta x)^2(u_{i,j+1}^k + u_{i,j-1}^{k+1})}{2[(\Delta x)^2 + (\Delta y)^2]} - u_{i,j}^k \right\} \qquad (2.3.29)$$

式（2.3.29）称为点迭代松弛法。松弛因子取值为 $\omega > 1$ 时，称为超松弛迭代；松弛因子取值为 $\omega < 1$ 时，称为亚松弛迭代；松弛因子取值为 $\omega = 1$ 时，就还原成高斯-赛德尔点迭代。松弛因子 ω 的最佳取值可由式（2.3.30）估计：

$$\omega = \frac{4}{2 + \sqrt{4 - \left[\cos\left(\frac{\pi}{n-1}\right) + \cos\left(\frac{\pi}{m-1}\right)\right]^2}} \qquad (2.3.30)$$

同理，在高斯-赛德尔线迭代格式中加入松弛因子 ω 可构造出高斯-赛德尔线迭代松弛格式：

$$\begin{aligned} &(\Delta y)^2 u_{i+1,j}^{k+1} - 2[(\Delta x)^2 + (\Delta y)^2]u_{i,j}^{k+1} + (\Delta y)^2 u_{i-1,j}^{k+1} = \\ &-2[(\Delta x)^2 + (\Delta y)^2]u_{i,j}^k - \omega\{(\Delta x)^2(u_{i,j+1}^k + u_{i,j-1}^{k+1}) - 2[(\Delta x)^2 + (\Delta y)^2]u_{i,j}^k\} \end{aligned} \qquad (2.3.31)$$

例 2.3　计算下列泊松方程的数值解

$$\begin{cases} \dfrac{\partial^2 u}{\partial x^2} + \dfrac{\partial^2 u}{\partial y^2} = f(x,y), \quad (x,y) \in \Omega \\ u(x,y)|_{\Gamma} = 0 \\ \Omega = \{(x,y) \mid 0 \leqslant x, y \leqslant 1\} \\ f(x,y) = 2\pi^2 e^{\pi(x+y)}[\sin\pi x \cos\pi y + \cos\pi x \sin\pi y] \end{cases} \qquad (2.3.32)$$

其精确解为 $u(x,y) = e^{\pi(x+y)}\sin\pi x \sin\pi y$ ，如果空间步长 $\Delta x = \Delta y = 0.01$ ，如采用高斯-赛德尔点迭代松弛法求解上述方程，计算中 ω 取 1.9，经过了 862 次迭代后，误差小于 10^{-5} ，各个网格节点上的数值解及数值解与解析解之差见图 2.3.4，可通过减小空间步长来减小数值解的误差。

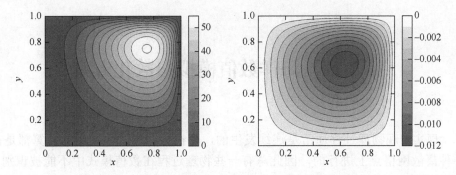

图 2.3.4　各个网格节点上的数值解及数值解与解析解之差

思　考　题

1. 请以平流方程为例，写出时间向前、空间向后差分格式表达式。

2. 请以平流方程为例，写出时间向后、空间中心差分格式表达式。

3. 什么是迎风格式，它的稳定性条件是什么？

4. 什么是 CFL 条件，它有什么物理意义？

5. 请推导有限差分格式 $u_i^{n+1} = u_i^n - \dfrac{\beta}{4}[(u_{i+1}^{n+1} - u_{i-1}^{n+1}) + (u_{i+1}^n - u_{i-1}^n)]$ 的增幅因子表达式，并给出该格式的稳定性条件。

6. 请推导有限差分格式 $u_i^{n+1} = u_i^n - \dfrac{\beta}{2}[(u_i^{n+1} - u_{i-1}^{n+1}) + (u_{i+1}^n - u_i^n)]$ 的增幅因子表达式，并给出该格式的稳定性条件。

7. 请导出有限差分格式 $\dfrac{\partial^3 u}{\partial x^3} \approx \dfrac{u_{i+3} - 3u_{i+2} + 3u_{i+1} - u_i}{\Delta x^3}$ 的截断误差。

第3章　海洋数值模拟参数化方案

现实宏观物理过程通常是连续发生的，而在数值模式中采用的计算都是在各种离散网格点上进行的，因此总有一些物理过程在数值模式中不能被识别。这类不能被网格分辨的过程，通常称为次网格过程。虽然次网格的物理过程不能被特定分辨率的模式识别，但其对模拟结果的准确性有着举足轻重的作用，故而必须对其予以考虑，由此发展出多种次网格模式参数化方案。此外，受认知水平的限制，有些物理过程（如湍流），其机制目前尚不清楚，因此也需要借助参数化方案去表达。总之，在数值模式中不考虑某一物理过程的发生、发展、衰亡的具体细节，使用模式已经确定的参数所表达的简化函数，来代表该物理过程所产生的影响的方法就叫作"参数化"，而这一简化的函数称为参数化方案。

任何一种参数化方案的引入都将是对原有数值模拟结果的一次修订和调整，而这种修订和调整所带来的影响可能是积极的，当然也可能是消极的。因此，事先了解数值模拟的结果对参数化的敏感性和潜在的影响等问题，对于正确理解和使用数值模式至关重要，对于模式初学者来说，则会起到揭开数值模式的神秘面纱、一览真容的作用。在此，需要特别提醒注意的是，参数化绝对不是简单数学技巧的应用，不是摆脱具体物理过程的空中楼阁，而是建立在对所要描述物理过程深入理解基础上而凝练得来的精华。例如，海温的垂向分布特征与海洋中的物理过程紧密相连，其正确表达对于整个大洋环流及其对气候变化的模拟起着非常重要的作用，是当前海洋数值模拟中极具挑战性的问题。研究表明，海温的垂直分布可以划分为三个不同的区域：温度分布几乎均匀的上混合层，其产生的机制主要是由表层强混合导致（风场的搅拌、浮性通量等作用）；温度变化剧烈的温跃层，其产生的原因是该层远离动量和浮性强烈交换的海表和海底；温度缓慢变化的从温跃层底部至海底混合层上部的中间层，该层中还包括接近海底由底部摩擦混合造成的几十米至上百米厚的底部混合层。只有清楚地了解造成这些温度分布特征的物理过程，才能在模拟过程中建立正确的混合参数化方案，获得正确的垂向温度分布。

目前，海洋模式中常用的参数化方案主要包括：湍流参数化方案、中尺度参数化方案、次中尺度过程参数化方案、海气界面与海底边界过程参数化方案、水平混合参数化方案和其他参数化方案。在某些特定情况下，湍流参数化方案也会在次网格参数化方案中体现。本书由于篇幅的限制,只对上述参数化方案进行简单的回顾介绍,对于详细的内容读者可以参阅相关文献。

3.1　湍流参数化方案

湍流参数化方案顾名思义是针对海洋中的湍流过程所提出的一类参数化方案。一方面,由于湍流过程的空间尺度和时间尺度都非常小,且湍流的过程具有强烈的非线性效应,其具体的物理机制目前仍然是物理海洋学领域中的一个巨大挑战;另一方面,湍流过程的影响在空间上能达到整个海洋的尺度,在时间上则长达几十年甚至上百年。总之,湍流过程尺度小、复杂程度高、影响范围深远,目前绝大多数的海洋数值模式都需要用到湍流参数化方案。

3.1.1　基本概念

在介绍具体的湍流参数化方案之前,先介绍一些与湍流相关的基本概念,这对于理解湍流参数化方案的内容是很有益处的。本节就分子黏性与扩散、雷诺应力(Reynolds stress)及湍流二阶矩的概念作简单的介绍。

1. 分子黏性与扩散

分子黏性是指流体抵抗变形或阻止相邻流体层产生相对运动的性质。流体的黏性与流动性恰好相反,当一部分流体受力的作用产生运动时,必然在一定程度上带动邻近流体。因此又可把黏性看成分子间的内摩擦,这种内摩擦抵抗着流体内部速度差的扩大。分子黏性在距边界几毫米以内发挥着重要的作用,在海洋中分子运动黏性系数 ν 通常取为 $10^{-6}\mathrm{m}^2/\mathrm{s}$。

分子扩散是指物质分子的热运动造成的扩散,是质量传递的一种基本方式。物理上表示在物质浓度差或其他推动力(电场、磁场)的作用下,分子、原子等的热运动所引起的物质在空间的迁移现象。物质组分从高浓度区向低浓度区的迁移,是自然界中最普遍的扩散现象。以温度差为推动力的扩散称为热扩散,而以盐度差为推动力的扩散称为盐扩散。分子热运动引起的温度和盐度的扩散率分别为 $10^{-7}\mathrm{m}^2/\mathrm{s}$ 和 $10^{-9}\mathrm{m}^2/\mathrm{s}$,其差异性造成了物理海洋学中的"盐指"(salt finger)现象(是指温暖高盐的水位于寒冷低盐的水上时,在界面处发生盐度较大的水向下呈手指状分布的海洋现象)。黏性系数与扩散系数之比称为普朗特数(Prandtl number)。

虽然分子运动对大尺度海水的流动及示踪物扩散的影响相对较小,但是其效应在整个能量耗散的级串中是不能被忽略的,海洋中的动量、能量、热量、涡度等的耗散过程，最终都要通过分子黏性和扩散来完成。雷诺数 Re 是衡量湍流过程重要性的无量纲参数，是非线性项和分子黏性项的比值，其表达式为

$$Re = \frac{UL}{\nu} \tag{3.1.1}$$

其中，U 表示海洋的特征速度；L 表示海洋的特征长度；ν 表示分子运动黏性系数。如果将海洋的特征速度 U 取为 0.1m/s，特征长度 L 取为 10^6m，分子运动黏性系数 ν 取为 10^{-6}m²/s，则大洋中的雷诺数高达 10^{11}，远大于判定湍流过程是否重要的临界雷诺数 $O(10^3)$。这表明海洋中的湍流过程非常重要，而各种海洋非线性过程及其相互作用则是湍流产生的主要来源。

2. 雷诺应力

海洋中的湍流运动可以作为随机的运动来处理，常用相对于平均状态的偏差来表示，这个平均状态就是雷诺平均，相应的物理量称为"大尺度"量或者平均量；相应的扰动量则称为"小尺度"的运动量或者涡动量。经过雷诺平均之后产生的雷诺应力项就体现了"小尺度"扰动的非线性作用对"大尺度"平均流的影响。对于动量方程中的速度，可以采用雷诺平均的方法，将流速表示为

$$u = U + u', \quad v = V + v', \quad w = W + w' \tag{3.1.2}$$

其中，$U = \bar{u} = \frac{1}{T}\int_0^T u(x,y,z,t)\mathrm{d}t$，或 $U = \bar{u} = \frac{1}{X}\int_0^X u(x,y,z,t)\mathrm{d}x$，即雷诺平均（注：雷诺平均的严格定义是取系综平均，即物理过程各态历经后的平均状态，在实际计算中往往用时间或者空间平均来近似替代系综平均）。经过雷诺平均分解之后获得的小扰动量（带撇项）有两个重要的性质，一是小扰动量的平均为 0（$\overline{u'} = 0$）；二是小扰动量自身也满足原本的控制方程。

结合连续性方程，动量方程的平流项（即非线性项）可表达为

$$\begin{aligned}
\mathrm{ADV}_x &= -\frac{\partial uu}{\partial x} - \frac{\partial uv}{\partial y} - \frac{\partial uw}{\partial z} \\
&= -\frac{\partial UU}{\partial x} - \frac{\partial UV}{\partial y} - \frac{\partial UW}{\partial z} - \frac{\partial \overline{u'u'}}{\partial x} - \frac{\partial \overline{u'v'}}{\partial y} - \frac{\partial \overline{u'w'}}{\partial z}
\end{aligned} \tag{3.1.3}$$

定义 $\tau_{xx} = -\rho\overline{u'u'}$、$\tau_{xy} = -\rho\overline{u'v'}$、$\tau_{xz} = -\rho\overline{u'w'}$ 分别为雷诺应力的相应分量。类似地，对 y 和 z 方向的动量方程中的平流项进行类似的处理，可见雷诺应力是一个 3×3 的二阶对称矩阵，共有 9 个分量，6 个独立分量，其具体表达式为

$$\tau = \begin{vmatrix} \tau_{xx} & \tau_{xy} & \tau_{xz} \\ \tau_{yx} & \tau_{yy} & \tau_{yz} \\ \tau_{zx} & \tau_{zy} & \tau_{zz} \end{vmatrix} = -\rho \begin{vmatrix} \overline{u'u'} & \overline{u'v'} & \overline{u'w'} \\ \overline{v'u'} & \overline{v'v'} & \overline{v'w'} \\ \overline{w'u'} & \overline{w'v'} & \overline{w'w'} \end{vmatrix} \tag{3.1.4}$$

雷诺平均的引入解决了湍流对"大尺度"运动影响的问题，但同时也导致雷诺应力的出现。平均方程组中出现了 9 个雷诺应力项，这使得方程组中的未知数个数超过方程的个数，导致方程欠定现象的出现。因此，需要引入新的与雷诺应力相关的方程，使方程组能够重新闭合。历史上提出过多种湍流闭合的理论方案，其中包括一阶矩闭合和高阶矩闭合理论。利用 Prandtl 提出的混合长理论进行一阶矩闭合是常用的一种湍流闭合方法，该方案的基本思想是将雷诺应力项通过模式已经分辨的大尺度参数的梯度进行表达代换，从而实现方程组的闭合。同时，许多科学家提出了二阶矩闭合理论，下面介绍湍流二阶矩的基本概念。

3. 湍流二阶矩

经过雷诺平均分解之后，得到描述平均流的"大尺度"运动控制方程，将原方程与雷诺平均后的"大尺度"运动方程作差，便得到相应扰动量的控制方程。用扰动量的方程经过简单的代数运算便得到二阶矩控制方程（也称为扰动协方差控制方程）。本节将以 x、y 方向的扰动量方程为例，演示二阶矩控制方程的推导过程。用扰动量 u' 和 v' 分别乘以 v' 和 u' 的扰动方程，然后将两个方程相加，在假定大尺度运动垂向速度 $W=0$ 的前提下，得到二阶矩控制方程为

$$\frac{\partial \overline{u'v'}}{\partial t} + U\frac{\partial \overline{u'v'}}{\partial x} + V\frac{\partial \overline{u'v'}}{\partial y} + \overline{u'v'}\frac{\partial U}{\partial x} + \overline{v'v'}\frac{\partial U}{\partial y} + \overline{w'v'}\frac{\partial U}{\partial z} + \overline{u'u'}\frac{\partial V}{\partial x} + \overline{v'u'}\frac{\partial V}{\partial y} + \overline{w'u'}\frac{\partial V}{\partial z}$$

$$+ \frac{\partial \overline{u'v'u'}}{\partial x} + \frac{\partial \overline{u'v'v'}}{\partial y} + \frac{\partial \overline{u'v'w'}}{\partial z} = -\frac{1}{\rho_0}\left(\overline{v'\frac{\partial p'}{\partial x}} + \overline{u'\frac{\partial p'}{\partial y}}\right) + f(\overline{v'v'} - \overline{u'u'}) \qquad (3.1.5)$$

其中，$\dfrac{\partial \overline{u'v'}}{\partial t}$ 表示二阶矩 $\overline{u'v'}$ 的时间变化项；$U\dfrac{\partial \overline{u'v'}}{\partial x} + V\dfrac{\partial \overline{u'v'}}{\partial y}$ 表示"大尺度"平均流对二阶矩 $\overline{u'v'}$ 的平流贡献项；$\overline{u'v'}\dfrac{\partial U}{\partial x} + \overline{v'v'}\dfrac{\partial U}{\partial y} + \overline{w'v'}\dfrac{\partial U}{\partial z} + \overline{u'u'}\dfrac{\partial V}{\partial x} + \overline{v'u'}\dfrac{\partial V}{\partial y} + \overline{w'u'}\dfrac{\partial V}{\partial z}$ 表示大尺度平均流的切变对二阶矩的贡献项；$\dfrac{\partial \overline{u'v'u'}}{\partial x} + \dfrac{\partial \overline{u'v'v'}}{\partial y} + \dfrac{\partial \overline{u'v'w'}}{\partial z}$ 表示三阶矩项；$-\dfrac{1}{\rho_0}\left(\overline{v'\dfrac{\partial p'}{\partial x}} + \overline{u'\dfrac{\partial p'}{\partial y}}\right)$ 表示压力脉动梯度对二阶矩的贡献项；$f(\overline{v'v'} - \overline{u'u'})$ 表示科氏力引起的旋转再分配项。

考虑速度为三维矢量，因此与温度、盐度无关的二阶矩动量扰动协方差方程共有 6 个，而与温度、盐度相关的湍流输送方程也有 6 个，关于温度、盐度自身的二阶矩扰动协方差方程共有 3 个（分别为 $\overline{T'T'}$、$\overline{T'S'}$、$\overline{S'S'}$），即关于动量及温度、盐度的二阶矩扰动协方差方程共计 15 个。

由式（3.1.5）可见，二阶矩的扰动协方差方程引入了三阶矩扰动项，而该项的得出需要借助观测或实验室实验从而使得方程组闭合。这种超过一阶的湍流闭

合方式又称为"高阶闭合"方案。一阶闭合多用于海洋模式水平混合的参数化，而高阶闭合则多用于描述海洋的垂直混合过程。除了上面介绍的 15 个扰动协方差方程，扰动动能方程（TKE）也是一个重要的二阶矩方程。TKE 方程的导出是用扰动量 u'、v' 和 w' 分别乘以 u'、v' 和 w' 的扰动方程得到的，表达式可以简写为

$$\frac{1}{2}\frac{\partial(\overline{u'u'}+\overline{v'v'}+\overline{w'w'})}{\partial t}=\text{BPL}+\text{MP}+\text{TR}-\varepsilon \tag{3.1.6}$$

其中，$\text{BPL}\equiv\overline{w'b'}$，表示平流的位能和 TKE 之间的转换，$b=-g\dfrac{\rho-\rho_0}{\rho_0}$，表示浮性；$\text{MP}\equiv-\overline{u'w'}\dfrac{\partial\overline{u}}{\partial z}-\overline{v'w'}\dfrac{\partial\overline{v}}{\partial z}$，表示平均流的动能与 TKE 之间的转换；TR 表示输送和压力对 TKE 的再分配；ε 表示 TKE 的耗散项。

引入二阶矩方程使得方程组闭合的方案用到的方程不仅数量众多，而且形式复杂难懂，最致命的是二阶矩方程中还出现了三阶矩的相关项。因此，引入二阶矩并不能直接使方程闭合，还需要根据已知的二阶矩和平均量之间的关系对二阶矩方程进行简化。根据不同的简化方法，科学家提出了多种湍流闭合参数化方案，包括 Prandtl 混合长湍流闭合方案、标准 k-ε 参数化方案（Jones and Launder，1972）、Mellor-Yamada 参数化方案（Mellor and Yamada，1982）、混合型参数化方案（Chen et al.，1994）及 KPP 参数化方案（Large et al.，1994），后面将会对它们一一进行简单的介绍。

3.1.2　Prandtl 混合长湍流闭合方案

为了解决由于雷诺应力的引入导致的方程组欠定的问题，Prandtl 在 1925 年提出了混合长理论。该方案的基本思想是将雷诺应力项通过模式已经分辨的大尺度参数的梯度进行表达代换，从而实现方程组的闭合。下面将以二维平行剪切流为例，对该方法进行简单的介绍。Prandtl 借鉴分子运动论中分子平均自由程的概念，假设湍流中的流体微团也具有一个"湍流平均自由程"，称其为混合长。流体微团只有在移动了该长度的距离以后，才能够与其他流体微团发生碰撞和混合，从而改变其原有的流动特性，在移动过程中保持流体微团的性质不变。对于二维平行剪切湍流，可以从 Prandtl 假设得到 Prandtl 混合长公式。

如图 3.1.1 所示，假设有一个流体微团从 $y=y_0$ 的位置处移动到 $y=y_0+l_{\mathrm{m}}$ 的位置，则由于两处的速度不同，会造成 $y=y_0+l_{\mathrm{m}}$ 位置上出现速度的扰动 u'，其大小可以近似为

$$u'\sim-l_{\mathrm{m}}\frac{\partial\overline{u}}{\partial y} \tag{3.1.7}$$

类似地，假定 $y = y_0$ 处 y 方向的速度扰动量 v' 与 u' 是同一量级，可得

$$v' \approx u' \sim l_m \frac{\partial \overline{u}}{\partial y} \tag{3.1.8}$$

则雷诺应力分量 $\rho \overline{u'v'}$ 可以表达为

$$\rho \overline{u'v'} \approx -\rho l_m^2 \left| \frac{\partial \overline{u}}{\partial y} \right| \frac{\partial \overline{u}}{\partial y} = -\mu_t \frac{\partial \overline{u}}{\partial y} \tag{3.1.9}$$

其中，$\mu_t = \rho l_m^2 \left| \dfrac{\partial \overline{u}}{\partial y} \right|$，表示湍流黏性系数；$l_m$ 是 Prandtl 混合长，即流动所携带的

某种属性能够保持不变的距离，与湍流
结构有关，在具体问题中需要通过新的
假定及实验结果来确定，对于复杂流动
则很难确定，且不能用于带有分离及回流
的流动。

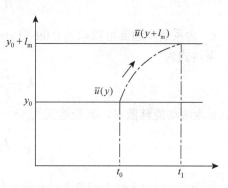

　　至此，将雷诺应力中的其他项都表示
为模式已经分辨的"大尺度"运动的梯
度与湍流黏性系数的乘积，只要已知相应
的湍流黏性系数（或混合长 l_m），则控制
方程组就能重新闭合，问题得到解决。

图 3.1.1　Prandtl 混合长理论示意图

3.1.3　标准 k-ε 参数化方案

　　为了改善混合长模型和避免复杂流动中的湍流空间尺度的半经验公式，Jones
和 Launder 于 1972 年提出了 k-ε 湍流参数化方案（Jones and Launder，1972），
并广泛应用于湍流计算、航空航天研究及油气输运等。该方案通过求解两个附加
方程（k 方程和 ε 方程）来确定湍流黏性系数，进而获得雷诺应力。k 代表湍动能，
ε 表示湍动能耗散率，在一定适用范围内，k-ε 参数化方案的模拟效果与实验结
果吻合良好，但在低雷诺数区域、较大逆压梯度、无约束流等条件下，该参数化模
型的效果仍存在着一定的不足。k-ε 湍流参数化方案又分为标准 k-ε 参数化方案、
RNG k-ε 参数化方案及 Realizable k-ε 参数化方案等，由于篇幅限制，下面仅
对标准 k-ε 参数化方案作简要的介绍。

　　在标准 k-ε 参数化方案中，仿照层流中流体应力与应变力之间的本构方程，
将雷诺应力写为

$$\tau = 2\mu_t e - \frac{2}{3} \rho k \boldsymbol{I} \tag{3.1.10}$$

其中，e 表示速度应变张量，其表达式为

$$e = \begin{bmatrix} \dfrac{\partial \overline{u}}{\partial x} & \dfrac{1}{2}\left(\dfrac{\partial \overline{u}}{\partial y}+\dfrac{\partial \overline{v}}{\partial x}\right) & \dfrac{1}{2}\left(\dfrac{\partial \overline{u}}{\partial z}+\dfrac{\partial \overline{w}}{\partial x}\right) \\ \dfrac{1}{2}\left(\dfrac{\partial \overline{v}}{\partial x}+\dfrac{\partial \overline{u}}{\partial y}\right) & \dfrac{\partial \overline{v}}{\partial y} & \dfrac{1}{2}\left(\dfrac{\partial \overline{v}}{\partial z}+\dfrac{\partial \overline{w}}{\partial y}\right) \\ \dfrac{1}{2}\left(\dfrac{\partial \overline{w}}{\partial x}+\dfrac{\partial \overline{u}}{\partial z}\right) & \dfrac{1}{2}\left(\dfrac{\partial \overline{w}}{\partial y}+\dfrac{\partial \overline{v}}{\partial z}\right) & \dfrac{\partial \overline{w}}{\partial z} \end{bmatrix} \qquad (3.1.11)$$

I 表示单位矩阵；ρ 表示海水的密度；μ_t 表示湍流黏性系数，其表达式为

$$\mu_t = C_\mu \rho \frac{k^2}{\varepsilon} \qquad (3.1.12)$$

C_μ 为系数，通常可以取为 0.09（Launder and Sharma，1974）。k 表示湍动能，其表达式为

$$k = \frac{1}{2}\overline{u'^2 + v'^2 + w'^2} \qquad (3.1.13)$$

ε 为湍动能耗散率，其表达式为

$$\varepsilon = \frac{\mu}{\rho}\overline{\left(\frac{\partial u_i'}{\partial x_j}\right)\left(\frac{\partial u_i'}{\partial x_j}\right)} \qquad (3.1.14)$$

其中，$i = 1,2,3$；$j = 1,2,3$；μ 表示分子动力黏性系数。

当流动为不可压且不考虑用户自定义的源项时，标准 k-ε 参数化方案中的 k 和 ε 分别由以下相应的输运方程给出：

$$\frac{\partial(\rho k)}{\partial t} + \frac{\partial(\rho k u_i)}{\partial x_i} = \frac{\partial}{\partial x_j}\left[\left(\mu + \frac{\mu_t}{\sigma_k}\right)\frac{\partial k}{\partial x_j}\right] + G_k - \rho\varepsilon \qquad (3.1.15)$$

$$\frac{\partial(\rho\varepsilon)}{\partial t} + \frac{\partial(\rho\varepsilon u_i)}{\partial x_i} = \frac{\partial}{\partial x_j}\left[\left(\mu + \frac{\mu_t}{\sigma_\varepsilon}\right)\frac{\partial\varepsilon}{\partial x_j}\right] + \frac{C_{1\varepsilon}\varepsilon}{k}G_k - C_{2\varepsilon}\rho\frac{\varepsilon^2}{k} \qquad (3.1.16)$$

其中，$\sigma_k = 1.0$；$\sigma_\varepsilon = 1.3$；$G_k = \mu_t\left(\dfrac{\partial u_i}{\partial x_j} + \dfrac{\partial u_j}{\partial x_i}\right)\dfrac{\partial u_i}{\partial x_j}$；$C_{1\varepsilon} = 1.44$；$C_{2\varepsilon} = 1.92$。

总之，标准 k-ε 参数化方案将雷诺应力表达为湍流黏性系数 μ_t、速度应变张量 e、湍动能 k 及湍动能耗散率 ε 的函数，在模式运行过程中，通过求解 k 和 ε 的输运方程来获得雷诺应力，从而实现方程组的闭合。

3.1.4　Mellor-Yamada 参数化方案

为了闭合二阶矩控制方程，Mellor 和 Yamada 在 1982 年提出了 Mellor-Yamada 参数化方案。该方案包括一系列多层的具体参数化方案，下面以 2.5 层参数化方案为例，

对其作简单的介绍。Mellor-Yamada 参数化方案在原有控制方程基础上增加了湍动能 $\left(\dfrac{1}{2}q^2 = \dfrac{1}{2}\overline{u'^2 + v'^2 + w'^2}\right)$ 与湍流特征长度(l)的诊断方程，具体表达式分别为

$$\frac{D}{Dt}\left(\frac{q^2}{2}\right) - \frac{\partial}{\partial z}\left[\kappa_\mathrm{q}\frac{\partial}{\partial z}\left(\frac{q^2}{2}\right)\right] = \kappa_\mathrm{m}\left[\left(\frac{\partial u}{\partial z}\right)^2 + \left(\frac{\partial v}{\partial z}\right)^2\right] + \kappa_\mathrm{h}N^2 - \frac{q}{B_l l}q^2 \quad (3.1.17)$$

$$\frac{D}{Dt}(lq^2) - \frac{\partial}{\partial z}\left(\kappa_l\frac{\partial lq^2}{\partial z}\right) = lE_1\left\{\kappa_\mathrm{m}\left[\left(\frac{\partial u}{\partial z}\right)^2 + \left(\frac{\partial v}{\partial z}\right)^2\right] + \kappa_\mathrm{h}N^2\right\} - \frac{q}{B_1}q^2\tilde{W} \quad (3.1.18)$$

其中，$\kappa_\mathrm{q} = qlS_\mathrm{q}$ 表示湍动量扩散系数；$\kappa_\mathrm{m} = qlS_\mathrm{m}$ 表示湍流黏性系数；$\kappa_\mathrm{h} = qlS_\mathrm{h}$ 表示湍流扩散系数；N 表示浮性频率；B_1 表示常系数；$\tilde{W}$ 表示壁面近似函数（wall proximity function）。S_q、S_m、S_h 表示与 Richardson 数有关的稳定系数，由以下方程组求解确定：

$$S_\mathrm{h}[1 - (3A_2B_2 + 18A_1A_2)G_\mathrm{h}] = A_2(1 - 6A_1B_1^{-1}) \quad (3.1.19)$$

$$S_\mathrm{m}(1 - 9A_1A_2G_\mathrm{h}) - S_\mathrm{h}[(18A_1^2 + 9A_1A_2)G_\mathrm{h}] = A_1(1 - 3C_1 - 6A_1B_1^{-1}) \quad (3.1.20)$$

$$G_\mathrm{h} = \min\left(-\frac{l^2N^2}{q^2}, 0.028\right) \quad (3.1.21)$$

$$S_\mathrm{q} = 0.41S_\mathrm{m} \quad (3.1.22)$$

其中，$A_1 = 0.92$；$A_2 = 0.74$；$B_1 = 16.6$；$B_2 = 10.1$；$C_1 = 0.08$。此外，Mellor-Yamada 参数化方案限定：$q^2 \geqslant 10^{-8}\,\mathrm{m}^2/\mathrm{s}^2$、$lq^2 \geqslant 10^{-8}\,\mathrm{m}^3/\mathrm{s}^2$、$l \leqslant \dfrac{0.53q}{N}\,\mathrm{m}$。

总之，Mellor-Yamada 参数化方案将湍流黏性系数 κ_m 和湍流扩散系数 κ_h 用湍流速度 q、湍流特征长度 l 及 Richardson 数进行表征，通过求解新增加的湍动能与湍流特征长度的诊断方程来实现方程组的闭合。

3.1.5　混合型参数化方案

在 1994 年，陈大可等基于 Kraus 和 Turner 混合层模型（Kraus and Turner，1967）和 Price 动力学不稳定性模型（Price et al.，1986），提出了混合型参数化方案（hybrid vertical mixing scheme）（Chen et al.，1994）。考虑到表面混合层和海洋内部物理过程的差异性，该参数化方案对表面混合层和内部分别进行处理。下面对该方案进行简单的介绍。

数值模式中计算网格的界面不是真实的物质表面，在数值模式的界面上可以存在跨界面的质量、浮性和动量通量。陈大可等（Chen et al.，1994）提出这些跨界面的运动或层厚度的变化由以下连续性方程确定：

$$\frac{\partial h_k}{\partial t} + \nabla(h_k \boldsymbol{u}_k) + w_{k-\frac{1}{2}} - w_{k+\frac{1}{2}} = 0, \quad k = 1, 2, \cdots, n \tag{3.1.23}$$

其中，k 表示模型第 k 层中的点；n 表示层的总数；h 表示层的厚度；$\boldsymbol{u}$ 表示水平速度矢量；w 表示跨层界面的每单位面积上的体积通量。

考虑混合层（$k=1$），表面通量 $w_{\frac{1}{2}}$ 为 0 或已知。使用 Kraus-Turner 模型计算 $w_{1+\frac{1}{2}}$，利用简化的湍动能控制方程：

$$w_{1+\frac{1}{2}} h_1(b_1 - b_2) = 2a_1 u^{*3} + h_1 \frac{(1+a_2)B_0 - (1-a_2)|B_0|}{2} + rI_0[h_1 \mathrm{e}^{-\frac{h_1}{h_r}} - 2h_r(1 - \mathrm{e}^{-\frac{h_1}{h_r}})] \tag{3.1.24}$$

其中，u^* 表示表面摩擦速度；B_0 表示表面总浮性通量；rI_0 表示太阳辐射中的短波分量；h_r 表示短波辐射的衰减深度；I_0 的长波分量被认为不具备穿透性，它被海表面所吸收，只对混合层中的物理量有影响；b_1 和 b_2 分别表示浮性在第一层和第二层上的数值；a_1，a_2 表示常数，通常取为 $a_1 = 0.40$，$a_2 = 0.18$。

当式（3.1.24）右端大于 0 时，混合层加深，可以计算出混合层加深的夹卷速度。当式（3.1.24）的右端小于 0 时，混合层变浅，其变浅的速度为

$$w_{1+\frac{1}{2}} = \frac{\Delta h}{\Delta t} \tag{3.1.25}$$

其中，Δh 表示负深度变化；Δt 表示时间步长。在确定夹卷速度（$w_{1+\frac{1}{2}}$）之后，使用式（3.1.23）更新混合层深度，并通过 $w_{1+\frac{1}{2}}$ 获得动量和浮性的通量。

通过式（3.1.23）逐步迭代获得其他层的厚度。通过穿过界面的动量通量和浮性调整每层中的速度和浮性，其计算公式为

$$\boldsymbol{u}_{k+\frac{1}{2}} = \frac{(\boldsymbol{u}_k + \boldsymbol{u}_{k+1})}{2} \tag{3.1.26}$$

$$b_{k+\frac{1}{2}} = \frac{h_k b_k + h_{k+1} b_{k+1}}{h_k + h_{k+1}} \tag{3.1.27}$$

至此，直接由海面风场和浮性变化引起的混合层深度的变化已经实现参数化表达，包括表面冷却引起的对流翻转，其他对流不稳定性过程则通过简单对流调整实现：每当出现静力不稳定时，密度就会立即混合（均匀化），从而使水柱在重力上变得稳定。

针对内部剪切不稳定性引起的垂直湍流混合，采用 Price 模型的梯度 Richardson 数准则来处理。在每个层界面处，计算梯度 Richardson 数 Ri_g，并将其与临界

Richardson 数 Ri_c（0.25）比较：如果 Ri_g 小于任意两层之间的 Ri_c（如 k 和 $k+1$ 层），则产生额外的速度和恢复力，使得这两层满足：

$$F_k' = F_k - \frac{(1 - Ri_g / Ri_c) \times (F_k - F_{k+1}) h_{k+1}}{h_k + h_{k+1}} \tag{3.1.28}$$

$$F_{k+1}' = F_{k+1} - \frac{(1 - Ri_g / Ri_c) \times (F_k - F_{k+1}) h_k}{h_k + h_{k+1}} \tag{3.1.29}$$

其中，F 表示任意需要混合的变量，如温度、盐度，撇项表示混合后的值，经过这一混合过程使混合后的 Richardson 数梯度重新回到 Ri_c。

混合参数化方案模拟了上层海洋湍流混合的三个主要物理过程，该混合参数化方案在海洋模拟中得到了广泛的应用。例如，澳大利亚国家海洋模式系统（Bluelink）便使用了该参数化方案。

3.1.6　KPP 参数化方案

在 Chen 等（1994）提出混合参数化方案的同年，Large 等（1994）提出了 KPP 参数化方案。研究表明，海洋垂直混合过程由海洋边界层和海洋内部两种截然不同的混合类型组成。为此，KPP 参数化方案从这一特点出发，在海表边界层对风驱动混合、表面浮性通量和对流不稳定进行参数化，而在海洋内部认为混合由切变不稳定、背景内波破碎和双扩散控制，在海底由海底摩擦等物理过程诱导产生（Blaas et al.，2007）。下面对 KPP 参数化方案作简单的介绍。

1. KPP 参数化方案的上边界层参数化

KPP 参数化方案中关于表面边界层厚度的诊断基于块体 Richardson 数（bulk Richardson number）

$$Ri_b = \frac{(b_r - b)d}{(\bar{u}_r - \bar{u})^2 + \bar{u}_t^2} \tag{3.1.30}$$

其中，b 表示浮性；d 表示深度；$\bar{u} = (\bar{u}, \bar{v})$ 和 $\boldsymbol{u}_t = (u_t, v_t)$ 分别表示模式已分辨的速度和未分辨的湍流速度，下标 r 表示参考值。参考值取为深度范围 εd 内的平均，其中 $\varepsilon = 0.1$。未分辨的湍动能由式（3.1.31）计算得到

$$\frac{1}{2} V_t^2 = \frac{C_s (-\beta_T)^{1/2} d}{2 Ri_b \kappa^2} (C_s \varepsilon)^{-1/2} N w_s \tag{3.1.31}$$

其中，C_s 为 1～2 的常数；β_T 表示卷夹浮性通量与表面浮性通量之比；N 表示浮

性频率；$\kappa = 0.4$，表示冯·卡门（von Karman）常数；w_s 表示任意标量的湍流速度，由式（3.1.32）得到

$$w_s = \begin{cases} \kappa(a_s u_*^3 + c_s \kappa \sigma w_*^3)^{1/3}, & \sigma < \varepsilon \\ \kappa(a_s u_*^3 + c_s \kappa \varepsilon w_*^3)^{1/3}, & \varepsilon \leqslant \sigma < 1 \end{cases} \tag{3.1.32}$$

在对流极限情况下取：

$$w_s = \begin{cases} \kappa(c_s \kappa \sigma)^{1/3} w_*, & \sigma < \varepsilon \\ \kappa(c_s \kappa \varepsilon)^{1/3} w_*, & \varepsilon \leqslant \sigma < 1 \end{cases}$$

其中，a_s 和 c_s 表示常系数；u_* 表示摩擦速度；w_* 表示对流速度尺度；$\sigma = d/h_b$ 表示比例系数。

KPP 参数化方案在表面边界层中的湍流通量的表达式为

$$\begin{cases} \overline{w'\theta'} = -K_\theta \left(\dfrac{\partial \bar{\theta}}{\partial z} + \gamma_\theta \right) \\ \overline{w'S'} = -K_S \left(\dfrac{\partial \bar{S}}{\partial z} + \gamma_S \right) \\ \overline{w'v'} = -K_m \left(\dfrac{\partial \bar{v}}{\partial z} \right) \end{cases} \tag{3.1.33}$$

其中，γ_θ 和 γ_S 表示非局地输运项；K_θ、K_S、K_m 分别表示温度湍流扩散系数、盐度湍流扩散系数和动量湍流黏性系数。为了与内部扩散系数和黏性系数进行平滑的过渡，扩散系数或黏性系数廓线的参数化形式为

$$\begin{cases} K_\theta(\sigma) = h_b w_\theta(\sigma) G_\theta(\sigma) \\ K_S(\sigma) = h_b w_S(\sigma) G_S(\sigma) \\ K_m(\sigma) = h_b w_m(\sigma) G_m(\sigma) \end{cases} \tag{3.1.34}$$

其中，w_θ、w_s、w_m 分别表示位势温度、盐度、动量的湍流速度尺度；G 为平滑形态函数，表达为三次多项式函数：

$$G(s) = a_0 + a_1 s + a_2 s^2 + a_3 s^3 \tag{3.1.35}$$

其具体取值由每一个模式变量决定。

式（3.1.33）中的非局地通量项是在表面不稳定时产生的，其参数化为

$$\begin{cases} \gamma_\theta = 0, \quad \gamma_S = 0, & \varsigma \geqslant 0 \\ \gamma_\theta = C_s \dfrac{\overline{w'\theta_0'} + \overline{w'\theta_R'}}{w_\theta(\sigma) h_b}, \quad \gamma_S = \dfrac{\overline{w'S_0'}}{w_s(\sigma) h}, & \varsigma < 0 \end{cases} \tag{3.1.36}$$

其中，$\varsigma = d/L$，表示稳定性参数，L 表示 Monin-Obukhov 长度；$\overline{w'\theta_0'}$ 和 $\overline{w'S_0'}$ 项分别表示表面热通量和表面盐通量；$\overline{w'\theta_R'}$ 项表示穿透的短波辐射贡献量。

2. KPP 参数化方案的内部跨等密度面参数化

KPP 参数化模型，将海洋内部的跨等密度面扩散系数和黏性系数参数化为

$$\overline{w'\theta'} = -K_\theta \frac{\partial \overline{\theta}}{\partial z}$$

$$\overline{w'S'} = -K_S \frac{\partial \overline{S}}{\partial z} \tag{3.1.37}$$

$$\overline{w'v'} = -K_m \frac{\partial \overline{v}}{\partial z}$$

其中，K_θ、K_S、K_m 分别表示位势温度、盐度（包括其他标量）和动量的内部扩散率（黏性系数）。假设内部扩散率或黏性系数由三个部分组成，以位势温度为例：

$$K_\theta = K_\theta^S + K_\theta^w + K_\theta^d \tag{3.1.38}$$

其中，K_θ^S 表示已分辨的剪切不稳定贡献；K_θ^w 表示由背景内波场导致的不可分辨剪切不稳定的贡献；K_θ^d 表示双扩散（温度扩散与盐度扩散）的贡献。

根据模式界面处计算得到的 Richardson 数的梯度项，将剪切不稳定的贡献参数化：

$$Ri_g = \frac{N^2}{\left(\frac{\partial \overline{u}}{\partial z}\right)^2 + \left(\frac{\partial \overline{v}}{\partial z}\right)^2} \tag{3.1.39}$$

当 $Ri_g < 0.7$ 时，发生混合。由 k 和 $k-1$ 层的界面速度计算 $\overline{u}$ 在界面 k 处的垂直导数：

$$\frac{\partial \overline{u}}{\partial z} = \frac{\overline{u}^{k-1} - \overline{u}^k}{0.5(h^k + h^{k-1})} \tag{3.1.40}$$

h^k 和 h^{k-1} 分别表示模式中第 k 层和 $k-1$ 层的厚度。假设剪切不稳定性对 θ、S 及黏性系数 $(K^S = K_\theta^S = K_S^S = K_m^S)$ 的贡献相同，由下式给出：

$$\frac{K^S}{v^0} = \begin{cases} 1, & Ri_g < 0 \\ \left[1 - \left(\frac{Ri_g}{Ri_0}\right)^2\right]^P, & 0 < Ri_g < Ri_0 \\ 0, & Ri_g > Ri_0 \end{cases} \tag{3.1.41}$$

其中，$v^0 = 50 \times 10^{-4} \, \text{m}^2/\text{s}$；$Ri_0 = 0.7$；$P$ 表示可选取的参数。

由不可分辨的背景场内波诱导的扩散系数为

$$K_\theta^w = K_S^w = 0.1 \times 10^{-4} \, \text{m}^2/\text{s} \tag{3.1.42}$$

Large 等（1994）将不可分辨的背景场内波诱导的黏性系数取为

$$K_m^w = 1.0 \times 10^{-4} \, \text{m}^2/\text{s} \tag{3.1.43}$$

在双扩散过程重要的区域，在模式界面处使用温度和盐度对密度贡献的比率表达为

$$R_\rho = \frac{\alpha \frac{\partial \overline{\theta}}{\partial z}}{\beta \frac{\partial \overline{S}}{\partial z}} \qquad (3.1.44)$$

其中，α 和 β 分别表示温度和盐度的热力学膨胀系数。对于盐指过程，由双扩散影响的盐度扩散系数取为

$$\frac{K_S^d}{\nu_f} = \begin{cases} \left[1 - \left(\frac{R_\rho - 1}{R_\rho^0 - 1} \right)^2 \right]^P, & 1.0 < R_\rho < R_\rho^0 \\ 0, & R_\rho \geqslant R_\rho^0 \end{cases} \qquad (3.1.45)$$

由双扩散影响的温度扩散系数取为

$$K_\theta^d = 0.7 K_S^d \qquad (3.1.46)$$

其中，$\nu_f = 10 \times 10^{-4} \, \text{m}^2/\text{s}$；$R_\rho^0 = 0.7$。

3. KPP 参数化方案的底部参数化

KPP 参数化方案将海底的混合过程归结为由海底摩擦等物理过程诱导产生，并对此进行参数化处理（Blaas et al.，2007）。标量示踪物或者动量的垂向湍流通量参数化为

$$\overline{w'a'}(z) = -K_a \left(\frac{\partial a}{\partial z} \right) \qquad (3.1.47)$$

其中，撇项表示湍流扰动量；a 表示任意的标量或者速度的水平分量；K_a 表示垂向的湍流扩散系数或者湍流黏性系数。在底边界层内，混合系数是由边界层厚度 H_{bl} 决定的，而 H_{bl} 自身则取决于湍流的速度尺度 w_a，以及无量纲的三次多项式表达的形态函数 G，即

$$K_a(\sigma) = H_{bl} w_a(\sigma) G(\sigma) \qquad (3.1.48)$$

其中，$\sigma = \frac{\tilde{z}}{H_{bl}}$ 表示无量纲的边界层坐标（$\tilde{z}$ 为有量纲的垂向坐标），取指向内部的方向为正，且满足 $0 < \sigma < 1$。w_a、H_{bl}、G 取决于底边界上的浮性或者剪切强迫及边界层的稳定性。湍流速度尺度 w_a 的表达式为

$$w_a = \begin{cases} \dfrac{\kappa u_*}{\phi_a(\varepsilon H_{bl} / L_{MO})}, & \varepsilon < \sigma < 1, \quad L_{MO} < 0 \\ \dfrac{\kappa u_*}{\phi_a(\tilde{z} / L_{MO})}, & \text{其他} \end{cases} \qquad (3.1.49)$$

其中，$\varepsilon = 0.1$；ϕ_a 表示与稳定性相关的函数；L_{MO} 表示 Monin-Obukhov 长度尺度。

底边界层的厚度 H_{bl} 是块体 Richardson 数 Ri_b 的函数，在边界层内块体 Richardson 数表示为

$$Ri_b(\tilde{z}) = \frac{\Delta b(\tilde{z})\tilde{z}}{[\Delta V(\tilde{z})]^2 + V_a^2(\tilde{z})} \qquad (3.1.50)$$

其中，ΔV 表示靠近底边界层位置的速度与局地速度偏差的绝对值；Δb 表示靠近底边界层位置的浮性与局地浮性偏差的绝对值；V_a 表示湍流剪切的速度尺度，其湍动能的表达式为

$$\frac{1}{2}V_a^2(\tilde{z}) = \frac{Nw_a c_V}{2\kappa^2 Ri_{b,c}}\left(\frac{-\beta_T}{C_s\varepsilon}\right)^{\frac{1}{2}}\tilde{z} \qquad (3.1.51)$$

其中，$c_V = 1.8$；$\beta_T = -0.2$；$C_s = 99.0$；$Ri_{b,c} = 0.3$；N 表示浮性频率。在弱层结条件下，底边界层的深度 H_{bl} 由 Ekman 层深度 H_E 决定，$H_E = 0.7u^* / f$。

KPP 参数化方案在区域及全球海洋数值模式中得到了广泛应用，如 HYCOM、MITgcm、MOM、NEMO、POP、ROMS 等。

3.2　中尺度参数化方案

次网格过程是数值计算上的概念，通常指数值模式的网格分辨不出来的物理过程。次网格过程的空间尺度是相对于模式网格尺度的，在通常情况下，次网格过程（尺度是相对的）与湍流过程（尺度是固定的）有着明显的区别。例如，对于 100km 水平分辨率的网格，至少需要两个点进行差分离散，其可以分辨的物理过程的最小空间尺度为 200km，因此对于 100km 分辨率的模式而言，所有小于 200km 的运动都属于次网格过程。显然，这个尺度要比湍流的尺度大得多。但是在数值模式中，常把次网格尺度的过程参照湍流理论处理，有时这两个概念甚至会发生混用。

海洋中能量传递的过程是满足能量串级的，即海洋中的动能从大尺度向中尺度涡旋、次中尺度过程直至微小尺度的湍流逐级传递，并最终通过分子运动不可逆地转化为热能。早期，海洋环流数值模式的分辨率多在 100km 左右，使得空间尺度在几十至几百千米量级的中尺度涡旋成为模式次网格参数化的主要对象。观测表明，中尺度过程（与局地第一斜压罗斯贝变形半径相当的尺度）是海洋多尺度运动过程中最活跃的部分，中尺度涡旋在物质属性的混合过程中处于支配地位，海洋中大部分的动能都储存在中尺度涡旋中。由于斜压不稳定性是中尺度涡旋生成的重要机制之一，因此如何刻画有效位势能与动能之间的转换，对合理参数化中尺度涡旋的作用至关重要。下面将简单地介绍几种中尺度次网格参数化方案。

3.2.1　Redi 82 方案

由于气候模式粗糙的分辨率无法分辨出中尺度过程诱导的混合，因此需要发展次网格参数化方案表达这一过程。在中尺度涡旋参数化的研究过程中，人们发现在稳定层结海洋中，由中尺度涡旋造成的物质属性的混合大多是沿着等密度面或等位密度面发生的，而大多数海洋模式使用的是深度坐标，这就造成了实际物理过程（主要沿等密度面发生）与人们习惯的坐标系（深度坐标）之间不统一的问题，进而导致采用深度坐标的数值模式对实际发生在等密度面上的物理过程的描述存在一定的误差。为了解决上述问题，Redi（1982）采用旋转等密度面坐标扩散张量的思想，推导出了将等密度面坐标中的对称扩散张量

$$K^{\text{s}} = A_{\text{H}} \begin{bmatrix} 1 & 0 & 0 \\ 0 & 1 & 0 \\ 0 & 0 & \varepsilon \end{bmatrix} \tag{3.2.1}$$

转换到在深度坐标中的完整表达式，即

$$K^{\text{g}} = \frac{A_{\text{H}}}{(1+\delta^2)} \begin{bmatrix} 1 + \dfrac{\rho_y^2 + \varepsilon\rho_x^2}{\rho_z^2} & (\varepsilon-1)\dfrac{\rho_x\rho_y}{\rho_z^2} & (\varepsilon-1)\dfrac{\rho_x}{\rho_z} \\ (\varepsilon-1)\dfrac{\rho_x\rho_y}{\rho_z^2} & 1 + \dfrac{\rho_y^2 + \varepsilon\rho_x^2}{\rho_z^2} & (\varepsilon-1)\dfrac{\rho_y}{\rho_z} \\ (\varepsilon-1)\dfrac{\rho_x}{\rho_z} & (\varepsilon-1)\dfrac{\rho_y}{\rho_z} & \varepsilon+\delta^2 \end{bmatrix} \tag{3.2.2}$$

其中，A_{H} 表示水平混合系数；ε 表示垂向混合系数与水平混合系数的比值，通常取为 10^{-7}（Sarmiento，1983）；$\delta^2 = \dfrac{\rho_x^2 + \rho_y^2}{\rho_z^2}$；$\rho_x$、$\rho_y$、$\rho_z$ 分别表示密度在三个方向的倾斜程度，即等密度面的坡度。

Cox（1987）在地球物理流体动力学实验室（Geophysical Fluid Dynamics Laboratory，GFDL）海洋环流模式中在"小坡度近似"的条件下使用了 Redi 82 方案，发现该方法能够有效地改进数值模式的结果，但是并不能完全消除深度坐标与等密度面坐标之间的差异带来的误差。

3.2.2　GM 90 参数化方案

在 Redi 82 方案的基础上，Gent 和 McWilliams（1990）直接采用等密度面的倾斜度对浮性通量进行参数化，提出了 GM 90 参数化方案。该方案将中尺度涡旋

诱导的通量对示踪物浓度分布的影响参数化为平流输运的形式。下面将对这一参数化方案的基本思想作简单的介绍。

雷诺平均后的浮性方程为

$$\frac{\partial \overline{b}}{\partial t} + \overline{\boldsymbol{u}} \cdot \nabla \overline{b} + \nabla \cdot \overline{\boldsymbol{u}'b'} = \overline{Q} \tag{3.2.3}$$

其中，$\overline{b}$ 表示大尺度平均的浮性；$\overline{\boldsymbol{u}}$ 表示大尺度平均的流速；$\overline{\boldsymbol{u}'b'}$ 表示浮性扰动通量；$\overline{Q}$ 表示大尺度平均的外界强迫。

将浮性扰动通量项 $\overline{\boldsymbol{u}'b'}$ 在沿等密度面（如图 3.2.1 中虚线箭头所示）与垂直于等密度面（跨等密度面，如图 3.2.1 中实线箭头所示）方向分解，并将其表达为

$$\overline{\boldsymbol{u}'b'} = \boldsymbol{B} \times \nabla \overline{b} - K \nabla \overline{b} \tag{3.2.4}$$

其中，$\boldsymbol{B} \times \nabla \overline{b}$ 表示浮性扰动通量在平行于等密度面方向上的分量；$-K \nabla \overline{b}$ 表示浮性扰动通量在垂直于等密度面方向上的分量；K 表示跨等密度面扩散率；$\boldsymbol{B}$ 代表涡旋诱导的矢量流函数（如图 3.2.1 中闭合曲线所示），满足 $\boldsymbol{B} \cdot \nabla \overline{b} = 0$，在小倾斜近似条件下，其表达式简化为

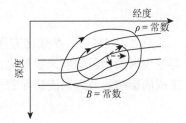

图 3.2.1　浮性扰动通量分解示意图

$$\boldsymbol{B} = -\frac{\overline{\boldsymbol{u}'b'} \times \nabla \overline{b}}{|\nabla \overline{b}|^2} = -|\nabla \overline{b}|^{-2} \begin{bmatrix} \overline{v'b'b_z} - \overline{w'b'b_y} \\ \overline{w'b'b_x} - \overline{u'b'b_z} \\ \overline{u'b'b_y} - \overline{v'b'b_x} \end{bmatrix} \approx -\overline{b}_z^{-1} \begin{bmatrix} \overline{v'b'} \\ -\overline{u'b'} \\ \overline{u'b'}\dfrac{\overline{b}_y}{\overline{b}_z} - \overline{v'b'}\dfrac{\overline{b}_x}{\overline{b}_z} \end{bmatrix} \tag{3.2.5}$$

因此，浮性扰动通量的散度可以改写为

$$\nabla \cdot \overline{\boldsymbol{u}'b'} = \nabla \cdot (\boldsymbol{B} \times \nabla \overline{b} - K \nabla \overline{b}) = (\nabla \times \boldsymbol{B}) \cdot \nabla \overline{b} - \nabla \cdot (K \nabla \overline{b}) \tag{3.2.6}$$

令

$$\nabla \times \boldsymbol{B} \equiv \boldsymbol{u}^* \tag{3.2.7}$$

平均浮性控制方程变为

$$\frac{\partial \overline{b}}{\partial t} + (\overline{\boldsymbol{u}} + \boldsymbol{u}^*) \cdot \nabla \overline{b} = \nabla \cdot (K \nabla \overline{b}) + \overline{Q} \tag{3.2.8}$$

其中，$\boldsymbol{u}^* = \nabla \times \boldsymbol{B}$ 称为准斯托克斯漂，也称为涡旋诱导的平流速度。模式中真正被用于物质平流输送的速度 $\overline{\boldsymbol{u}} + \boldsymbol{u}^*$ 则称为有效速度（residual velocity）、转换欧拉平均速度（transformed Eulerian mean velocity）等。

GM 90 参数化方案中仿效菲克扩散定律的概念，并采用绝热近似，将混合限定在沿等密度面方向上（假定跨等密度面的混合为 0），将浮性扰动通量表达为

$$\overline{\boldsymbol{u}'b'} \approx -\kappa \nabla \overline{b} \tag{3.2.9}$$

其中，κ 表示沿等密度面的扩散率，并假定其为常量，大小为 $O(10^3\text{m}^2/\text{s})$；而将涡旋诱导的平流速度 $\boldsymbol{u}^*$ 表达为

$$\boldsymbol{u}^* = \nabla \times \boldsymbol{B} = \begin{bmatrix} \left(\kappa \dfrac{\overline{b}_x}{\overline{b}_z} \right)_z \\[12pt] \left(\kappa \dfrac{\overline{b}_y}{\overline{b}_z} \right)_z \\[12pt] -\left(\kappa \dfrac{\overline{b}_x}{\overline{b}_z} \right)_x - \left(\kappa \dfrac{\overline{b}_y}{\overline{b}_z} \right)_y \end{bmatrix} \quad (3.2.10)$$

总之，GM 90 参数化方案在绝热假定下，采用沿等密度面的扩散率 κ 以及等密度面的倾斜程度来参数化雷诺应力项，最终将涡旋的扰动通量对大尺度运动造成的影响等效为涡旋诱导的平流输运速度 $\boldsymbol{u}^*$，从而实现方程组的闭合。

3.3　次中尺度过程参数化方案

3.3.1　次中尺度过程

近些年计算机软硬件技术的飞速发展使得海洋模式的分辨率得到极大的提高，目前全球海流模式的分辨率已经可以达到 10km 的量级，许多以前在气候模式中不能分辨的次网格过程，已经逐步变得可以直接分辨。相应地，海洋数值模式参数化研究的重心也从以前的中尺度过程逐步转移到次中尺度过程。海洋次中尺度过程的水平尺度为 0.1～10km，垂直尺度为 0.01～1km，时间尺度为数小时至数天（除了一些相干次中尺度涡旋可以在海洋内部存活数年以外）。相较于中尺度涡旋，次中尺度过程除了时空特征更小，其最本质的特征在于次中尺度过程的罗斯贝数（ Ro ）和弗劳德数（ Fr ）通常满足 $Ro \sim Fr \sim O(1)$。即次中尺度过程是非地转的运动，能够引起海水在水平方向上强烈的辐聚辐散，从而诱发海水的垂向运动。

海洋次中尺度过程广泛分布于海洋的表面、内部及海洋底部，其外在表现形式主要有次中尺度锋面（submesoscale front）、涡丝（filament）、地形尾涡（topographic wake）、相干次中尺度涡旋（submesoscale coherent vortices）等。次中尺度过程可以由海洋中尺度涡旋、海洋锋面或者强流的剪切产生，为海洋湍流尺度的耗散及跨等密度面的混合提供了能量级串的通道，是海洋能量级串中的重要组成部分。目前已知的次中尺度过程的生成机制主要包括：锋生过程、非强迫性不稳

定（混合层斜压不稳定）、外力强迫（非线性 Ekman 输运）及地形诱导（岛屿、剧烈地形变化等）等。

目前，次中尺度参数化方案的研发已经成为当今物理海洋学领域的前沿热点问题之一。对于次中尺度过程的参数化方案多依据某一特定的次中尺度不稳定过程提出。下面将对 Fox-Kemper 等提出的混合层次中尺度不稳定参数化方案（Fox-Kemper and Ferrari，2008；Fox-Kemper et al.，2008），以及 Bachman 等（2017）提出由 Dong 等（2021b）改进和完善的次中尺度对称不稳定（symmetric instability）参数化方案分别进行简单的介绍。

3.3.2　混合层次中尺度不稳定参数化方案

混合层不稳定是一种非地转的斜压不稳定，会导致空间尺度在混合层变形半径尺度附近产生有限振幅的混合层涡旋（mixed layer eddy，MLE），其水平尺度为 $O(1\text{km})$，相较于深层中尺度不稳定，其具有增长速率快、空间尺度小的特点，且在强混合事件后的上层海洋再层化过程中发挥着重要作用。在涡旋分辨率的环流模式中（水平网格大小约为 10km），这一过程无法被已有的网格分辨，由此 Fox-Kemper 等依据上述混合层不稳定的特点提出了混合层次中尺度不稳定参数化方案（Fox-Kemper and Ferrari，2008；Fox-Kemper et al.，2008）。

在环流模式中，浮性收支方程中的浮性通量可被分解为三部分：大尺度与中尺度通量（ $\overline{\boldsymbol{u}}\overline{b}$ ）、次中尺度通量（ $\overline{\boldsymbol{u}'b'}$ ）及更小尺度的湍流、热辐射和扩散通量（F）。其中 $b=-g\rho/\rho_0$ 为浮性，$\boldsymbol{u}$ 为三维速度场，上横线表示模式分辨的网格尺度上的水平平均，撇号表示相对于平均量的次中尺度扰动量。因此水平平均的浮性方程可表示为

$$\frac{\partial \overline{b}}{\partial t}+\nabla\cdot[\overline{\boldsymbol{u}}\overline{b}+\overline{\boldsymbol{u}'b'}]=-\nabla\cdot F \tag{3.3.1}$$

MLE 的再层化过程可以表示为矢量翻转流函数（图 3.3.1），即

$$\overline{\boldsymbol{u}'b'}\approx\boldsymbol{\psi}\times\nabla\overline{b} \tag{3.3.2}$$

该参数化方案对有限振幅的混合层不稳定导致的再层化过程进行了尺度分析，得到其正比于水平密度梯度、混合层深度平方和惯性周期的乘积，其表达式为

$$\psi=C_\mathrm{e}\frac{\Delta s}{L_f}\frac{H^2\nabla\overline{b}^z\times\hat{z}}{\sqrt{f^2+\tau^{-2}}}\mu(z) \tag{3.3.3}$$

其中，C_e 为无量纲数，通常取 0.06～0.08；Δs 表示水平网格间距；L_f 表示典型的混合层锋面的水平宽度尺度；H 表示混合层的深度；$\nabla\overline{b}^z$ 表示混合层内垂向平

均的浮性梯度；$\hat{z}$ 表示单位垂向矢量；f 表示科氏力参数；τ 表示动量在混合层中混合的时间尺度；垂直结构函数为

$$\mu(z) \equiv \max\left\{0, \left[1 - \left(\frac{2z}{H} + 1\right)^2\right]\left[1 + \frac{5}{21}\left(\frac{2z}{H} + 1\right)^2\right]\right\} \qquad (3.3.4)$$

经过矢量运算并略掉右端 F 的水平梯度项，式（3.3.1）给出的 MLE 通量可以写成涡致速度 $\boldsymbol{u}^*$ 的平流形式，即

$$\frac{\partial \overline{b}}{\partial t} + \nabla \cdot [(\overline{\boldsymbol{u}} + \boldsymbol{u}^*)\overline{b}] = -\frac{\partial F}{\partial z} \qquad (3.3.5)$$

其中，

$$\boldsymbol{u}^* = \nabla \times \boldsymbol{\psi} \qquad (3.3.6)$$

式（3.3.3）和式（3.3.4）为环流模式中 MLE 导致的次中尺度过程的参数化，即该方案通过将翻转流函数计算得到的涡致速度 $\boldsymbol{u}^*$ 叠加到模式已识别出的速度场 $\overline{\boldsymbol{u}}$ 之上，来实现混合层次中尺度不稳定过程对大尺度平流输运造成影响的参数化模拟。

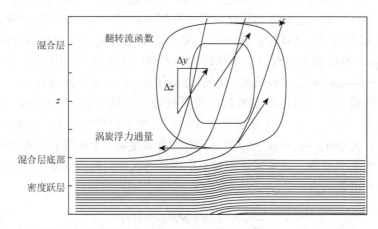

图 3.3.1　混合层次中尺度不稳定参数化方案示意图（改编自：Fox-Kemper et al.，2008）

3.3.3　对称不稳定参数化方案

对称不稳定可视为重力不稳定与惯性不稳定的结合（Haine and Marshall，1996），是海洋中重要的不稳定过程之一。当海洋在水平方向满足惯性稳定、在垂直方向满足重力稳定时，海水质点在沿等密度面（并非要求完全沿等密度面，可存在一定的夹角）运动时发生的失稳过程称为对称不稳定（Bachman and Taylor，2014）。对称不稳定的不稳定模态主要在跨锋面方向，且其能量来源主要是背景锋面的动能。对称不稳定的空间尺度仅为 O（100m）的量级（Dong et al.，2021a），目前的全球海流模式甚至区域海流模式几乎都无法分辨对称不稳定，且对称不稳定

不但对全球海洋能量级串的平衡起着重要的作用，还影响大气对海洋的动量输入、海洋上混合层的动力学和热力学结构（Buckingham et al.，2019；Dong et al.，2021b）。因此，对称不稳定的参数化是海洋模式发展和优化必须考虑的问题。

　　基于准地转理论，对称不稳定的发生要求海洋中的位势涡度（potential vorticity）（q）与背景场的行星涡度（f）符号相反，即 $fq < 0$（Hoskins，1974），对于满足热成风关系的流场，有

$$fq = f^2 b_z - |\nabla_h b|^2 \qquad (3.3.7)$$

其中，b 表示浮性；$\nabla_h = \left(\dfrac{\partial}{\partial x}, \dfrac{\partial}{\partial y} \right)$ 表示水平梯度算子，故海洋中存在的锋面总是倾向于使得 $fq < 0$。海水层结较弱甚至存在负层结（$b_z < 0$），有利于对称不稳定的发生。观测和数值模拟的结果都表明，对称不稳定广泛存在于海洋混合层的锋面区内（Thomas et al.，2013；Haney et al.，2015；Buckingham et al.，2019）。

　　前人基于大涡模拟手段的研究发现，当上混合层内存在锋面时，对流过程和对称不稳定的相互作用最终会将上混合层分为两个部分：接近表层由对流过程主导的部分，其厚度记为 h；对流主导层以下由对称不稳定过程主导的部分，其厚度为 $H-h$（Thomas et al.，2013）。H 表示从表层开始直至 q_{bulk} 变为正值层的厚度，可以根据如下的位势涡度表达式进行计算（Dong et al.，2021b），

$$q_{bulk} = \frac{f}{|f|} \left(f \Delta b + \langle \zeta \rangle \Delta b + \Delta u \left\langle \frac{\partial b}{\partial y} \right\rangle - \Delta v \left\langle \frac{\partial b}{\partial x} \right\rangle \right) > 0 \qquad (3.3.8)$$

其中，ζ 表示相对涡度的垂向分量；Δ 为表层和任意深度层处变量的差值；$\langle \rangle$ 表示厚度层内的平均。

　　对流主导的厚度 h 可通过式（3.3.9）进行计算（Thomas et al.，2013）：

$$\left(\frac{h}{H} \right)^4 - c^3 \left(1 - \frac{h}{H} \right)^3 \left(\frac{w_*^3}{U^3} + \frac{u_*^2}{U^2} \cos\theta_w \right)^2 = 0 \qquad (3.3.9)$$

其中，常数 c 取为 14；$w_* = (B_0 H)^{\frac{1}{3}}$ 表示对流速度，B_0 表示表面浮力通量；$u_* = \sqrt{\dfrac{\tau_w}{\rho_0}}$ 表示摩擦速度，τ_w 表示表面风应力，ρ_0 表示参考位势密度常量；U 表示在 H 深度内地转流的变化幅度；θ_w 表示风场与锋面流向的夹角。

　　由于对称不稳定的能量来源于地转流场的动能，涡黏性系数 ν_{SI} 可用对称不稳定能量的转化率，即地转流剪切量（geostrophic shear production，GSP）参数化表达为（Bachman et al.，2017）：

$$\nu_{SI} = \frac{f^2}{|\nabla_h b|^2} GSP \qquad (3.3.10)$$

而

$$
\text{GSP} = \begin{cases}
0, & z = 0 \\
F_{\text{SI}} \dfrac{z+H}{H} - B_0 \dfrac{z+h}{h}, & -h < z < 0 \\
F_{\text{SI}} \dfrac{z+H}{H}, & -H < z < -h \\
0, & z < -H
\end{cases}
\tag{3.3.11}
$$

其中，$F_{\text{SI}} = \text{EBF} + B_0$，$\text{EBF} = \dfrac{\boldsymbol{\tau}_w \times \boldsymbol{k}}{\rho_0 f} \nabla_{\text{h}} b$ 为表层 Ekman 输运引起的浮性通量，$\boldsymbol{k}$ 表示垂向单位矢量；$B_0 = g\alpha \dfrac{Q_{\text{nh}}}{\rho_0 c_p} + g\beta(\text{EP})S$，表示由于表层增降温或者蒸发降水导致的浮性通量，$g$ 表示重力加速度常量，α 表示海水的热膨胀系数，Q_{nh} 为表层净热通量，c_p 表示海水定压比热容，β 表示海水的盐收缩系数，EP 表示淡水净通量（Q_{nh} 或 EP 为正时海水失去浮性），S 表示海水的盐度。

与涡黏性系数相对应，扩散系数 κ_{SI} 参数化为

$$
\kappa_{\text{SI}} = \frac{2\nu_{\text{SI}}}{1 + [10 \times \max(0, Ri_{\text{b}})]^2}
\tag{3.3.12}
$$

其中，$Ri_{\text{b}} = \dfrac{N^2 f^2}{|\nabla_{\text{h}} b|^2}$ 为满足地转平衡条件下的 Richardson 数。

此外，对称不稳定还会对沿等密度面的示踪粒子进行再分配，其效果可用示踪物粒子的扩散率表达

$$
K_{\text{SI}} = \frac{\text{GSP}\,\min(1, Ri_{\text{b}}^2)}{f^2}
\tag{3.3.13}
$$

将上述对称不稳定参数化方案代入相关的动量和粒子控制方程，便可实现对称不稳定过程的参数化。需要注意的是，该方案仅在 $\text{EBF} > 0$ 且 $B_0 > 0$ 时适用，其他情形下对称不稳定的参数化仍需要进一步研究。

理论上而言，该参数化方案可以与已有的湍流闭合方案（如 KPP 参数化方案）同时使用。然而，一方面不同湍流闭合方案都有自身的离散算法，直接加入可能会影响数值计算的稳定性；另一方面，由于这一参数化方案仅在 $\text{EBF} > 0$ 且 $B_0 > 0$ 时适用，可以考虑采用如下方法来应用这一参数化方案：在不满足对称不稳定发生条件时，可选择其他湍流闭合方案使用，而当满足对称不稳定发生条件时，将采用该方案计算得到的相关参数直接代替原有的黏性系数和扩散系数。当然，该方案并未考虑对流的作用，故替代原系数时，对于温度和盐度，需将对流效应考虑到控制方程中，垂向通量的效果可通过式（3.3.14）表达（Bachman et al.，2017）：

$$\overline{w'c'} = \begin{cases} 0, & z = 0 \\ F_{\text{SF}}\dfrac{z+h}{h}, & -h < z < 0 \\ 0, & z < -h \end{cases} \tag{3.3.14}$$

其中，F_{SF} 表示示踪物粒子的表面通量。其他在表层存在通量的粒子，也可以通过该方法实现。

相对于未考虑该参数化方案的模型，上述方案在 EBF >0 且 $B_0>0$ 时对锋面动能的耗散和示踪粒子的再分配有着良好的模拟效果（Bachman et al., 2017；Dong et al., 2021b）。然而正如前面所言，在其他对称不稳定情形下（对称不稳定仅要求 EBF $+B_0>0$ 即可），对称不稳定的参数化仍需进一步研究。此外，上述理论框架仍然是基于准地转理论得来的，对于上混合层内存在的次中尺度锋面，非地转效应会对结果产生怎样的影响也是未来研究的一个方向。

3.4 海气界面与海底边界过程参数化方案

海气界面是大气与海洋热量、物质和动量之间交换的通道，而海底边界则是海水与海底地形之间的重要界面，它们都是海洋数值模式中的重要边界。本节将对海气界面热量辐射参数化方案、海气界面动量交换参数化方案、海气界面飞沫过程参数化方案及海底边界应力参数化方案作简单的介绍。

3.4.1 海气界面热量辐射参数化方案

研究表明，在到达海面的太阳短波辐射当中，除了被海面反射，绝大多数的能量都被海洋吸收。太阳光是各种不同谱段的光线组合，而海洋对太阳光中不同谱段成分的吸收情况也不尽相同。海洋对短波的吸收不仅局限于表面，即太阳辐射中的短波部分可以穿透海水，从而对深层的海水实现加热。这种对海洋中深层海水的加热可以导致静力不稳定，从而引起海洋上层的混合。太阳短波辐射加热是海洋中导致上层海水混合的一个重要机制。研究发现，波长在 0.4～0.6μm 的部分可见光可以穿透到达海面以下 100m 的深度，而相应地，红外频段的光线穿透深度大都不足 1cm，这也是在计算辐射穿透时，只考虑短波辐射的重要原因。目前，海洋数值模式中描述光线在上层海洋的分布主要有以下两类方案：Paulson和 Simpson 热辐射参数化方案及 Ohlmann 热辐射参数化方案。

1. Paulson 和 Simpson 热辐射参数化方案

Paulson 和 Simpson（1977）的方案是早期广泛使用的一种海气界面热辐射参数化方案。依据 Jerlov（1968）对海水浑浊度的分类结果，当大洋中海水的光学

性质假定为 I 类时，那么使用双 e 指数表示的短波辐射随深度变化公式为

$$S_w = S_{w0} \left[A_1 e^{-\frac{z}{B_1}} + A_2 e^{-\frac{z}{B_2}} \right] \tag{3.4.1}$$

其中，$A_1 = 0.58$；$A_2 = 1 - A_1 = 0.42$；短波辐射的穿透深度为 $B_1 = 0.35\,\mathrm{m}$，$B_2 = 23.0\,\mathrm{m}$。式（3.4.1）表明，大约有 58% 的能量在 0.35m 的深度上呈 e 指数衰减，而大约 42% 的能量在 23.0m 的深度内呈 e 指数衰减。式（3.4.1）中第一部分 $(A_1 e^{-\frac{z}{B_1}})$ 代表的主要是红外频段的太阳辐射能量，第二部分 $(A_2 e^{-\frac{z}{B_2}})$ 代表的主要是可见光和紫外频段的能量。该方案直接对太阳辐射的能量进行参数化，将海水的光学性质全部假定为 I 类，忽略了海水在水平面上的不均匀变化及海洋中浮游植物的影响。该参数化公式表达形式相对简单，使用方便，但其相应的准确性也较后期发展的参数化方案低一些。

2. Ohlmann 热辐射参数化方案

有研究表明，在广阔的大洋表面上，海水对太阳短波辐射的吸收能力在很大程度上受浮游植物的影响。为此，Ohlmann（2003）发展了依赖于浮游植物含量的参数化方案。该参数化方案将浮游植物的含量用海水中叶绿素的浓度表示。在表达形式上，该方案仍采用双 e 指数衰减形式，而将海水吸收的比例系数和太阳辐射的穿透深度都设定为叶绿素浓度的函数，即

$$S_w = S_{w0} \left[A_1(\mathrm{chl}) e^{-\frac{z}{B_1(\mathrm{chl})}} + A_2(\mathrm{chl}) e^{-\frac{z}{B_2(\mathrm{chl})}} \right] \tag{3.4.2}$$

对于叶绿素浓度较高的海域，太阳辐射的穿透系数 B_1 和 B_2 相对更小，而红外吸收系数 A_1 更大，相应的短波吸收系数 A_2 更小。

3.4.2 海气界面动量交换参数化方案

大气与海洋在海气界面的动量交换是通过垂向湍应力表达的，而垂向湍应力可以通过拖曳系数 C_d 进行参数化。其中，拖曳系数 C_d 受海面风场、界面层结稳定性、粗糙长度（需要进行参数化处理）等多种因素影响。海面风应力 τ_s 与拖曳系数的关系可以表示为

$$\tau_s = \rho_a C_d U_{10} |U_{10}| \tag{3.4.3}$$

其中，τ_s 表示风应力；ρ_a 表示空气的密度；C_d 表示拖曳系数；U_{10} 表示海表以上 10m 处风速。具体的参数化方案可以划分为 C_d 仅为风速的函数、C_d 为风速和粗糙长度的函数两三类，下面将分别对其进行介绍。

1. C_d 仅为风速的函数

式（3.4.3）中唯一需要待定的参数为拖曳系数 C_d，需要对其进行参数化处理。

不同的处理方式代表了不同的参数化方案，表 3.4.1 总结了多种与风速相关的拖曳系数 C_d 的表达式（Bryant and Akbar，2016）。

表 3.4.1 海面风场拖曳系数公式

作者	年份	C_d 的公式及其适用范围
Neumann	1948	$C_d = 0.9U_{10}^{\frac{1}{2}} \times 10^{-3}$, 1.0m/s $< U_{10} <$ 30m/s
Francis	1951	$C_d = 1.3U_{10} \times 10^{-3}$, 1m/s $< U_{10} <$ 25m/s
Sheppard	1958	$C_d = (0.8 + 0.114U_{10}) \times 10^{-3}$, 1m/s $< U_{10} <$ 20m/s
Wilson	1960	$C_d = \begin{cases} 1.49 \times 10^{-3}, & 1\text{m/s} < U_{10} < 10\text{m/s} \\ 2.37 \times 10^{-3}, & U_{10} > 10\text{m/s} \end{cases}$
Deacon 和 Webb	1962	$C_d = (1.0 + 0.07U_{10}) \times 10^{-3}$, 1m/s $< U_{10} <$ 14m/s
Wu	1967	$C_d = \begin{cases} 0.5U_{10}^{\frac{1}{2}} \times 10^{-3}, & 1\text{m/s} < U_{10} < 15\text{m/s} \\ 2.6 \times 10^{-3}, & U_{10} > 15\text{m/s} \end{cases}$
Smith 和 Banke	1975	$C_d = (0.61 + 0.075U_{10}) \times 10^{-3}$, 6m/s $< U_{10} <$ 21m/s
Garratt	1977	$C_d = 0.51U_{10}^{0.46} \times 10^{-3}$, 4m/s $< U_{10} <$ 21m/s $C_d = (0.75 + 0.067U_{10}) \times 10^{-3}$, 4m/s $< U_{10} <$ 21m/s
Smith	1980	$C_d = (0.61 + 0.063U_{10}) \times 10^{-3}$, 6m/s $< U_{10} <$ 22m/s
Wu	1980 1982	$C_d = (0.8 + 0.065U_{10}) \times 10^{-3}$, $U_{10} >$ 1m/s
Large 和 Pond	1981	$C_d = \begin{cases} 1.14 \times 10^{-3}, & 4\text{m/s} < U_{10} \leqslant 10\text{m/s} \\ (0.49 + 0.065U_{10}) \times 10^{-3}, & 10\text{m/s} < U_{10} < 26\text{m/s} \end{cases}$
Anderson	1993	$C_d = (0.49 + 0.07U_{10}) \times 10^{-3}$, 4.5m/s $< U_{10} <$ 21m/s
Yelland 和 Taylor	1996	$C_d = (0.6 + 0.07U_{10}) \times 10^{-3}$, 6m/s $< U_{10} <$ 26m/s
Yelland 等	1998	$C_d = (0.5 + 0.071U_{10}) \times 10^{-3}$, 6m/s $< U_{10} <$ 26m/s
Powell 等	2006	右侧：$C_d = \begin{cases} (0.75 + 0.067U_{10}) \times 10^{-3}, & U_{10} \leqslant 35\text{m/s} \\ 0.002 + (U_{10} - 35.0) \times 10^{-3}, & 35\text{m/s} \leqslant U_{10} \leqslant 45\text{m/s} \\ 0.003, & U_{10} > 45\text{m/s} \end{cases}$ 后侧：$C_d = \begin{cases} (0.75 + 0.067U_{10}) \times 10^{-3}, & U_{10} \leqslant 35\text{m/s} \\ 0.002 - (U_{10} - 35.0) \times 10^{-3}, & 35\text{m/s} \leqslant U_{10} \leqslant 45\text{m/s} \\ 0.001, & U_{10} > 45\text{m/s} \end{cases}$ 左前侧：$C_d = \begin{cases} 0.0018, & U_{10} \leqslant 25\text{m/s} \\ 0.0018 + 5.4 \times (U_{10} - 25.0) \times 10^{-4}, & 25\text{m/s} \leqslant U_{10} \leqslant 30\text{m/s} \\ 0.0045 - 2.33 \times (U_{10} - 35.0) \times 10^{-4}, & 30\text{m/s} \leqslant U_{10} \leqslant 45\text{m/s} \\ 0.001, & U_{10} > 45\text{m/s} \end{cases}$

2. C_d 为风速和粗糙长度的函数

表 3.4.1 中的公式只是考虑了 10m 高风速与拖曳系数 C_d 的关系，其实 C_d 也受海面粗糙度的直接影响。为此，有人提出了如下几种考虑海面粗糙长度的方法：①风对数廓线方法；②经验关系法；③基于海面波浪场的方法。

1）风对数廓线方法

在大气近海面的边界层中，风速的垂向廓线可近似表达为如下的对数形式（Umeyama and Gerritsen，1992）：

$$u = \frac{u_*}{\kappa} \ln \left(\frac{z}{z_0} \right) \tag{3.4.4}$$

其中，$u_* = \sqrt{\dfrac{\tau_s}{\rho_a}}$；当距离海表面的高度 $z = 10\,\mathrm{m}$ 时，$u = u_{10}$，表面风应力 τ_s 可表达为

$$\tau_s = \rho_a C_d u_{10} \mid u_{10} \mid = \rho_a \left[\frac{\kappa}{\ln \left(\dfrac{10}{z_0} \right)} \right]^2 u_{10} \mid u_{10} \mid \tag{3.4.5}$$

其中，κ 为冯·卡门常数，通常取为 0.4；z_0 表示粗糙长度。

2）经验关系法

Charnock（1955）提出了一种与海面粗糙长度线性相关的摩擦速度 u_* 的关系式，海面风应力 τ_s 可以表达为

$$\tau_s \equiv \rho_a u_*^2 = \rho_a g \frac{z_0}{\alpha} \tag{3.4.6}$$

其中，α 表示 Charnock 常数，通常取为 0.011~0.018。该参数化方案略掉了拖曳系数，而直接将海面风应力参数化为粗糙长度 z_0 的函数。

3）基于海面波浪场的方法

从上述两种参数化方案可见，表面风应力 τ_s 是海面粗糙长度 z_0 的函数。当考虑波浪的影响时，前人指出海面粗糙长度受波浪特征（波龄、波陡）的影响，提出了如下对于 z_0 的参数化方案。

（1）TAYLOR_YELLAND 参数化方案

TAYLOR_YELLAND 参数化方案中的粗糙度长度 z_0 是波浪参数波陡的函数（Taylor and Yelland，2001）：

$$z_0 = \max \left(1200 H \left(\frac{H}{L + 0.001} \right)^{4.5} + 0.11 \frac{\nu}{u_* + 0.001}, 1.59 \times 10^{-5} \right) \tag{3.4.7}$$

其中，H 表示有效波高；L 表示波长；H/L 表示波陡；ν 表示运动黏性系数；u_* 表示摩擦速度。

（2）DRENNAN 参数化方案

DRENNAN 参数化方案中的粗糙度长度 z_0 是波浪参数波龄的函数（Donelan et al.，1997）：

$$z_0 = \max\left(3.35H\left[\min\left(\frac{u_*}{c},0.1\right)\right]^{3.4} + 0.11\frac{\nu}{u_*+0.001}, 1.59\times10^{-5}\right) \quad (3.4.8)$$

其中，$c = \max\left(\dfrac{L}{T+0.001},0.1\right)$，表示波浪的相速度，$L$ 表示波长；T 表示波浪的周期；H 表示波浪的有效波高；u_* 表示摩擦速度；$\dfrac{u_*}{c}$ 表示波龄的倒数；ν 表示运动黏性系数。

（3）OOST 参数化方案

OOST 参数化方案也将粗糙度长度 z_0 参数化为波龄的函数（Oost et al.，2002）：

$$z_0 = \max\left(\frac{25}{\pi}L\left[\min\left(\frac{u_*}{c},0.1\right)\right]^{4.5} + 0.11\frac{\nu}{u_*+0.001}, 1.59\times10^{-5}\right) \quad (3.4.9)$$

其中，$c = \max\left(\dfrac{L}{T+0.001},0.1\right)$，表示波浪的相速度，$L$ 表示波长，T 表示波周期；u_* 表示摩擦速度；$\dfrac{u_*}{c}$ 表示波龄的倒数；ν 表示运动黏性系数。

上面三种关于 z_0 的参数化方案都涉及摩擦风速 u_*，而其定义为 $u_* \equiv \sqrt{\dfrac{\tau_s}{\rho_a}}$，因此可以通过简单迭代的方法获得表面风应力 τ_s。

3.4.3　海气界面飞沫过程参数化方案

海洋飞沫（sea spray）是指当海洋表面波浪破碎时，从海洋释放到大气中的水滴和气溶胶粒子，它不仅取决于海表面大气条件，还取决于海洋表面波浪条件。在这些过程中，水滴可以与空气交换感热。此外，当海水被喷射到空气中并变成水蒸气时，潜热和海洋飞沫中的气溶胶，包括海盐、有机碳等，也会释放出来。因此，在计算气候模式中的海气相互作用时，应考虑海洋飞沫对海气热量、水和气溶胶通量的影响。

在自然资源部第一海洋研究所地球系统模式 2.0 版（FIO-ESM V2.0）中，Bao 等（2020）按照 Andreas 等（2015）的方法，将感热通量和潜热通量考虑到模式中，其中由海洋飞沫引起的感热 $(H_{S,SP})$ 和潜热 $(H_{L,SP})$ 分别为

$$\begin{cases} H_{S,SP} = \rho_s c_{ps}(T_s - T_{eq,100})F_S(u_{*,B}) \\ H_{L,SP} = \rho_s L_v \left(1 - \left[\dfrac{r(\tau_{f,50})}{50\mu m}\right]^3\right)F_L(u_{*,B}) \end{cases} \tag{3.4.10}$$

其中，ρ_s 表示海水密度；c_{ps} 表示海水定压比热；T_s 表示液滴从海洋中释放到大气中瞬间海表面的位温；$T_{eq,100}$ 表示初始半径为 100μm 的液滴平衡温度；L_v 表示单位质量的水蒸发潜热；$r(\tau_{f,50})$ 表示在 e-折时间尺度 (τ_f) 上的 50μm 液滴半径，τ_f 表示液滴在大气中滞留的时间和波高的函数；F_S 和 F_L 为风速函数与块体摩擦速度（$u_{*,B}$，bulk friction velocity）有关。

$$\begin{cases} H_{S,total} = H_{S,SP} + H_{S,int} \\ H_{L,total} = H_{L,SP} + H_{L,int} \end{cases} \tag{3.4.11}$$

其中，$H_{S,int}$，$H_{L,int}$ 为海气之间温度和湿度不同而引起的感热和潜热通量；$H_{S,total}$，$H_{L,total}$ 为最后总的潜热和感热通量。

3.4.4　海底边界应力参数化方案

对应于 3.4.1～3.4.3 节介绍的海气界面上的参数化方案，在海洋的底部还有一个底边界层。海底边界层是指水流结构明显受到海底影响的水层，其厚度通常在几米到几十米的量级。在边界层内，水流因底部摩擦而产生底拖曳应力，对海底动力过程有重要影响。对于底拖曳应力的计算存在多种参数化方案，下面将分别对其进行简单的介绍。

计算底边界层摩擦应力通常需要采用阻力定律，即

$$\tau_b = c_d \rho_w u^2 \tag{3.4.12}$$

底边界层内的速度分布为

$$u = \frac{u_*}{\kappa}\ln\left(\frac{z}{z_0}\right) \tag{3.4.13}$$

其中，u_* 表示摩擦速度；κ 表示冯·卡门常数，通常取为 0.4；z 表示海底底部以上的高度；z_0 表示描述海底表面粗糙程度的属性，称为粗糙长度，与海底表面"粗糙元素"的大小有关。海底边界层摩擦应力在固体表面上的值取决于表面的粗糙长度和递减率（declining rate）。不同类型海底表面的粗糙长度可通过测量得到，其大小与底部上方某个标准高度处的流速、波动的强度和性质有关。因此，海底边界上的应力 $\tau_b = (\tau_b^x, \tau_b^y)$，海洋内部在底边界层外缘的速度 $u_g = (u_g, v_g)$，其通常满足地转平衡，根据阻力定律应力可表达为

$$\begin{cases} \tau_b^x = C_d \rho_w \,|\, \boldsymbol{u}_g \,|\, (u_g \cos\alpha - v_g \sin\alpha) \\ \tau_b^y = C_d \rho_w \,|\, \boldsymbol{u}_g \,|\, (u_g \sin\alpha - v_g \cos\alpha) \end{cases} \tag{3.4.14}$$

其中，C_d 表示拖曳系数；α 表示从海底表面到边界层外缘之间，由于 Ekman 螺旋造成的流速偏移角度；ρ_w 表示海水的密度。

关于拖曳系数 C_d 的确定，Fan 等（2019）认为，绝大部分海区内拖曳系数随空间水平变化不大，其可近似取同一数值，与海底粗糙长度近似呈线性关系。在海底地形剧烈变化的区域，如陆坡、陆架及浅水区域，拖曳系数可以由湍流和波浪引起的底部阻力系数线性叠加得到，即

$$C_d = C_{dt} + C_{dw} \tag{3.4.15}$$

其中，

$$C_{dt} = \frac{u_{*t}^2}{U_r^2(z_r)} \tag{3.4.16}$$

$$C_{dw} = \frac{u_{*w}^2}{U_r^2(z_r)}$$

其中，U_r 为从海底测量的参考高度 z_r 处的速度；u_{*t} 和 u_{*w} 分别表示由海流和波浪引起的摩擦速度；以往的研究大多设 $z_r = 1.0\text{m}$。

U_r 可以分解为如下形式：

$$U_r(z) = U_m(z) + u_{*t} \kappa^{-1} \ln\left(\frac{z_r}{z}\right) \tag{3.4.17}$$

其中，$U_m(z)$ 表示当底边界层不受波浪影响时的速度剖面，其表达式为

$$U_m(z) = u_{*t} \kappa^{-1} \ln\left(\frac{z}{z_0}\right) \tag{3.4.18}$$

其中，z 是距离海底的高度；z_0 表示底部粗糙长度。

海流和波浪引起的摩擦速度 u_{*t} 和 u_{*w} 分别可以表示为

$$u_{*t} = \{[(-\overline{u_t'w_t'})^2 + (-\overline{v_t'w_t'})^2]^{0.5}\}^{0.5} \tag{3.4.19}$$

$$u_{*w} = \{[(-\overline{u_w'w_w'})^2 + (-\overline{v_w'w_w'})^2]^{0.5}\}^{0.5} \tag{3.4.20}$$

其中，撇号项表示速度扰动项；下标 t 和 w 分别表示海流和波浪过程造成的影响；$-\overline{u_t'w_t'}$、$-\overline{v_t'w_t'}$ 表示海流造成的湍流雷诺应力；$-\overline{u_w'w_w'}$、$-\overline{v_w'w_w'}$ 表示波浪造成的湍流雷诺应力。

利用上述方法可以得到 C_{dt} 的范围为 $10^{-3} \sim 10^{-2}$；C_{dw} 的范围为 $10^{-4} \sim 10^{-1}$。在波浪显著的情况下，C_{dw} 的值大于 10^{-2}，而在大多数情况下小于 C_{dt} 的值。

在陆架浅海区多采用底拖曳应力的二次方参数化方法，底部剪切应力的表达式为（Sanford and Lien，1999；Sherwood et al.，2006）

$$\tau_{b} = \rho_{w} \left(\kappa z_{0} \frac{\partial U}{\partial z} \right)^{2} \tag{3.4.21}$$

其中，z_0 表示粗糙长度，其大小与海底沉积物组合及粒径尺度相关。Soulsby（1983）就不同沉积物组合下 z_0 的大小进行了总结：

$$z_{0} = \begin{cases} 0.05, & \text{粉砂和砂岩混合} \\ 0.2, & \text{泥岩} \\ 0.7, & \text{泥岩和砂岩混合} \end{cases} \tag{3.4.22}$$

3.5 水平混合参数化方案

3.1～3.4 节介绍了垂向的湍流及次网格参数化方案，在数值模式中通常还会用到水平混合参数化方案。目前使用较为广泛的水平混合参数化方案是 Laplacian 参数化方案、Biharmonic 参数化方案（Semtner and Mintz，1977）及 Smagorinsky 参数化方案（Smagorinsky et al.，1965），下面将分别对它们进行介绍。

3.5.1 Laplacian 参数化方案

如 3.1.1 节所述，对每个动量方程取雷诺平均导致动量方程中出现了雷诺应力项，其表达式如式（3.1.4）所示。如何用大尺度的速度来表示雷诺应力，进而使得控制方程组闭合，这是经典的参数化方法研究的对象。传统的方法假设雷诺应力的大小线性地依赖于大尺度运动速度的空间导数，从而将雷诺应力的水平分量写为

$$\begin{bmatrix} \tau_{xx} & \tau_{xy} \\ \tau_{yx} & \tau_{yy} \end{bmatrix} \equiv -\rho \begin{bmatrix} \overline{u'u'} & \overline{u'v'} \\ \overline{v'u'} & \overline{v'v'} \end{bmatrix} = -\rho \begin{bmatrix} A_{xx}\dfrac{\partial U}{\partial x} & A_{xy}\dfrac{\partial U}{\partial y} \\ A_{yx}\dfrac{\partial V}{\partial x} & A_{yy}\dfrac{\partial V}{\partial y} \end{bmatrix} \tag{3.5.1}$$

其中，A_{xx}、A_{xy}、A_{yx}、A_{yy} 分别表示对应分量上的水平湍流黏性系数；U、V 分别表示大尺度运动在东西和南北方向上的分量。在水平方向各向同性的假设下，各对应分量上的水平黏性系数取为常数 A_H，即

$$A_{xx} = A_{xy} = A_{yx} = A_{yy} = A_{H} \tag{3.5.2}$$

动量方程中与雷诺应力相关的导数项则写为

$$\frac{\partial \overline{u'u'}}{\partial x} + \frac{\partial \overline{u'v'}}{\partial y} = A_{H} \left(\frac{\partial^{2} U}{\partial x^{2}} + \frac{\partial^{2} U}{\partial y^{2}} \right) \tag{3.5.3}$$

式（3.5.3）即 Laplacian 参数化方案在直角坐标系中的表达式。

　　模式的分辨率不同，对应的次网格过程也不尽相同，导致 A_{H} 的取值也会有相应的变化。通常分辨率越高，模式能够分辨的物理过程也会越多，相应的湍流黏性系数也越小，对于中等分辨率的模式（$0.5°\sim 2°$）水平黏性系数取值为 $10^{3}\sim 10^{5}\mathrm{m}^{2}/\mathrm{s}$。

　　在实际的数值模型离散中，Laplacian 参数化方案除了具有形式简单的优点，还具有尺度选择性质，即其对于模式分辨尺度的运动耗散较小，而对于模式不能分辨的次网格过程耗散较大。尺度选择性的特点能够有效降低次网格过程中的不稳定性对模式积分的影响，为了将这一优势发挥得更加突出，有科学家提出了 Biharmonic 参数化方案，将在下面简单予以介绍。

3.5.2　Biharmonic 参数化方案

　　Biharmonic 参数化方案是另外一种常见的水平黏性参数化方案，其表达式为

$$\frac{\partial \overline{u'u'}}{\partial x}+\frac{\partial \overline{u'v'}}{\partial y}=B\left(\frac{\partial^{4}U}{\partial x^{4}}+\frac{\partial^{4}U}{\partial y^{4}}\right) \tag{3.5.4}$$

其中，黏性系数 B 取值在 $O(10^{11}\,\mathrm{m}^{4}/\mathrm{s})$ 左右。可以证明 Biharmonic 参数化方案比 Laplacian 参数化方案具有更强的尺度选择性（张学洪等，2013），且在实际应用中，Biharmonic 参数化方案可以较好地体现部分中尺度谱。

3.5.3　Smagorinsky 参数化方案

　　在实际大洋中，不同海域往往对应着不同的海况，在西边界流区域，往往要求黏性系数较大；而在高纬度，由于在球坐标下随着纬度增高网格距减小，黏性系数也需要作出相应的减小。使用较为广泛的非常系数水平混合参数化方案由 Smagorinsky 等（1965）提出，其将水平混合参数化方案的混合系数表达为

$$A=C\Delta^{2}\,|\,D\,| \tag{3.5.5}$$

其中，C 表示无量纲参数；Δ 表示局地网格间距；D 表示变形率，其表达式为

$$D^{2}=D_{\mathrm{T}}^{2}+D_{\mathrm{S}}^{2} \tag{3.5.6}$$

$$D_{\mathrm{T}}=\frac{\partial u}{\partial x}-\frac{\partial v}{\partial y},\quad D_{\mathrm{S}}=\frac{\partial u}{\partial y}+\frac{\partial v}{\partial x} \tag{3.5.7}$$

其中，D_{T} 表示保持面元大小不变的情况下，面元横向伸长、纵向缩短或横向缩短、纵向伸长所造成的形变，可称为拉伸形变；D_{S} 则表示剪切形变。由式（3.5.7）可知，该方案的黏性系数在水平切变大的区域较大，如接近边界处；而在海洋的内区较小。由于黏性系数与网格距的平方成正比，在网格距小的区域黏性系数也较小。

3.6 其他参数化方案

3.6.1 对流参数化方案

海洋中存在着两类对流不稳定过程：一种发生在海洋表面，海面温度降低导致海水密度增加，或者海水结冰导致盐分析出，引起海水密度增加，造成表层海水密度高于次表层，从而引发对流过程；另外一种发生在海洋的底部，由于海底热液喷发，加热底层海水，使得底层海水密度降低，从而引发对流不稳定过程。这两种对流不稳定都对海洋大尺度环流的变化具有重要影响，特别是第一类对流不稳定过程，被认为是大西洋经向翻转环流和深层海水形成的主要机制，因此研究海洋对流不稳定参数化方案是海洋模式发展非常重要的一个方向。本小节简单介绍两种对流不稳定过程在模式中的处理方法。

1. 对流调整参数化方案

在真实的海洋中，第一类对流不稳定过程仅发生在高纬度很小的范围内。由于对流发生时间短、范围小，因此一直缺乏相应的观测。数值模式中也存在着类似的对流过程，其对模式积分的稳定性提出了严峻的挑战。为此在数值模式中，往往采用对流调整参数化方案来处理这种情况，以获得长期稳定的积分结果。对流调整的具体步骤如下（Marotzke and Willebrand，1991；Pacanowski，1995）。

（1）计算水柱中每一个网格单元的位势密度，相邻的网格采用相同的压力参考面；

（2）比较所有的位势密度对，查找是否存在重力不稳定的情况；

（3）对于最上面不稳定的位势密度对，进行直接数值混合，即将两层的位势密度平均值作为新的位势密度；

（4）检查下面的一层，若该层的位势密度比混合后的位势密度小，则将三层进行数值混合，并继续按照这种方法处理更多的层，直至达到重力稳定或者抵达海底；

（5）以数值混合后的当前层为基准，对比紧邻其上的一层，判定是否存在重力不稳定现象。若存在则重复步骤（3）；若不存在则继续查找混合部分之下的各层。

2. 热液羽流参数化方案

海水通过岩石裂缝或地质构造断裂带渗入海底地壳深处后，被岩浆加热并喷出海底，由于其温度远高于周围海水，从而引发海水的对流运动，形成热液羽流。热液羽流是海洋中的一种重要的对流不稳定过程。针对这一特殊的海洋现象，Jiang 和 Breier（2014）及 Gao 等（2019）分别提出了针对背景非旋转和旋转流体热液羽流的参数化方案。本节对 Gao 等（2019）提出的旋转流体对流参数化方案作简单的介绍。

Gao 等（2019）采用大涡模拟（LES，有关该模式的详细介绍请见第 8 章）的方法，针对不同喷口热通量 (F)、旋转率 (f)、背景层结 (N) 进行一系列的敏感性实验，最终提出了垂向涡黏性系数 (κ) 的参数化公式，其具体表达式为

$$\kappa = 0.0054 \left(\frac{B_{\text{exit}}}{N f_{\text{v}}} \right)^{\frac{1}{2}} \mathrm{e}^{-\left(\frac{z^* - 0.48}{0.42} \right)^2} \tag{3.6.1}$$

其中，$B_{\text{exit}} = g \rho_{\text{vent}} F S_{\text{vent}}$，表示浮性通量，$\rho_{\text{vent}}$ 表示喷口附近的流体密度，S_{vent} 表示热液羽流喷口的表面积；$f_{\text{v}} = |\sin(\varphi)|$ 表示地理纬度 (φ) 的函数；N 表示浮性频率；z^* 表示归一化的深度。

该参数化方案针对热液羽流这一特殊的海洋现象，将涡黏性系数参数化为浮性通量、海水层结及科氏力参量的函数，从而实现方程组的闭合。

3.6.2　浪致混合参数化方案

海洋波浪对海洋物理过程的主要影响之一是浪致垂向混合。浪致混合过程可以通过参数化方案来实现。目前已有的浪致混合参数化方案概括起来主要可以分为两大类：一类为直接考虑波浪的搅拌作用，进而影响海洋上边界层混合，该方法称为海浪直接作用参数化方案（Qiao et al.，2004）；另一类从波浪诱导的朗缪尔环流对上边界层混合的影响来考虑，称为海浪间接作用参数化方案，McWilliams 和 Sullivan（2000）及其他学者提出的增强因子参数化方案，以及 Wang 等（2020a）提出的 OMOL20 参数化方案便属于海浪间接作用参数化方案。下面将分别对这两大类参数化方案进行简单介绍。

1. 海浪直接作用参数化方案

Qiao 等（2004）直接从风应力公式出发，根据波浪的搅拌效应，推导出浪致混合的直接效应项。海洋中的流速、温度和盐度均可以分为平均部分和脉动部分，假设在垂直方向上波浪运动尺度与海流脉动尺度是可比拟的，波浪造成的混合可以对上层海洋环流结构产生重要影响，因此将脉动部分进一步分为海流脉动部分 u'_{ic} 和海浪脉动部分 u'_{iw}，即

$$u'_i = u'_{ic} + u'_{iw} \tag{3.6.2}$$

其中，下标 $i = (1, 2, 3)$；下标 c 表示海流；下标 w 表示波浪。因此雷诺应力可以进一步写成：

$$-\overline{u'_i u'_j} = -\overline{u'_{iw} u'_{jw}} - \overline{u'_{iw} u'_{jc}} - \overline{u'_{ic} u'_{jw}} - \overline{u'_{ic} u'_{jc}} \tag{3.6.3}$$

其中，下标 $j=(1,2,3)$。式（3.6.3）右边第一项为浪致雷诺应力项，第四项为脉动动量输运项，第二项和第三项为波浪对海流的动量搅拌项，波浪的垂直脉动对海流的动量搅拌项可表示成：

$$-\left(\overline{u'_{iw}u'_{jc}}+\overline{u'_{ic}u'_{jw}}\right)=\begin{bmatrix} 0 & 0 & Bv\dfrac{\partial\overline{U_1}}{\partial z} \\[2mm] 0 & 0 & Bv\dfrac{\partial\overline{U_2}}{\partial z} \\[2mm] Bv\dfrac{\partial\overline{U_1}}{\partial z} & Bv\dfrac{\partial\overline{U_2}}{\partial z} & 2Bv\dfrac{\partial\overline{U_3}}{\partial z} \end{bmatrix} \tag{3.6.4}$$

Bv 被定义为波浪引起的垂直运动黏度或扩散系数，根据海洋表面波线性理论及普朗特混合长理论可以推导出：

$$Bv=\alpha\iint_k E(\boldsymbol{k})\mathrm{e}^{2kz}\mathrm{d}\boldsymbol{k}\cdot\frac{\partial}{\partial z}\left[\iint_k \omega^2 E(\boldsymbol{k})\mathrm{e}^{2kz}\mathrm{d}\boldsymbol{k}\right]^{\frac{1}{2}} \tag{3.6.5}$$

其中，ω 表示角频率；k 表示波数的大小；$\boldsymbol{k}$ 表示波数的矢量；$E(\boldsymbol{k})$ 表示波数谱；z 表示水深；α 可以由观测值校准，在 Qiao 等（2004）的研究中取为 1，之后将此叠加到湍流闭合模型中。

2. 海浪间接作用参数化方案

1）增强因子参数化方案

Large 等（1994）认为垂向混合系数具有统一的形态，因此可以通过调整控制形态的因子来满足各种情形下的混合过程，这就形成了一系列增强因子参数化方案。本小节介绍三种增强因子参数化方案。

McWilliams 等（2004）基于大涡模拟的实验数据，通过增强因子 ε，引入朗缪尔环流的影响，将 KPP 模型中的 w（湍流速度尺度）改进为

$$w=\frac{\kappa u_*}{\varphi(\sigma)}\varepsilon \tag{3.6.6}$$

$$\varepsilon=\sqrt{1+0.08La_t^{-4}} \tag{3.6.7}$$

其中，La_t 表示朗缪尔数；κ 表示冯·卡门常数；$\varphi(\sigma)$ 表示热稳定函数；$\sigma=\dfrac{z}{h_b}$，z 表示深度，h_b 表示边界层深度。

van Roekel 等（2012）利用大涡模拟结果，根据朗缪尔数 La_t 拟合出新的增强因子：

$$\varepsilon=\sqrt{1+(1.5La_t)^{-2}+(1.4La_t)^{-4}} \tag{3.6.8}$$

Yang 等（2015）在 McWilliams 等（2004）的研究基础上，引入了一个新的变量因子 $D(La_t)$ 来修正 KPP 模型，得到一个新的湍流速度参数化公式：

$$W(La_t,\sigma)=D(La_t)\varepsilon\frac{\kappa u_*}{\varphi(\sigma)} \tag{3.6.9}$$

$$\varepsilon=(1+0.08La_t^{-8})^{\frac{1}{4}} \tag{3.6.10}$$

$$D(La_t)=0.62+0.415\{1-\tanh[10(La_t-0.5)]\} \tag{3.6.11}$$

该参数化公式改善了朗缪尔数较小时的涡黏性系数。

2）OMOL20 参数化方案

南京信息工程大学海洋数值模拟与观测实验室（Oceanic Modeling and Observation Laboratory，OMOL）利用大涡模拟方法（Wang et al.，2020a）模拟朗缪尔环流，对浪致扩散进行无量纲分析，考虑了波浪破碎的影响，对模拟数据结果进行拟合计算，提出由浪致混合引起的浪致扩散函数：

$$K_d\left(\frac{z}{h_b},u_*,La_{SL}\right)=zu_*\mathrm{e}^{-b\left(\frac{z}{h_b}\right)^2+c} \tag{3.6.12}$$

其中，K_d 表示与深度 z、边界层深度 h_b、海表面摩擦速度 u_* 及表层平均朗缪尔湍流数 La_{SL} 有关的由波浪作用引起的扩散函数。其中变量 b 和 c 控制 K_d 扩散曲线的弯曲度。平均朗缪尔数与边界层深度、海表面摩擦速度及斯托克斯漂流有关，在研究中变量 b 和 c 可定义为与平均朗缪尔数有关的函数，Wang 等（2020a）通过一系列 LES 实验对变量 b 和 c 拟合得到

$$b=3.8\mathrm{e}^{2.6(La_{SL})^{\frac{3}{2}}} \tag{3.6.13}$$

$$c=1.5-3.865La_{SL} \tag{3.6.14}$$

将式（3.6.13）和式（3.6.14）代入式（3.6.12）中，将波浪的影响直接叠加到原来的 KPP 参数化方案的基础上，并代入一维海洋湍流模型 GOTM（The General Ocean Turbulence Model）中验证，结果如图 3.6.1 所示，加入浪致混合作用后，涡旋扩散系数有明显的增大。

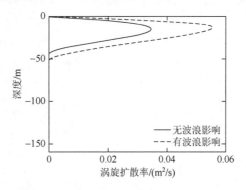

图 3.6.1　波浪影响下涡旋扩散率变化对比

实线为不考虑浪致混合作用时的涡旋扩散率曲线分布，虚线为考虑浪致混合作用时的涡旋扩散率曲线

思　考　题

1. 数值模式需要采用参数化方案的原因有哪些？
2. 常见的湍流参数化方案有哪些？它们各自具有怎样的特点？
3. GM 90 参数化方案为何对模拟结果有如此大的改进？
4. KPP 参数化方案整体上划分成几部分？划分的依据是什么？
5. 如何理解涡致速度及有效速度的概念？
6. 现在数值模式参数化方案研发的方向是什么？主要手段有哪些？

第4章 海流模式及其应用

海洋环流模式（Ocean General Circulation Model，OGCM）采用数值方法直接求解 N-S 方程，是研究海洋环流多时空尺度动力变化及其在气候变化中的作用的重要手段。

在 OGCM 发展的早期阶段，与传统的大洋现场观测方法和理论分析相比，数值模式的重要性被低估。直到 20 世纪 70、80 年代，计算机硬件、软件技术的快速进步以及学者对海洋物理过程认识的提高、模式参数化方案的改进等，推动了 OGCM 的飞速发展。即使在中等网格分辨率的模式中，在适当的边界条件下 OGCM 也能很好地再现大尺度海洋环流的总体特征。20 世纪 90 年代开始，OGCM 的高分辨率模式开始出现，模式结果能一定程度地再现中小尺度过程，如海洋锋面、中尺度涡旋等。

经过几十年的发展，出现了多种通用开源的模式，按照模式侧重的研究区域，可将海洋环流模式分为全球模式和区域模式。全球模式有 MITgcm、HYCOM、MOM、OFES、LICOM 和 NEMO 等。区域模式有 ROMS、FVCOM、POM、ADCIRC、Delft3D 等。这些全球模式可用于区域海洋物理过程的研究，部分区域模式可用于全球海洋环流的研究。

本章将选择几个常用的模式分别介绍区域模式（ROMS、FVCOM 和 POM）和全球模式（MITgcm、HYCOM、MOM、OFES、LICOM 及 NEMO）。

4.1 区域海流模式及其应用

本节将介绍三种常用的区域模式：ROMS、FVCOM 和 POM。其中，由于 POM 和 ROMS 具有一定的相似性，所以对 POM 作相对简要的介绍。

4.1.1 ROMS

1. 模式概况

ROMS 主要是由加利福尼亚大学洛杉矶分校（University of California，Los Angeles，UCLA）、罗格斯大学（Rutgers University）、法国的发展研究机构 IRD（Institute of Research and Development）及全世界海洋学家共同开发完成的开源区

域海洋模式。ROMS 的发展，经过了多次的修改、优化，一直以来被广泛应用于区域海洋模拟及动力学研究中。目前 ROMS 主要有两个版本，美国的罗格斯大学版本、法国的 Agrif 版本（近期更名为 Coastal and Regional Ocean Community Model，CROCO）。这两个版本在具体操作中存在着一定的差别，但是其动力核心和主干代码非常接近。

　　ROMS 是自由表面、随体坐标系及三维原始方程组的海洋数值模式（Song and Haidvogel，1994；Shchepetkin and McWilliams，2003）。同时 ROMS 包含多个计算模块：生物地球化学（Powell et al.，2006；Fennel et al.，2006）、生物光学（Bissett et al.，1999）、沉积物（Warner et al.，2008）、生态（Chai et al.，2009）、海冰（Budgell，2005）及数据同化（Li et al.，2008）等。ROMS 还具有与大气、波浪模式耦合的功能（详见本书 6.2 节），具体可参见 ROMS 组织结构（图 4.1.1）。ROMS 还包括几个垂直混合方案（Warner et al.，2005）、多层次的嵌套和组合网格等。

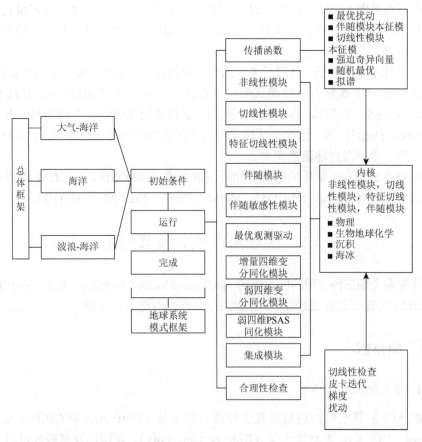

图 4.1.1　ROMS 组织结构

ROMS 包含多个独立的运行模块，如非线性模块（NLM）、切线性模块（TLM）和伴随模块（ADM）等。这些模块既可独立运行，又可以同时运行，这对于研究海洋环流动力结构，以及相关敏感性和稳定性分析有非常重要的作用（Moore et al.，2004，2011）。当前，ROMS 已经被广泛应用于多尺度海洋环流模拟、海冰变化、海洋生态环境等领域的研究，是目前较为流行的区域海洋数值模式。

2. 模式特点

ROMS 在时间上采用显式分裂的计算方案，按照 Shchepetkin 和 McWilliams（2003）描述的方法进行设计，使用较短的时间步长来驱动海表面变化及正压动量，使用较长的时间步长来驱动温度、盐度及斜压动量。这种特制的三阶预测-校正时间步长算法具有更优的稳定性和计算效率。

垂直坐标采用 σ 坐标，其特点是在不同水深具有相同的分层数，缺点是在海底地形变化剧烈的区域会诱导出数值计算的压强误差（Shchepetkin and McWilliams，2003）。有关 σ 坐标的详细介绍参见 2.1.3 节。

在水平平流方案选取上，ROMS 采用一种三阶或五阶的迎风水平平流方案，这种方案可以适用于海底地形坡度较大的海域的模拟（Shchepetkin and McWilliams，1998）。同时，由于这些平流算法含有较强的内在黏性特征，模式往往不需要给出显式水平黏性来获得模式的稳定运行。

在垂直平流方案选取上，模式可采用 SPLINE 或 WENO5 方案。其中，SPLINE 方案提供了一种既能保证模式计算精度又能够保证垂直平流无条件稳定的算法，并且其 CFL 值很小（Shchepetkin，2015）。

此外，ROMS 和其他海洋模式一样，为模式的闭合提供边界条件，包括海洋表面和底部边界条件及侧向边界条件。海洋表面和底部边界条件请参看本书 2.1 节。本节以 ROMS 为例，介绍几种常用的侧向边界条件。

1）梯度边界条件

$$\phi_{\text{obc}} = \phi_{\text{obc}-1} \tag{4.1.1}$$

其中，ϕ_{obc} 表示边界处变量值；$\phi_{\text{obc}-1}$ 表示距离边界最近的格点处变量值。

该式的物理意义：该边界条件简单易操作，设置一个场的边缘梯度为零，即给定边界上的变量值与最接近的内部区域的同一变量值相等。

2）墙边界条件

如果一条边界没有设定开边界条件，ROMS 会默认为是固体边界，使用墙边界条件，即边界处的温盐和海表面起伏的梯度为 0，且沿着边界法线方向上没有流的流入和流出，切线方向的流速可设置为无滑动方案或自由滑动方案。

3）钳定边界条件

$$\phi = \phi^{\text{ext}} \tag{4.1.2}$$

其中，ϕ^{ext} 表示各变量的外部输入值。

该式的物理意义：将边界处的值设定为已知的外部输入值。

4）Flather 边界条件

$$\bar{u} = \bar{u}^{\text{ext}} - \sqrt{\frac{g}{D}}(\zeta - \zeta^{\text{ext}}) \tag{4.1.3}$$

其中，$\bar{u}$ 表示正压流速的正态分量；$\bar{u}^{\text{ext}}$ 表示正压流速的外部输入数据；D 表示局地水深；ζ 表示海表面高度；ζ^{ext} 表示海表面高度的外部输入数据。

该式的物理意义：正压流速的法向分量与边界条件输入值的偏差以重力波的形式向外辐射（Flather，1976）。

5）Chapman 边界条件

$$\frac{\partial \zeta}{\partial t} = \pm \sqrt{gD} \cdot \frac{\partial \zeta}{\partial \xi} \tag{4.1.4}$$

其中，$\dfrac{\partial \zeta}{\partial \xi}$ 表示海表面高度的水平分量；ξ 表示局地笛卡儿坐标系中的切线方向。

该式的物理意义：假设在边界处，所有向外传输的信号（包括海表面起伏）都以浅水波的速度离开边界，通常与应用于二维动量方程中的 Flather 边界条件结合使用。这里的时间导数可以在 ROMS 中显式地或隐式地处理（Chapman，1985）。

6）辐射边界条件

在实际的模拟中，确定准确的开边界条件可能是非常困难的，特别是存在入流和出流发生在同一边界，甚至是发生在同一水平位置的不同深度的情况。针对这一现象，Orlanski（1976）提出了一种辐射方案，物理量以局地法向相速度向外传播。这种方案对于沿边界法向传播的波动非常有效，但是对于与边界呈一定角度传播的波动就会产生问题。Raymond 和 Kuo（1984）进一步完善了该方案，来应对三维的波动传播。在 ROMS 中，只考虑了波动在水平二维方向上的传播：

$$\frac{\partial \phi}{\partial t} = -\left(\phi_\xi \frac{\partial \phi}{\partial \xi} + \phi_\eta \frac{\partial \phi}{\partial \eta} \right) \tag{4.1.5}$$

其中，

$$\phi_\xi = \frac{F \dfrac{\partial \phi}{\partial \xi}}{\left(\dfrac{\partial \phi}{\partial \xi} \right)^2 + \left(\dfrac{\partial \phi}{\partial \eta} \right)^2}, \quad \phi_\eta = \frac{F \dfrac{\partial \phi}{\partial \eta}}{\left(\dfrac{\partial \phi}{\partial \xi} \right)^2 + \left(\dfrac{\partial \phi}{\partial \eta} \right)^2}, \quad F = -\frac{\partial \phi}{\partial t} \tag{4.1.6}$$

其中，η 表示局地笛卡儿坐标系中的法线方向。

7）混合辐射-逼近边界条件

由辐射边界条件可知，当波动通过开边界向外传播一段时间后，ROMS 预报的边界值可能明显偏离外源输入值。此外，当波动由向外传播转向向内传播时，瞬间施加的外源强迫项可能导致模式产生很大的不稳定性。为了避免这个问题，可在辐射方程中添加一个额外的逼近项：

$$\frac{\partial \phi}{\partial t} = -\left(\phi_\xi \frac{\partial \phi}{\partial \xi} + \phi_\eta \frac{\partial \phi}{\partial \eta}\right) - \frac{1}{\tau}(\phi - \phi^{\text{ext}}) \tag{4.1.7}$$

其中，τ 表示逼近的时间尺度。如果 $\phi_\xi > 0$，则 $\tau = \tau_{\text{out}}$；如果 $\phi_\xi < 0$，则 $\tau = \tau_{\text{in}}$。其中，$\tau_{\text{out}} \gg \tau_{\text{in}}$，Marchesiello 等（2001）指出 τ_{out} 可以达到大约 1 年，而 τ_{in} 仅为几天。

该式的物理意义：当波动经过开边界向外传播时，弱的逼近项可以防止 ROMS 预测值相对于外源输入值的漂移，同时避免了过度边界强迫而导致的模式不稳定性等问题。当波动经过开边界向模式内区传播时，强的逼近使得模式外源强迫项进入模式。

对于区域海流模式，开边界条件是至关重要的一个方面。除以上提到的侧边界条件的算法外，许多海洋学家在这方面也做出了贡献。例如，Gan 和 Allen（2005）进行了理想化的空间变风强迫实验，研究了在沿岸陷波（coastal trapped wave，CTW）对陆架流起重要作用的情况下开边界条件的性能。

3. ROMS 模拟流程

本节以 ROMS 为例，对海流模式的模拟流程作简单介绍，基本流程可参考图 4.1.2。

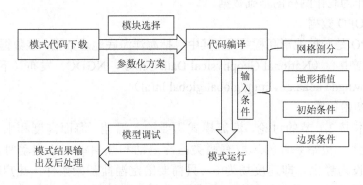

图 4.1.2　模式模拟基本流程

1）模式代码下载

模式的源代码是海洋数值模拟的核心，其中包含对控制方程组的处理、边界条件的设置、数值方案的设定和参数化方案的选择等，这些方案的选取决定了模拟结果的优劣及计算效率等。模式代码的获取是进行数值模拟的首要工作，开源的数值模式一般可以在其官方网站上进行下载，如 ROMS 的 CROCO 版本可以在其官网（下载网址：https://www.croco-ocean.org/croco-project/）上选择需要的版本进行下载。

2）代码编译

对于大型模式，有专门的脚本根据试验设定对模式源代码进行编译，生成可执行文件；对于简单模式，直接对模式主程序进行编译。

当模式编写或下载源代码完成，设定好各种计算环境变量、模型参数（包括模块、参数化方案的选择）和输入/输出文件路径之后，对模式进行编译。

3）模式运行前准备工作

在完成模式编译之后，在运行模式之前，需要针对研究的问题选定研究区域和模拟时间段，制作网格、初始条件文件和边界条件文件等模式运行时需要调用的文件。大型模式一般均有相应的输入文件制作工具包，如 ROMS 模式对应的工具包 croco_tools 等（下载地址：http://www.croco-ocean.org/download/roms_agrif-project/）。

（1）网格制作

选定模型范围，确定网格分辨率，选用模式适用的网格剖分方式进行水平网格剖分，如 ROMS 可以采用矩形网格进行剖分。用水深数据对制作完成的网格进行插值，得到网格结点上的地形分布。大范围获取水深数据的方式主要如下。

①海图

海图是地图的一种，分为电子海图和纸质海图两种，可以提取其中的岸线和水深数据作为制作网格的基础数据。

②ETOPO 数据

ETOPO 是一种地形高程数据，其中包括海洋海底地形数据。该数据由美国地球物理数据中心（National Geophysical Data Center，NGDC）发布（下载网址：https://www.ngdc.noaa.gov/mgg/global/global.html）。

（2）初始条件

根据本书 2.1 节的讨论，海流模式需要输入温盐、海面高度和水平速度场等初始条件。初始条件的选取有两类：冷启动和热启动。冷启动时，速度场初始状态设为静止，即速度场为 0，只需要给定温盐初始条件；热启动时，则需要速度场、温盐场和其他匹配的数据。制作模式初始条件文件一般有两种方法。

①根据实测资料或再分析资料插值

一般可选取 HYCOM、SODA（Simple Ocean Data Assimilation）等模式公开发布的数值产品或其他资料制作初始条件文件。HYCOM 资料介绍详见 4.2.2 节，SODA 海洋数据集由 SODA 模式系统产生，该模式系统由美国马里兰大学开发，其目的是为气候研究提供一套与大气再分析资料相匹配的海洋再分析资料，资料详细介绍和下载可参见网站 https://iridl.ldeo.columbia.edu/。

②根据已有模拟结果作为初始场

通过把已有的模式结果插值到将要运行的模式网格上作为初始条件，是一种常见的获取初始条件的方法，大型模式有对应的插值程序。

（3）边界条件

需要制作相应输入文件的边界条件，主要为海表面边界条件和开边界条件。

①海表面边界条件

对于海洋数值模拟，海表面边界条件一般为海表通量、动量通量、热量通量和淡水通量，主要有风、海气热交换、降水和蒸发等，其可以选取美国国家环境预报中心（National Centers for Environmental Prediction，NCEP）或欧洲中期天气预报中心（European Centre for Medium-Range Weather Forecasts，ECMWF）数值产品作为基础数据。

NCEP 数据是 NCEP 和美国国家大气研究中心（National Center for Atmospheric Research，NCAR）对自 1948 年至今来源于地面、船舶、无线电探空、探空气球、飞机和卫星等全球气象观测资料进行同化处理后，研制的全球气象再分析资料数据集。该数据集涉及等压面资料、地面资料和通量资料三类共 32 种要素场。

等压面资料包含：温度、位势高度、相对湿度、比湿和经-纬向风速等，分为 1000hPa、925hPa、850hPa、700hPa、600hPa、500hPa、400hPa、300hPa、250hPa、200hPa、150hPa、100hPa、70hPa、50hPa、30hPa、20hPa、10hPa 等压面，共 17 层。

地面资料包含：温度、湿度、蒸发-降水、海平面气压、经-纬向风速、水深和海陆分布等。

通量资料包含：向下长波辐射通量、向下短波辐射通量、向上长波辐射通量、向上短波辐射通量和总云量等。

由于资料时间序列长，涵盖内容广，NCEP 资料（如海面风场、海面温度场、蒸发-降水场和辐射通量场等）常用来作为海洋模式的驱动场资料，数据下载和详细介绍可参见其官网（https://www.ncep.noaa.gov/）。

ECMWF 资料是欧洲中期天气预报中心开发的一套大气海洋再分析数据。欧洲中期天气预报中心是一个包括 24 个欧盟成员国的国际性组织，是当今全球独树一帜的国际性天气预报研究和业务机构。ECMWF 提供天气实测数据、再分析资料数据集和模式预报产品，以及用于全球海气模式运算所需的相关数据，其包含的数据种类和 NCEP 类似。

ERA5（ECMWF Reanalysis 5）是第五代 ECMWF 全球大气海洋再分析数值产品，可以用于制作海洋数值模拟海表面边界条件文件。数据下载和详细介绍可参见其官网（https://cds.climate.copernicus.eu/）。

②开边界条件

开边界条件主要是指外海开边界条件，河流径流、地表水等源汇边界条件也可看成开边界条件。

外海开边界条件分为水位边界条件、温盐边界条件和流速边界条件。其中水位（流速）边界条件由天文潮潮位（潮流流速）和海流引起的海表面高度变化（海流流速）叠加得到，天文潮数据可由潮汐调和常数推算得到。常用的全球潮汐调和常数数据集有 TPXO（TOPEX/POSEIDON global tide model）、NAO.99b（下载网址：https://www.miz.nao.ac.jp/staffs/nao99/index_En.html）等。海表面高度变化、海流流速和温盐边界条件可采用上述用于初始条件的再分析数值产品如 HYCOM、SODA 等插值得到。

TPXO 模式是由美国俄勒冈州立大学（Oregon State University，OSU）建立的潮汐模式。该模式基于拉普拉斯潮汐方程，采用最小二乘法，同化了 T/P、Jason 卫星高度计资料。目前最新版本为 TPXO9-atlas v1，该版本融合了区域潮汐模式的结果，包含 8 个主要分潮（M_2, S_2, N_2, K_2, K_1, O_1, P_1 和 Q_1）、两个较长周期分潮（M_f, M_m）和 3 个浅水分潮（M_4, M_{S4} 和 M_{N4}）的潮位、潮流通量（潮流）信息，TPXO9-atlas v1 中特别加入了 $2N_2$ 和 S_1 两个分潮，这在之前的版本中是没有给出的（下载网址：https://www.tpxo.net/global）。

4）模式运行和调试

模式运行和调试包括模式试运行、调试和检验三个部分。

（1）模式试运行

如果模式编译成功，准备好输入文件，则进行试运行，可取较短时间积分长度进行积分。

（2）调试

如果编译不通过或无法运行，则对编译器、相关参数、输入场、试验设置和各种路径设置等进行逐步检查、修正，直到能有积分结果输出为止。

（3）检验

①计算稳定性的检验

如果出现模拟的物理量在量级上或空间分布上不合理的现象，或者溢出而导致模式积分崩溃，则模式源代码的数值方案或者边界条件设置存在问题，需进一步分析、改进、调试。

②试验方案的检验

检验模拟结果与实测资料是否一致，若偏差较大，则需要调整试验方案，重新进行模拟。

5）模式结果输出及后处理

模式结果可以以一定时间间隔平均的形式输出，如日平均、月平均，也可以逐步输出，如逐小时输出。模式结果的输出路径、输出变量和输出间隔等参数应在脚本中设定，由于模式输出的数据量很大，一般采取节省空间的数据格式，通常采用网络通用数据格式（network common data format，NetCDF）。

NetCDF 是由美国大气研究大学协会（University Corporation for Atmospheric Research，UCAR）的 Unidata 项目开发的。一个 NetCDF 数据集包含变量、维和属性三种描述类型，每种类型都会被分配一个名字和 ID，这些类型共同描述了一个数据集，NetCDF 库可以同时访问多个数据集，用 ID 来识别不同数据集。变量存储实际数据，维给出了变量维度信息，属性则给出了变量或数据集本身的辅助信息属性，又可以分为适用于整个文件的全局属性和适用于特定变量的局部属性，全局属性描述了数据集的基本属性及数据集的来源。

NetCDF 格式的文件具有占用磁盘空间小、读取速度快、自带说明功能、读取方式灵活等优势，适用于海量数据的存储，已成为海洋模式输入文件、输出文件的首选格式。

6）模式结果后处理

在模式结果输出以后需对其进行后处理，主要方法有时间平均、区域平均、滑动平均、间接要素的计算和频谱分析等。

在后处理完成之后一般需进行图形输出，图形是对模式结果最直观的表现方式，适用于模式检验及结果分析。ROMS 发展了一套完整的后处理程序，包含在 croco_tools 中。

4. 模式应用

1）ROMS 在深水岛屿尾涡研究中的应用

当海流绕过岛屿时，会在岛屿后方形成涡旋，即岛屿尾涡。根据形成机制，岛屿尾涡可分为两类：一类是海洋对风的响应，当风经过海岛后减弱，形成正负风应力旋度，诱导产生岛屿尾涡；另一类是海流绕过障碍物后形成冯·卡门涡街，在旋转层化的影响下经典的冯·卡门涡街变得十分复杂。以上两种机制的非线性相互作用使得研究真实的岛屿尾涡变得非常具有挑战性。

Dong 等（2007）采用 ROMS 建立理想地形实验，研究了深水岛屿尾涡的生成机制，模式设置如下。

对于深水岛屿尾涡问题，可将海洋视为等深，水深设为 H_m。使用直径为 D，中心处于 (x_0, y_0) 的圆柱作为岛屿的模型，该算例的计算区域为矩形，在西边界处设置来流及密度分布，考虑来流只具有垂向剪切，可用式（4.1.8）表示：

$$u(z) = u_\text{m1} - u_\text{m2} \tanh\left(\frac{z+h_\text{s}}{h_\text{d}}\right), \quad -H_\text{m} < z < 0 \qquad (4.1.8)$$

其中，u_{m1}、u_{m2} 分别表示近表层及底部的流速；h_s 和 h_d 分别表示剪切层中心的深度和厚度，经向和垂直流速都设为 0。西边界处的密度剖面由式（4.1.8）通过热成风关系推导可得

$$\rho(y,z) = \rho_0 + \frac{\rho_0}{g} \int_{y_0}^{y} f \frac{\partial u}{\partial z} \mathrm{d}y + \delta\rho \tanh\left(\frac{z+h_c}{h_t}\right) \tag{4.1.9}$$

其中，$\delta\rho$、h_c 和 h_t 均为温盐参数，分别表示密度差及对应的中心深度和厚度。式（4.1.9）等号右边的第二项表示密度水平纬向分布，第三项表示密度垂向分布，可以保证 $\rho(y,z)$ 是重力稳定的（即在整个区域里 $\partial\rho(y,z)/\partial z \leqslant 0$）。由式（4.1.8）和地转平衡关系可得到西边界处海表面高度变化关系式：

$$\eta(y) = -\frac{f(y-y_0)}{g} u|_{z=0} \tag{4.1.10}$$

从式（4.1.9）和式（4.1.10）可以推出，等密度线表面向北翘起，而海表面向南下降。

岛屿周围的固体边界使用无滑动边界条件，南、北开边界使用滑动边界条件，东边界使用海绵层边界条件。表面的动量、热量及淡水通量都设为 0。在平底条件下，底边应力设置为与底部流速呈线性关系，摩擦系数为 $2.0\times10^{-4}\mathrm{m/s}$。除岛屿覆盖的格点外，初始条件都使用西边界处的剖面。

模拟区域设置为横向 180km，纵向 80km；岛屿的中心在 x 方向设置在距西边界四分之一处，在 y 方向设置在中间位置，即 $x_0 = 45\mathrm{km}$，$y_0 = 40\mathrm{km}$；岛屿的直径设为 $D = 20\mathrm{km}$，水深 $H_m = 500\mathrm{m}$；地转参数 f 设为常数 $10^{-4}\mathrm{s}^{-1}$；该组实验中水平数值涡旋黏性系数设为 0，显式的雷诺数 Re 似乎是无限大，但是由于使用的平流格式具有内在的计算黏性，因此实际物理上的雷诺数 Re 是有限值。

在参数选择方面，取 $u_{m1} = 0.1\mathrm{m/s}$，$u_{m2} = 0.1\mathrm{m/s}$，$h_s = 120\mathrm{m}$，$\delta\rho = 2\mathrm{kg/m}^3$，$h_c = 200\mathrm{m}$，$h_t = 100\mathrm{m}$ 及 $h_d = 80\mathrm{m}$。西边界的流速和密度超量的剖面如图 4.1.3 所示，流速在表面达到最大，量值为 0.2m/s，在底部则减小为 0。罗斯贝数 $Ro = 0.1$，意味着流动受到地转效应的强烈影响（尤其是在远离岛屿边界的地方）。浮力频率 N 比 f 大两个量级左右，斜压变形半径大约为 20km，和岛屿直径接近，Richardson 数 Ri 如下：

$$Ri = \frac{N^2}{|\partial u/\partial z|^2} \tag{4.1.11}$$

Richardson 数 Ri 表达的是浮力频率与流速垂向梯度的比值，在整个区域里均远大于 0.25。即使是在西边界附近，最小值也有 3.7，保证了在初始时刻不会存在开尔文-亥姆霍兹不稳定。

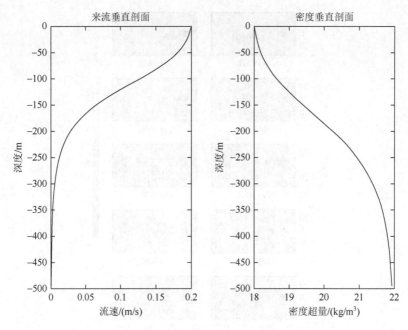

图 4.1.3　西边界的流速和密度超量的剖面（图片摘自 Dong et al.，2007）

在整个区域选用均一的水平网格，$\delta x = \delta y = 250\text{m}$。垂直方向也采用均一网格，从表面到 H_m 深度处均匀地分成 20 层，即 $\delta z = 25\text{m}$，总网格数为 720×360×20。模拟 50 天，包含大约 10 个涡旋脱落周期。

图 4.1.4 描述了涡旋生命周期的大致情形。有两个涡旋生成并分别从岛屿的北边和南边脱落。在南边的海流首先演变成光滑的波浪形图案，然后变成一连串气旋涡，如果它们在下游靠得足够近则有可能合并形成更大的涡旋。在北边的情况则大为不同：反气旋涡生长扩大并破碎成许多小碎片，这些小碎片的尺寸随着碎片的不断分离而减小（由于一部分破碎的涡旋尺寸与水平网格分辨率接近，因此这些部分被数值噪声掩盖）。在岛屿后方的某地，反气旋涡停止破碎并合并成几个继续消散的涡旋。这种气旋涡和反气旋涡之间的不对称性是由于反气旋涡具有一种特殊的不稳定性——离心不稳定。一旦尾涡发展成型，它们之间的相互作用影响着它们的运动，在主流的作用下向下游运动。如果一个较弱的涡旋碰上了一个较强的涡旋，弱者会按照较强涡旋的旋转方向绕其旋转。

2）ROMS 在黑潮区域涡旋不对称分布研究中的应用

黑潮是西北太平洋著名的西边界流。从各种卫星数据集的观测分析和统计结果来看，有大量的涡旋伴随着黑潮流动。在东中国海，黑潮平行于大陆架，这与它在其他地方的蜿蜒曲折的流经轨迹明显不同。它的主轴是基本稳定的，在地转平衡的约束下沿着等深线流动，季节变化较小。由于平均水平切变（正压不稳定

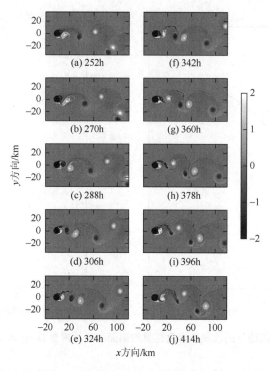

图 4.1.4 涡旋生命周期的大致情形

的原因）是涡旋产生的重要动力机制，可以推测沿黑潮主轴两侧应产生中尺度或次中尺度涡旋，且涡旋的大小受黑潮主轴特征切变宽度的限制。这些涡旋在低分辨率卫星图像中不容易被观测到，Liu 等（2017）使用了浮标数据和高分辨率 ROMS 的输出结果来探测这些涡旋。

在 Liu 等（2017）的研究中，使用 ROMS 进行了大、小区域嵌套模拟，外层大区域的范围为 110°E～138°E，15°N～41°N，分辨率为 1/8°，内部小区域的范围为 120°E～131°E，24°N～32°N，分辨率为 1/54°。地形数据采用了 ETOPO1 数据，两个区域在垂直方向都设置为 20 层。对于外部大区域，初始条件和边界条件分别采用的是由耦合海洋资料同化（Navy Coupled Ocean Data Assimilation，NCODA）提供的 1/12°的气候态数据（2003～2012 年）和 1/12°的 HYCOM 数据。两个区域使用的都是季节性变化的气候态热通量，动量通量使用的是 2000 年 QuikSCAT 的逐日风场数据。首先将外部区域计算 5 年，达到稳定状态之后，加入内部小区域的计算，再计算 7 年。

采用欧拉方法对 ROMS 的输出结果进行涡旋探测，结果如图 4.1.5（a）和图 4.1.5（b）所示。在黑潮主轴（黑色粗线）两侧 70km 内，西侧共探测到 1342 个气旋涡和 342 个反气旋涡，东侧共有 353 个气旋涡和 993 个反气旋涡。平均流速大于 50cm/s 用矢量箭头标记，说明在整个黑潮主轴两侧存在涡旋的极性非对称分布。为了更好地理解该现象，Liu 等（2017）随机选择了一条垂直于黑潮主轴的断面［图 4.1.5（a）］，图 4.1.5（c）为沿着这条断面的流速分布，显示出了正态分布规律。在黑潮主轴的西侧（东侧）是正（负）水平速度剪切，容易诱导气旋涡（反气旋涡）的形成，这可以大致解释为什么在黑潮主轴两侧会出现涡旋的极性非对称分布。

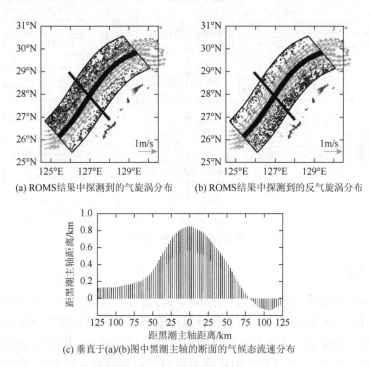

(a) ROMS结果中探测到的气旋涡分布　　　(b) ROMS结果中探测到的反气旋涡分布

(c) 垂直于(a)/(b)图中黑潮主轴的断面的气候态流速分布

图 4.1.5　采用欧拉方法对 ROMS 的结果进行涡旋探测的结果

矢量箭头表示流速大于 50cm/s 的黑潮部分，粗黑线为气候态的黑潮主轴

4.1.2　FVCOM

1. 模式概况

FVCOM 是美国马萨诸塞州州立大学陈长胜教授（Chen et al.，2003）所领导的研究小组建立的区域海洋环流模式，是目前比较成熟的、在国际上应用较广的区域海流模式之一。该模式控制方程包含动量方程、连续方程、温盐守恒方程及状态方程，数值离散方法采用有限体积法，该方法的优点为采用的网格形式可以较好地拟合海岸线的复杂变化，特别适用于近海及河口区域的研究。

FVCOM 含有多个模块（图 4.1.6），包括数据同化模块、波浪模块、嵌套模块、非静力模块、三维干湿模块、湍流模块、三维泥沙模块、生态模块、水质模块、粒子追踪模块和海冰模块等。在计算时选择需要的模块进行编译，输入外加强迫（潮汐、风、热通量、河流径流等），利用 MPI 并行计算，即可输出以 NetCDF 格式存储的计算结果。

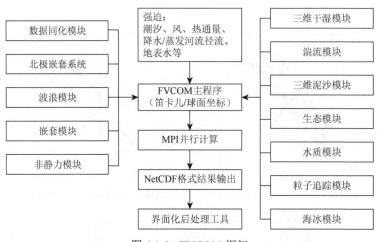

图 4.1.6　FVCOM 框架

2. 模式特点

FVCOM 的数值离散方法为有限体积法，该方法综合了现有海洋研究中的有限差分和有限元模型的优点，在数值计算中既可以像有限元模型一样与浅海复杂岸界实现较好的拟合，又便于差分离散原始动力学方程组，从而保证较高的计算效率；在水平方向上采用无结构化非重叠的三角形网格，可以方便地拟合复杂的边界和进行局部加密，这个优点使其在研究岛屿众多、近岸岸线复杂的问题时优势表现尤为突出；在垂直方向采用 σ-S 混合坐标系，可以更好地拟合复杂的海底地形；含有三维干湿网格处理模块，可以较好地处理模拟近岸及滩涂等海域时出现的变边界问题；与 ROMS 类似，模式将二维与三维物理过程对应的控制方程分开进行数值离散，可以提高计算效率；模式有 MPI 并行计算版本，可以在机群和大型机上实现并行高效的计算，也可以通过编译的选项实现在 Windows 和 Linux 操作系统上运行。

本节对上述特点作简单的叙述，有关该模式更加详细的介绍请参见 FVCOM User Manual。

1）无结构化非重叠的三角形网格

FVCOM 采用无结构化非重叠的三角形网格，见图 4.1.7。无结构化网格是指网格区域内的内部点可以具有不相同的毗邻单元数，即与网格剖分区域内的不同内点相连的网格数目可以不同。与结构化网格相比，无结构化网格可以更方便地拟合复杂的边界，也可以根据实际需要进行局部加密。

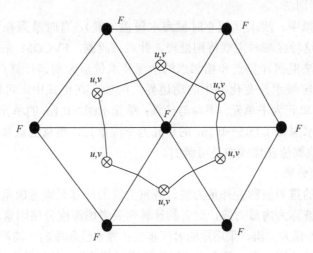

图 4.1.7　FVCOM 三角形网格设计

　　非重叠网格指任意两毗邻单元间没有重叠区域，可以保证研究区域内网格的连续性，同时便于计算网格数目。

　　2）σ-S 混合坐标系

　　FVCOM 垂直方向采用 σ-S 混合坐标系，见图 4.1.8，该坐标系统在设计上较灵活：以虚线处对应的水深值 H_f 为界，水深小于 H_f 时采用 σ 坐标，能更好地拟合海底地形的快速变化，水深大于 H_f 时，则采用 S 坐标。有关 σ 坐标的介绍请参见 2.1.3 节。S 坐标是在 σ 坐标基础上发展的一种扩展的随地坐标，可以将海表和海底两个部分进行等间隔分层，中间部分仍采用 σ 坐标的分层方式进行分层，该分层方式的优势在于

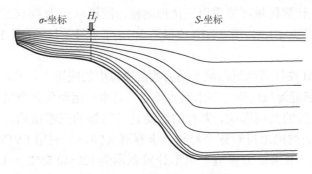

图 4.1.8　σ-S 混合坐标垂向剖分

其可以对海表混合层、温跃层和底边界层等动力过程复杂的区域有不同的解析度。当计算区域同时包含深水和浅水区域时，水深变化范围较大，采用 $\sigma\text{-}S$ 混合坐标系可以有效减小由于网格不连续引起的计算误差，更灵活地模拟海洋环流及其他海洋参数。

3）干湿判别法

在近海模拟中，浅水区域有时被海水覆盖（湿），有时暴露在空气中（干），海洋模式计算这种区域时需要特别处理。针对该问题，FVCOM 采用了干湿判别法。干湿判别法根据计算点和相邻点的水深及水位值判别该计算点的干湿特征，用以确定计算区域水位变化产生的动边界。例如，在模式中，可以设置单元水深<0.005m 的单元为干单元，不参与计算；单元水深>0.1m 的单元为湿单元，参与计算；单元水深在 0.005～0.1m 的单元为半湿单元，质量通量参与计算，动量通量为 0，这些阈值在模式中是可调的。

4）内外模分离

海水表面的重力波称为外重力波，外重力波的计算无须考虑垂向坐标。海平面以下的重力波称为内重力波，后者的计算需要考虑深度分层因素。

FVCOM 外模为二维，采用短的时间步长计算水位和垂向平均流速，水位直接提供给内模计算使用，垂向平均流速用于校正三维流速，外模从内模获取底应力，以及斜压项和对流项的垂直积分。内模为三维，采用较长的时间步长计算三维流速、温度、盐度和湍流参数。这样设置比完全三维计算节省很大的计算量，可进行二维、三维诊断和三维的斜压模式的计算。

3. 模式应用

1）FVCOM 模式在长江河道及入海口水动力模拟中的应用

鉴于长江水道曲折复杂，结构化网格模式在对水道刻画时会遇到较大困难，时海云（2019）采用 FVCOM 建立高分辨率水动力数学模型，研究水流对长江中岛屿时空演变的影响及长江口盐度锋面过程。

该模式的区域范围为 29.75°N～32.34°N，115.8°E～122.8°E，网格最高分辨率为100m，计算区域网格采用三角形网格，网格单元为46142 个，网格节点为 26459 个，见图4.1.9。图4.1.10模拟了 2015 年 1 月 1 日～1 月 15 日该区域的水动力过程。

2）FVCOM 在江苏邻近海域水动力数值模拟中的应用

由于江苏邻近海域的地形和水动力特点，其水体运动受到季风、潮汐、径流（长江等）和地形的共同影响，海水的流动具有很强的三维结构，二维模式（水平或垂向）无法准确地反映这个结构。李春辉（2016）利用 FVCOM 建立了江苏邻近海域的三维水动力模型。模型计算范围为120°40′55″E～121°57′43″E，29°34′16″N～36°14′53″N，计算区域网格采用三角形网格，网格单元为39217 个，

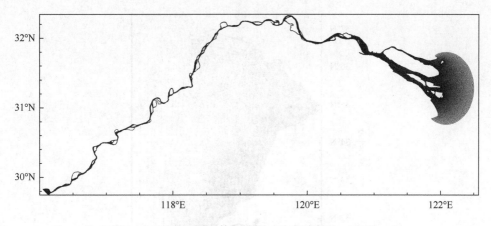

图 4.1.9　计算区域网格剖分图（改自时海云，2019）

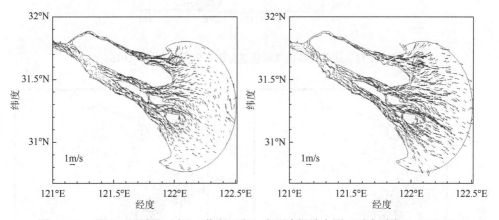

图 4.1.10　长江口区域涨（左）、落潮（右）表层流场放大图（引自时海云，2019）

网格节点为 20100 个，网格剖分图如图 4.1.11 所示，垂直方向上选用 σ 分层。通过实测站位数据验证表明，模型模拟结果与实测数据符合较好，从涨、落潮流场变化来看（图 4.1.12），模拟结果能够很好地再现该海域的水流运动变化规律。

4.1.3　POM

POM 是由美国普林斯顿大学 George Mellor 教授及其团队从 1977 年开始建立起来的首个开源区域海洋数值模式，也是当今国内外广泛使用的区域海流模式（Blumberg and Mellor，1987）。

POM 采用蛙跳有限差分格式和分裂算子技术，水平和时间差分格式为显式，垂向差分格式为隐式，采用内外模分离技术将慢过程（平流项等）和快过程（外重力波项）分开，分别用不同的时间步长积分，快过程的时间步长受严格的 CFL

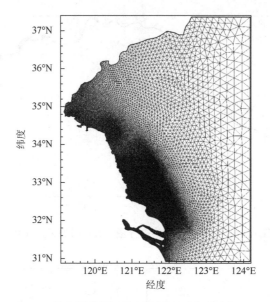

图 4.1.11 江苏海域模型网格剖分图（引自李春辉，2016）

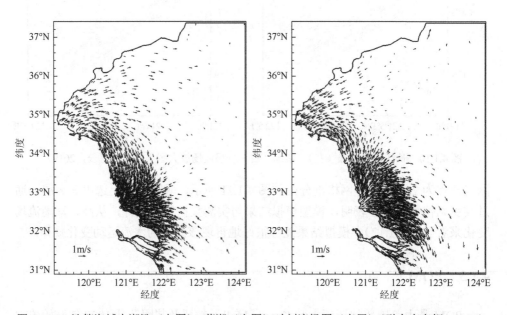

图 4.1.12 计算海域大潮涨（左图）、落潮（右图）时刻流场图（表层）（引自李春辉，2016）

判据的限制。为减少蛙跳格式产生的计算误差，POM 在每一时间积分层次上采用了时间滤波。水平方向采用正交曲线网格，变量空间配置使用"Arakawa C"网格，可以较好地匹配岸界。与均匀网格相比，水平正交曲线网格是渐变的，能更好地拟合岸线侧边界，减少"锯齿"效应。POM 在垂向上采用了 σ 坐标变换，可体现不规则的海底地形的变化特点，便于刻画陆坡地形，并且引入了干湿网格动边界技术，既可处理三维水动力环境模拟中大量浅滩的"干出"与"淹没"等难点问题，也可应用于复杂地形水域的模拟。

值得强调的是，POM 是较早的区域海流模式之一，同时它是首个代码公开的开源区域海流模式，为其他海洋模式的发展提供了很好的范例，极大地促进了海洋模式的发展。

4.2 全球海流模式及其应用

4.2.1 MITgcm

1. 模式概况

MITgcm 是麻省理工学院开发的一种环流模式，是目前较为常用的海洋或大气数值模式之一，其应用十分广泛。模式为开源代码，可供使用者在官网上免费下载和使用。MITgcm 可模拟中小尺度到大尺度的多种运动现象，如区域海洋动力特征、极地海冰、海洋热传导输运、海气相互作用、河流变迁等，可广泛用于大气和海洋相互作用的研究（图 4.2.1）。

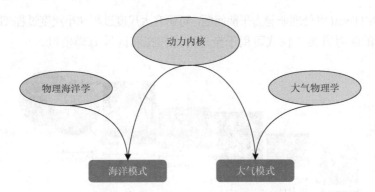

图 4.2.1 MITgcm 的动力内核模式应用示意图（引自 MITgcm 手册）

MITgcm 提供的可选择方案较多，如静力近似和非静力近似条件、Boussinesq 近似与非 Boussinesq 近似、刚盖近似与自由表面近似等，使得该模式可以模拟海气中小尺度到大尺度的多种流体现象（模式的结构框架见图 4.2.2）。

2. 模式特点

MITgcm 的主要特点如下。

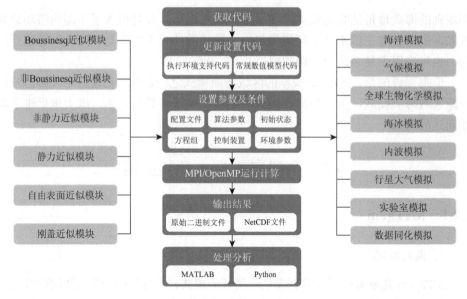

图 4.2.2　MITgcm 框架

（1）基于相同的动力学内核，MITgcm 建立了大气模式和海洋模式，既可单独用于研究大气现象、海洋现象，也可将大气和海洋模式进行耦合，研究海气相互作用。

（2）MITgcm 可处理非静力平衡问题，可研究大尺度过程和小尺度过程（图4.2.3）；通过灵活的配置方案，模式可用于全球海洋模拟和区域海洋模拟。

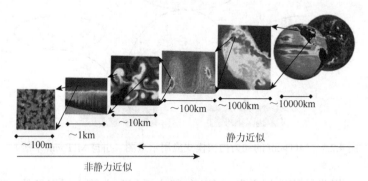

图 4.2.3　海洋不同尺度环流示意图（引自 MITgcm 手册）

（3）模式采用的有限体积法可以进行直观的离散化，可选用处理不规则地形所需的正交曲线网格和三角网格；在垂直方向采用了切削网格（cut cell）技术，使得该模式通量保持守恒，进而能处理复杂地形下的数值模拟问题。

（4）模式提供了成熟的并行运算方案，可以广泛地应用在各种计算平台上。

（5）模式包含正切线性和伴随程序代码，可用于敏感性及最优化问题研究。

3. 模式应用

MITgcm 可模拟中小尺度到大尺度的多种流体现象。本节将介绍两个 MITgcm 模拟的个例。

1）MITgcm 在全球海洋环流与气候再分析产品中的应用

基于 MITgcm 发展的海洋再分析数据 ECCO（Estimating the Circulation & Climate of the Ocean）、ECOO2 及 ECCO-V4 等，旨在将全球大洋环流模式与各种海洋观测数据结合，以得到对时空变化海洋状态的定量描述。ECCO 的初代产品水平网格间距粗糙（除赤道外其他区域的空间分辨率为 1°×1°），且缺乏北冰洋海冰的设计方案。后续改进版的 ECCO2 利用格林函数方法（Menemenlis et al.，2005）对大多数可用的海洋和海冰数据进行时空融合，用以估计初始温度、盐度条件和表面边界条件，以及若干经验海洋和海冰模型参数。产品用于同化分析的温度和盐度数据主要来自 WOCE（World Ocean Circulation Experiment）数据库、XBT（Expendable Bathy Thermograph）和 Argo（Array for Real-Time Geostrophic Oceanography）等观测网，同时同化了卫星高度计观测的海平面高度异常（sea level anomaly，SLA）、被动微波辐射仪观测的海冰密集度（sea ice concentration，SIC）、辐射计及声呐探测的海冰厚度（sea ice thickness，SIT）等。ECCO2 再分析产品水平分辨率仍为 1°×1°，垂直方向上的分辨率为不等间距的 50 层，最大深度可达 6150m，其模拟结果在不同的研究区域提供了多种数值产品，可用于测高、漂流、水文和海冰观测等研究。图 4.2.4 为 ECCO2 模拟的全球多年平均温度与《2005 年世界海洋地图集》（World Ocean Atlas 2005，WOA05）的比较图，ECCO2 的模拟结果较好地显示了全球变暖的趋势。

图 4.2.4　ECCO2 模拟的全球多年平均温度与《2005 年世界海洋地图集》的比较图
（引自 Marshall，2007）

2）MITgcm 在研究海洋次中尺度过程对全球热收支影响中的应用

海洋次中尺度过程是当今海洋学研究的前沿热点之一。MITgcm 具有模拟高分辨率海洋过程的能力，可用于次中尺度过程的研究。Su 等（2018）利用 MITgcm 超高分辨率模式研究了全球海洋次中尺度过程在热传输中的作用，采用水平网格分辨率为 1/48°的数据产品，结合风速、大气温度和湿度、长波及短波辐射、潮汐强迫等变量分析了全球海洋次中尺度过程对热通量的影响（图 4.2.5）。研究发现，海洋次中尺度湍流产生向上的热传输是中尺度热传输的 5 倍之多。与其他粗网格模式模拟结果相比，该超高分辨率的 MITgcm 提高了对海面温度变化模拟的准确性，表明次中尺度动力过程对于海洋内部和海气之间的热量传输具有重要作用。

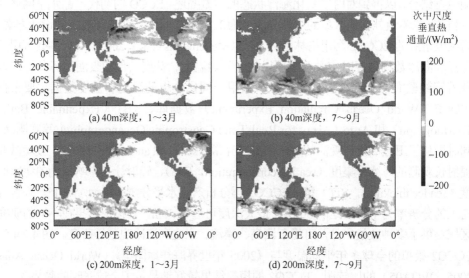

图 4.2.5　次中尺度过程在不同深度处的热传输模拟结果图（改自 Su et al., 2018；仅展示正值，北大西洋和北太平洋高纬度地区有部分负值，详情见原图）

4.2.2　HYCOM

1. 模式概况

HYCOM（官网：www.hycom.org）是由美国国家海洋合作计划（National Ocean Partnership Program，NOPP）赞助开发的一个全球海流模式，与单一垂直坐标海洋模式不同，HYCOM 在垂向上采用等密度 σ-z 混合坐标体系。HYCOM 还提供了多种湍封闭方案用于解决上混合层和层化相对较弱区域的跨等密度面混合问题，如 KPP、KT（Kraus Turner）、PWP（Price Weller Pinkel）、MY-2.5 和 GISS（NASA Goddard Institute for Space Studies Level 2）等参数化方案。同时，HYCOM 考虑了多种海气要素，如海表风场、蒸发及降雨、海冰、长短波辐射等热通量场及河流淡水输入等，使模拟结果更加准确。HYCOM 具有冷启动及热启动开关，为数据恢复和数值实验提供了便利。HYCOM 使用了嵌套技术，能够实现高分辨率及长时间的数值积分。

HYCOM 提供接近实时的全球海洋预测数据，当日数据通常在初始运行时间的 48h 内可访问，这些数据包括从 1992 年 10 月 2 日至今，空间分辨率为 1/12°的全球数据；1994 年 1 月 1 日～2015 年 12 月 31 日，空间分辨率为 1/12°的全球再分析数据；2009 年 4 月 1 日～2019 年 3 月 3 日的空间分辨率为 1/25°的美国东南部海域分析数据；2003 年 1 月 1 日至今，空间分辨率为 1/25°的墨西哥湾海域数据等。作为公开的全球海洋再分析及预报产品，HYCOM 可以为区域海洋后报和预报数值模拟提供初始和边界条件。

2. 模式特点

HYCOM 垂直方向采用混合坐标系统，可以在等密度坐标、z 坐标和 σ 坐标之间转换。等密度坐标应用于层化明显的开阔海域，z 坐标应用于层化较弱的海洋混合层上层及层结不稳定的海域，σ 坐标应用于近岸浅水区和海底地形起伏较大的海域（Metzger et al.，2014）。HYCOM 的垂向混合坐标和传统的垂直等密度坐标相比，更能够适应从深海海域到浅海海域地形的延伸变化。HYCOM 的垂直分层首先按照初始设定的参考密度进行分层，然后在运行的过程中检查模式网格点上的分层是否在参考密度面上，如果不在该参考密度面上，则会在下一步的模式运行中进行调整。

HYCOM 产品同化了卫星遥感资料和大洋观测资料，其数值产品发布在公开网页上，被广泛地使用在科研及海洋活动的相关领域。

3. 模式应用

1）HYCOM 数据在全球正压潮和内潮评估中的应用

Shriver 等（2012）使用时间长度为 7 年半，分辨率为 1/12.5°的 HYCOM 结果研究了全球海洋正压潮和内潮。图 4.2.6 和图 4.2.7 分别给出了 TPXO7.2 数据与 HYCOM 数据中 M_2 和 K_1 表面潮汐振幅的比较结果，整体来看，两种数据结果相似，但存在局部差异。例如，HYCOM 结果包含了内波，从而导致图 4.2.6（b）和图 4.2.7（b）中的振幅和相位都产生一定的扰动。

2）HYCOM 数据在全球海洋热能资源研究中的应用

Nagurny 等（2011）利用海洋热能转化（ocean thermal energy conversion，OTEC）模型结合 HYCOM 数据估算了海洋温跃层中存储的潜在可再生能源。图 4.2.8 为基于 HYCOM 数据的海表层与深层海水温度之差，在冬夏两季，该温差在太平洋和大西洋均呈现显著的西高东低的特征。利用该温差数据可估算可再生热能的净功率，如图 4.2.9 所示，结果表明，其空间分布与图 4.2.8 相似。太平洋、大西洋和印度洋的大部分地区的可再生热能均大于 100MW。

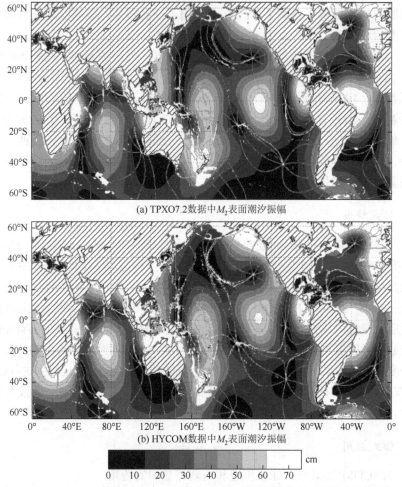

(a) TPXO7.2数据中M_2表面潮汐振幅

(b) HYCOM数据中M_2表面潮汐振幅

图 4.2.6　TPXO7.2 数据与 HYCOM 数据中 M_2 表面潮汐振幅（背景色为振幅，白色线为等相位线，45°/条）（引自 Shriver et al.，2012）

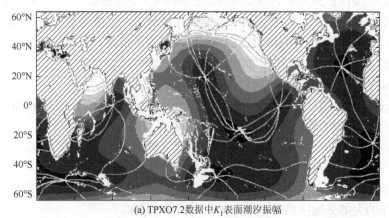

(a) TPXO7.2数据中K_1表面潮汐振幅

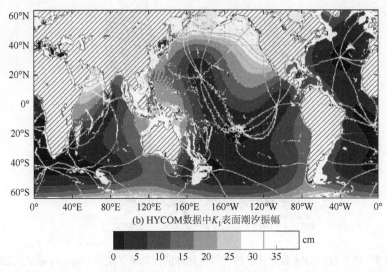

图 4.2.7 TPXO7.2 数据与 HYCOM 数据中 K_1 表面潮汐振幅（背景色为振幅，
白色线为等相位线，45°/条）（引自 Shriver et al.，2012）

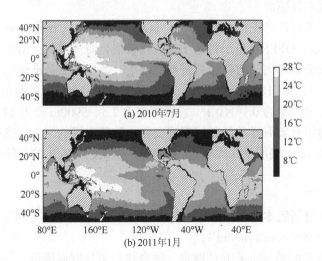

图 4.2.8 基于 HYCOM 数据的海表层与深层海水温度之差（引自 Nagurny et al.，2011）

4.2.3 MOM 及其数值产品：OFES

1. 模式概况

MOM 是由美国国家海洋和大气管理局地球物理流体动力学实验室（National Oceanic and Atmospheric Administration/Geophysical Fluid Dynamics Laboratory，NOAA/GFDL）开发的大洋环流模式，目前已推出 MOM6 版本。自 20 世纪 60 年

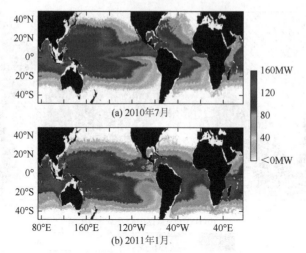

图 4.2.9　基于 HYCOM 数据计算的可再生热能的净功率（引自 Nagurny et al.，2011）

代末开始，GFDL 的著名海洋学家 Cox 和 Bryan 开始研发全球海流模式，是研发气候海洋模式的先驱。

地球模拟器海洋环流模式数据产品（Ocean General Circulation Model For the Earth Simulator，OFES）是一种基于第三代模块化海洋模式（MOM3）开发的长时间序列的高分辨率海洋数值模式资料。OFES 数据产品是准全球性的，其空间范围为 75°S～75°N，180°W～180°E，覆盖了全球除南北极之外的全部海域。该数据产品的水平分辨率为 0.1°×0.1°，垂直方向上 2.5～5900m 分为 54 层，每层间隔在设置时参考了真实海洋的温跃层厚度变化，随着水深的增加而逐渐增大，表层水深间隔约为 5m，底层水深间隔达到 330m，模式结果输出的时间间隔为 3 天。

2. 模式特点

以下针对最新版本的 MOM6 简要介绍 MOM 的特点（参考网址：https://www.gfdl.noaa.gov/mom-ocean-model/）：

（1）该模式水平方向采用 C 网格，适合模拟中尺度涡流场；

（2）该模式垂直方向采用拉格朗日重映射，该方法是任意拉格朗日欧拉（Arbitrary Lagrangian Eulerian，ALE）算法的一种变形。采用该方法可以启用任意垂直坐标，包括 z 坐标、等密度坐标、地形跟随坐标、混合坐标及用户定义的坐标。这种方法对于研究百年和更长时期的海洋气候具有重要意义。

（3）垂直方向上 ALE 的实现消除了该模式中垂直平流 CFL 数对时间步长的限制，使得该模型在模拟薄层（甚至消失）时是无条件稳定的。这种处理薄层（消失）的能力可以方便地处理网格干湿问题，使得该模式可以用来模拟近海、潮汐河口及包含冰架的海域。

（4）其物理闭合项包括用于中尺度涡旋可分辨模式的参数化方案；考虑朗缪尔混合的边界层方案；重力波破碎参数化方案以及一种可以避免产生虚假极值的新的中性扩散方案。

此外，MOM6 代码开源，鼓励学者参与开发。

3. 模式应用

海平面高度变化对沿海地区的经济、自然环境及生态系统等具有重要影响，是当今海洋学研究的前沿热点话题之一。Yu 等（2019）利用 1950～2016 年 67 年的 OFES 月平均数据产品研究了中国东部沿海地区的海平面高度变化情况。图 4.2.10 显示，在 1993～2016 年，中国东部沿海（包括渤海、黄海和东海）大陆架区域海平面平均每年上升约 3.2mm，超过全球平均每年上升 2.9mm 的水平。此外，还表现出明显的年际和年代际振荡。

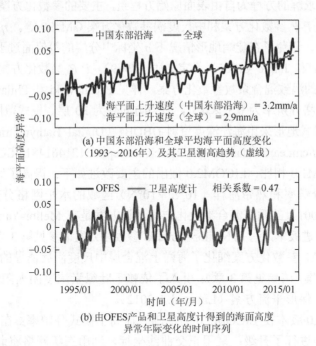

图 4.2.10　中国东部沿海海平面高度变化（引自 Yu et al.，2019）

4.2.4　LICOM

1. 模式概况

LICOM 是由中国科学院大气物理研究所大气科学和地球流体力学数值模拟

国家重点实验室（State Key Laboratory of Numerical Modeling for Atmospheric Sciences and Geophysical Fluid Dynamics/Institute of Atmospheric Physics，LASG/IAPS）设计、发展和优化的一个气候系统海洋模式（climate system ocean model），其开发的主要目的是对海洋大尺度风生环流和热盐环流进行数值模拟。

LICOM 的开发开始于 20 世纪 80 年代。LASG 发展的第一个气候海洋环流模式是一个 4 层斜压 OGCM（Zhang and Liang，1989），经过 30 多年不断发展，相继推出了 20 层模式（陈克明，1994；Zhang et al.，1996；俞永强，1997）、30 层 L30T63（Jin et al.，1999；Zhang et al.，2000）、LICOM1.0（刘海龙，2002）、LICOM2.0（Zhou et al.，2013）、LICOM3.0（Lin et al.，2020）等多个版本的海洋模式。

2. 模式发展历程与特点

LICOM1.0 版本的基本特点：采用垂直方向为 η 坐标、水平方向为球坐标的坐标系统，数值求解的方程为自由表面原始方程组，主要的参数化方案为热带上层海洋垂直混合的 P-P 参数化方案和中尺度涡参数化方案 GM 90 等。η 坐标把地形分为三维阶梯状，避免了在陡峭地形情况下 σ 坐标中分层的等值面过于倾斜的缺点，详见 Mesinger 和 Janjic（1985）及宇如聪（1989）。P-P 参数化方案是采用依赖于 Richardson 数的涡致混合系数参数化方案，详见 Pacanowski 和 Philander（1981）。该模式水平网格分辨率为 0.5°×0.5°，垂直方向分为 30 层。模式范围北至 65°N，南至 75°S，模式地形采用海洋深度资料 DBDB5（Digital Bathymetric Data Base 5 minute，https://cmr.earthdata.nasa.gov/search/concepts/C1214614815-SCIOPS.html）。

与 LICOM1.0 相比，LICOM2.0 做出的主要改进如下：提高了海洋上层 150m 的垂直分层分辨率和热带海洋（10°S～10°N）区域的水平网格分辨率；引入了 Canuto 等（2001）的垂直混合参数化方案，该方案是在 Mellor-Yamada 参数化方案基础上的改进版本，有关 Mellor-Yamada 参数化方案请参见第 3 章；利用 Large 等（1997）GM 参数化方案细化了海洋上混合层中尺度涡旋诱导的热输运（有关 GM 参数化方案，请参见第 3 章）；引入了依赖于叶绿素浓度的太阳辐射参数化方案和一种两步保形平流方案（Liu et al.，2012）。

LICOM3.0 版本在 LICOM2.0 的基础上提高了模式分辨率；在通量耦合、动力核心等方面进行了升级；采用正交曲线坐标，利用三级网格将北极分成两块，这一改进解决了常规经纬网格中北极点为奇点的问题；采用示踪剂公式中的保形平流方案和隐式垂直黏度；引入浮力频率-相关厚度扩散系数；采用垂直扩散率和等密度混合。LICOM3.0 目前应用于气候系统模型 CMIP6 计划（Coupled Model Intercomparison Project Phase 6）。在 CMIP6 中 LICOM 设置为水平方向 360 个纬向网格点与 218 个经向网格点，垂直方向可设置为 30 层和 60 层；在赤道和南极的水平分辨率分别为 10km 和 2.7km，可分辨局地中尺度涡旋，垂直分为 55 层。

3. 模式应用

LICOM3.0 可以用于研究全球海表温度、盐度和海面高度的变化。Lin 等（2020）利用 LICOM3.0 计算获得了多年全球海洋多参数的数值模拟结果，并进行了两个标准的海洋模式比较计划（Ocean Model Intercomparison Project，OMIP）实验：一个用 NCEP-NCAR 再分析（Large and Yeager，2004）得到的 CORE-II（Co-ordinated Ocean-Ice Reference Experiments，Phase II）（Griffies et al.，2009）数据进行强迫，命名为 OMIP1；另一个用基于日本 55 年大气再分析（JRA55 do）（Hiroyuki et al.，2018）数据进行强迫，命名为 OMIP2。图 4.2.11 为两个模型的全球

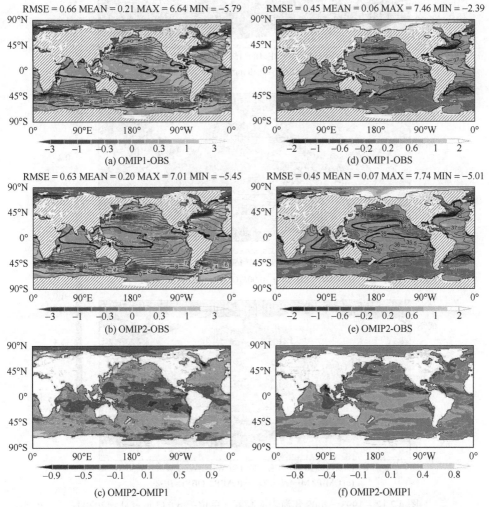

图 4.2.11　两个模型的全球海表温度（等值线）异常和盐度异常（阴影）分布情况（Lin et al.，2020）
海表温度（sea surface temperature，SST）和海表盐度（sea surface salinity，SSS）分布采用 1980~2009 年的数据

海表温度异常和盐度异常分布情况，可以看出，两种模型模拟结果较为相似，对东部边界、暖池等部分海域的模拟，OMIP2 要优于 OMIP1。

图 4.2.12 为模式模拟结果与 AVISO（Archiving，Validation and Interpretation of

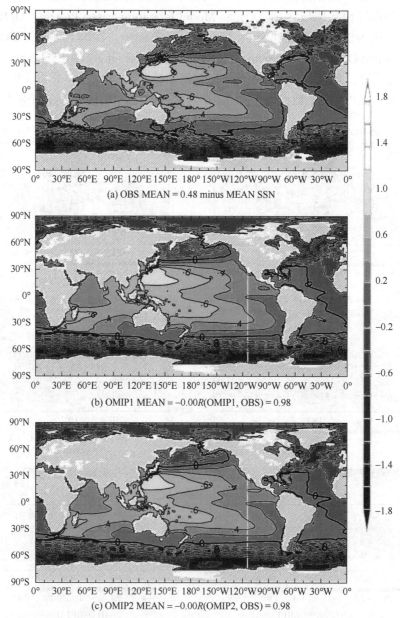

(a) OBS MEAN = 0.48 minus MEAN SSN

(b) OMIP1 MEAN = −0.00R(OMIP1, OBS) = 0.98

(c) OMIP2 MEAN = −0.00R(OMIP2, OBS) = 0.98

图 4.2.12 1993～2009 年海表面高度（单位：m）（Lin et al.，2020）

SSH 为海表高度（sea surface height）；空间相关性标注在右上角

Satellite Oceanographic Data）卫星资料结果对比。结果表明，在太平洋与大西洋的西部、东印度洋及西南印度洋，海表面高度较高；在南大洋、北冰洋、大西洋及太平洋高纬副极地圈，海表高度较低。可以看出，两种模式模拟结果与观测结果吻合，空间相关性高达 0.98。

4.2.5　NEMO

NEMO（Madec，2008）是欧洲中期天气预报中心再分析系统中的大洋环流模式，由法国、英国和意大利共同开发，目前已发展至 NEMO 4.0 版本。NEMO 采用 Boussinesq 近似，水平采用正交曲线坐标和 Arakawa C 网格，垂直方向坐标提供 z 坐标和 S 坐标两种可选方案。全球模式水平分辨率目前最高为 1/12°，垂直分辨率在海洋近表层（10m 深度以内）可达 1m。NEMO 同样采用了三极点网格，将北极极点转移至加拿大和西伯利亚陆地上。南京信息工程大学研发的地球系统模式 NUIST-ESM（Nanjing University of Information Science & Technology-Earth System Model）采用 NEMO 3.4 模式作为其海洋模块。

思 考 题

1. 全球海流模式有哪些？各有什么特点？
2. 区域海流模式有哪些？各有什么特点？
3. 采用海流模式进行模拟时的主要步骤是什么？
4. 采用海流模式进行模拟时有哪些边界条件需给定？如何给定？
5. 水深有哪些途径可以获取？
6. ROMS 有什么特点？
7. FVCOM 选用的差分格式是什么？该模式有什么特点？
8. 海流模式核心是什么？
9. 海流模式未来的发展方向是什么？还有哪些可提升的地方？
10. 海流模式有很多，基于本章的描述，给出每个模式较为突出的特点。
11. 现有的海洋模式功能相似，为什么有很多模式共存，且均有广泛的应用？
12. 海流模式在海洋学研究中占有什么地位？

第5章 波浪模式及其应用

目前，国内外研究波浪的数学模式主要基于三类方程：缓坡方程、Boussinesq方程和动谱平衡方程。模式在模拟和预报时对波浪的能量输入、耗散（包括底摩擦、渗透、白浪、破碎）、波-波相互作用、折射、绕射、反射及浅化等机理各有侧重又各有特色。缓坡方程可以模拟波浪浅化、摩擦、折射、绕射等过程，但难以合理模拟风能输入、白帽和波-波非线性效应，尤其在非线性作用剧烈的水域不适用；Boussinesq方程由于在一个波长内计算网格密度要求较高和在长时间计算中的稳定性问题，适应于较小水域；动谱平衡方程（即波作用量平衡方程）数值模式视波浪为随机波，虽较难考虑绕射效应，但比其他模式更合理地考虑了随机波的能量输入、耗散及转换机理。

波浪模式的发展主要经历了以下几个阶段。

（1）第一代波浪模式

Gelci等（1957）研究出基于二维谱传输方程的波浪数值模式。Phillips（1957）提出共振机制和剪切流不稳定机制，在波浪生成与成长机制方面取得了突破，从而形成能量平衡方程计算的第一代波浪模式。第一代模式存在一定的缺陷，如忽略了波-波非线性相互作用，只能在某些特定区域和气象环境下模拟出较好的结果。

（2）第二代波浪模式

20世纪70年代起，在波浪数值模拟过程中，人们开始重视非线性项，在模式的源项方程里引入非线性相互作用项，使得第二代波浪模式在理论上更加合理，但由于非线性传输项使用简化的参数化形式表示，具有一定的局限性。

（3）第三代波浪模式

20世纪80年代末，欧洲海浪模拟小组开发了WAM模式。随后美国NOAA/NCEP（National Oceanic and Atmospheric Administration/National Centers for Environmental Prediction）开发了WW3模式，荷兰代尔夫特理工大学（Delft University of Technology）开发了SWAN模式。第三代波浪模式基于动谱平衡方程，考虑波-波非线性相互作用，在波谱形状上没有预设范围（Booij et al.，1999）。

（4）国内波浪模式

从20世纪80年代起，国内波浪模式的研究方兴未艾。Wen等（1989）提出了随风时和风区成长的海浪谱——"文氏风浪谱"，发展了一种混合型采用波能平衡方程的波浪数值模式。袁业立等（1992a，1992b）在 WAM 模式的基础上开发了 LAGFD-WAM 波浪模式。尹宝树和蒋德才（1989）提出了考虑水深变化引起的波浪破碎的 YE-WAM 模式。

本章主要介绍基于动谱平衡方程的 SWAN 模式、WaveWatch 模式、LAGFD-WAM 模式和混合型波浪数值预报模式。

5.1　SWAN 模式

SWAN 模式是由荷兰代尔夫特理工大学土木工程系开发的波浪模式。SWAN 30.51 版本为该模式第一个公开发布的版本，后期开发人员对模式的性能不断改进，模式的功能也逐渐增强，SWAN 40.31 版本开发中加入了并行计算模块，提高了模式的运行速率，节省了模式的计算时间。开发者在 SWAN 40.41 版本中考虑了波浪绕射的物理过程，进一步完善了该模式。SWAN 模式为区域波浪模式，对近海、海岸、湖泊和河口的波浪模拟效果较好。

5.1.1　模式模拟的物理过程

SWAN 模式可以通过给定风场、地形和流场来计算海岸、湖泊和河口的统计波参数，适用于任意时空尺度的表面风成重力波。SWAN 可模拟下列波浪过程：空间域的波浪传播，地形或水流引起的折射、绕射，地形及水流引起的浅水效应，反向流引起的波浪反射，在障碍物前的绕射、阻滞及反射，另外，在笛卡儿坐标系下，SWAN 模式可以计算波浪引起的增水过程。表 5.1.1 对上述描述做了汇总。

表 5.1.1　SWAN 模式包含的物理过程

海浪传播过程	能量的输入和耗散
折射：潮流和非平稳水深变化引起	风能输入
反射：逆流传播时的阻碍和反射	白帽破碎
次网格障碍物：网格障碍物对波浪传播的阻碍	水深变浅引起波浪破碎
波浪通过障碍物的传播	底摩擦
由水底和流的变化引起的浅化波浪破碎	非线性波相互作用
波生增水	（三波、四波相互作用）

SWAN 模式的应用局限包括：绕射计算的局限性、障碍物附近及港内水域计算结果不够理想、不能计算波生流，如果有必要，波生流可以由其他模式计算，并作为 SWAN 模式的输入项。

5.1.2 模式的控制方程和源项

SWAN 模式基于动谱平衡方程建立，该方程可以描述风浪生成及其在近岸区的演化过程。在直角坐标系中，方程可表示为

$$\frac{\partial N}{\partial t} + \frac{\partial}{\partial x}C_x N + \frac{\partial}{\partial y}C_y N + \frac{\partial}{\partial \sigma}C_\sigma N + \frac{\partial}{\partial \theta}C_\theta N = \frac{S_{tot}}{\sigma} \tag{5.1.1}$$

其中，σ 表示波浪相对频率；θ 表示波浪的传播方向；x, y 表示地理空间坐标系；N 表示动谱密度，其值为能谱密度 E 与波浪相对频率 σ 的比值；C_x 和 C_y 表示波浪在 x 方向和 y 方向的空间传播速度；C_σ 和 C_θ 表示波浪在 σ 和 θ 方向的传播速度。方程左边第 1 项表示 N 在时间（t）上的变化率，第 2、3 项表示 N 在地理空间 x 方向和 y 方向上的传播，第 4、5 项表示波浪受地形及水流作用在谱空间 σ 和 θ 方向的传播变形；方程右边 S_{tot} 表示控制物理过程的源函数项。

根据线性波理论可以得到波浪在各个方向上的传播速度，表达式分别为

$$C_x = \frac{dx}{dt} = \frac{1}{2}\left[1 + \frac{2Kd}{\sinh(2Kd)}\right]\frac{\sigma k_x}{K^2} + U_x \tag{5.1.2}$$

$$C_y = \frac{dy}{dt} = \frac{1}{2}\left[1 + \frac{2Kd}{\sinh(2Kd)}\right]\frac{\sigma k_y}{K^2} + U_y \tag{5.1.3}$$

$$C_\sigma = \frac{d\sigma}{dt} = \frac{\partial\sigma}{\partial d}\left(\frac{\partial d}{\partial t} + \boldsymbol{U}\cdot\nabla d\right) - c_g\boldsymbol{K}\cdot\frac{\partial\boldsymbol{U}}{\partial\boldsymbol{s}} \tag{5.1.4}$$

$$C_\theta = \frac{d\theta}{dt} = -\frac{1}{K}\left(\frac{\partial\sigma}{\partial d}\frac{\partial d}{\partial\boldsymbol{m}} + \boldsymbol{K}\cdot\frac{\partial\boldsymbol{U}}{\partial\boldsymbol{m}}\right) \tag{5.1.5}$$

其中，$\boldsymbol{s}$ 表示与能量传播方向相同的方向向量；$\boldsymbol{m}$ 表示与 $\boldsymbol{s}$ 向量垂直的方向向量；$\boldsymbol{K}$ 表示波数；k_x, k_y 分别表示 x, y 方向的波数的分量；$\boldsymbol{U}$ 表示海流速度；U_x, U_y 分别表示 x, y 方向上的流速分量；d 表示水深。

源函数项 S_{tot} 可表示为

$$S_{tot} = S_{in} + S_{nl3} + S_{nl4} + S_{ds,w} + S_{ds,b} + S_{ds,br} \tag{5.1.6}$$

其中，S_{in} 表示由风能输入引起的波能增加；S_{nl3} 表示三波相互作用；S_{nl4} 表示四波相互作用；$S_{ds,w}$ 表示白帽破碎引起的波浪衰减；$S_{ds,b}$ 和 $S_{ds,br}$ 分别表示底摩擦耗散和深度变化诱导的波能损耗。下面详细介绍各项参数。

1. 风能输入项（S_{in}）

描述风向浪传输能量和动量的机制主要有两种：第一种是共振机制（Phillips，1957），考虑的是波浪随时间的线性增长；第二种是不稳定机制（Miles，1957），

考虑的是波浪随时间的指数增长。基于这两种机制，风输入项可以描述为线性增长和指数增长之和：

$$S_{\text{in}}(\sigma,\theta) = A + BE(\sigma,\theta) \tag{5.1.7}$$

其中，A 表示线性增长；B 表示指数增长；E 表示能量密度；A 和 B 取决于波的频率和方向，以及风速和风向。应当注意的是，SWAN 模式输入的是 10m 风速 U_{10}，模式风能由摩擦速度 U_* 传输给波浪。U_{10} 和 U_* 之间的转化公式为

$$U_*^2 = C_{\text{D}} U_{10}^2 \tag{5.1.8}$$

其中，C_{D} 表示拖曳系数：

$$C_{\text{D}}(U_{10}) = \begin{cases} 1.2875 \times 10^{-3}, & U_{10} < 7.5\text{m/s} \\ (0.8 + 0.065 \times U_{10}) \times 10^{-3}, & U_{10} \geqslant 7.5\text{m/s} \end{cases} \tag{5.1.9}$$

U_* 的计算为源项积分中的一部分。线性增长项 A 表示为

$$A = \frac{1.5 \times 10^{-3}}{2\pi g^2} \{U_* \max[0, \cos(\theta - \theta_{\text{w}})]\}^4 H$$

$$H = \exp\left\{ -\left(\frac{\sigma}{\sigma_{\text{PM}}^*}\right)^{-4} \right\} \tag{5.1.10}$$

$$\sigma_{\text{PM}}^* = \frac{0.13g}{28U_*} 2\pi$$

其中，θ_{w} 表示风向；H 表示滤波器；σ_{PM}^* 表示全发展海况的波谱峰值频率；θ 表示平均波向；g 表示重力加速度。指数增长项 B 有两种表达方式，第一种表示为（Komen et al.，1984）：

$$B = \max\left\{ 0, 0.25 \frac{\rho_{\text{a}}}{\rho_{\text{w}}} \left[28 \frac{U_*}{c_{\text{ph}}} \cos(\theta - \theta_{\text{w}}) - 1 \right] \right\} \sigma \tag{5.1.11}$$

其中，c_{ph} 表示相速度；ρ_{a} 和 ρ_{w} 分别表示空气和水的密度。第二种由 Janssen（1989，1991）提出，基于准线性风-波理论，表达式为

$$B = \beta \frac{\rho_{\text{a}}}{\rho_{\text{w}}} \left(\frac{U_*}{c_{\text{ph}}}\right)^2 \max[0, \cos(\theta - \theta_{\text{w}})]^2 \sigma \tag{5.1.12}$$

其中，β 表示 Miles 常量，由无量纲临界高度 λ 来定义：

$$\begin{cases} \beta = \frac{1.2}{\kappa^2} \lambda \ln^4 \lambda, & \lambda \leqslant 1 \\ \lambda = \frac{gz_{\text{e}}}{c_{\text{ph}}^2} e^r, & r = \kappa c / |U_* \cos(\theta - \theta_{\text{w}})| \end{cases} \tag{5.1.13}$$

其中，$\kappa = 0.41$ 表示冯·卡门常数；z_{e} 表示海表面有效粗糙度；c 表示波速。如果无量纲数 $\lambda > 1$，那么 $\beta = 0$。假设风的剖面为

$$U(z) = \frac{U_*}{\kappa} \ln\left(\frac{z + z_e - z_0}{z_e}\right) \tag{5.1.14}$$

其中，$U(z)$ 表示平均水面上 z 处的风速；z_0 表示粗糙度；有效粗糙度 z_e 取决于粗糙度 z_0 和海面状况（波应力 τ_w 和整个表面应力 $\tau = \rho_a |U_*| U_*$）：

$$z_e = \frac{z_0}{\sqrt{1 - \tau_w / \tau}} \tag{5.1.15}$$

$$z_0 = \hat{\alpha} \frac{U_*^2}{g}$$

$\hat{\alpha}$ 表示常数，且等于 0.01，波应力 τ_w 为

$$\tau_w = \rho_w \int_0^{2\pi} \int_0^\infty \sigma B E(\sigma, \theta) \frac{k}{k} \mathrm{d}\sigma \mathrm{d}\theta \tag{5.1.16}$$

2. 白帽耗散（$S_{ds,w}$）

白帽耗散主要由波陡决定。在目前的第三代模式中，白帽的计算基于 WAM 脉冲模式（The Wamdi Group，1988）：

$$S_{ds,w}(\sigma, \theta) = -\Gamma \tilde{\sigma} \frac{k}{\tilde{k}} E(\sigma, \theta) \tag{5.1.17}$$

其中，Γ 表示一个基于波陡的系数；$\tilde{\sigma}$ 和 $\tilde{k}$ 分别表示平均频率和平均波数。

3. 底摩擦耗散（$S_{ds,b}$）

对于沙质底部的大陆架海域，底部摩擦一般可表示为

$$S_{ds,b}(\sigma, \theta) = -C_b \frac{\sigma^2}{g^2 \sinh^2 kd} E(\sigma, \theta) \tag{5.1.18}$$

其中，C_b 表示底摩擦系数，该系数通常依赖于海底运动速度 U_{rms}：

$$U_{rms}^2 = \int_0^{2\pi} \int_0^\infty \frac{\sigma^2}{\sinh^2(kd)} E(\sigma, \theta) \mathrm{d}\sigma \mathrm{d}\theta \tag{5.1.19}$$

Madsen 等（1988）指出了两者的关系

$$C_b = f_w \frac{g}{\sqrt{2}} U_{rms} \tag{5.1.20}$$

其中，f_w 表示无量纲摩擦系数（Jonsson，1966）。

4. 水深变化诱导破碎导致的耗散（$S_{ds,br}$）

水深变化诱导破碎导致随机波的能量耗散，单位水平面积波浪破碎产生的能量耗散率 D_{tot} 表示为

$$D_{tot} = -\frac{1}{4}\alpha_{BJ}Q_b\left(\frac{\tilde{\sigma}}{2\pi}\right)H_{max}^2 = -\alpha_{BJ}Q_b\tilde{\sigma}\frac{H_{max}^2}{8\pi} \tag{5.1.21}$$

其中，$\alpha_{BJ}=1$；Q_b 表示波浪破碎因数，表示为

$$\frac{1-Q_b}{\ln Q_b} = -8\frac{E_{tot}}{H_{max}^2} \tag{5.1.22}$$

H_{max} 表示给定深度下的最大波高；$\tilde{\sigma}$ 表示平均频率，定义为

$$\tilde{\sigma} = E_{tot}^{-1}\int_0^{2\pi}\int_0^{\infty}\sigma E(\sigma,\theta)\mathrm{d}\sigma\mathrm{d}\theta \tag{5.1.23}$$

波浪破碎部分在 SWAN 里被定义为

$$Q_b = \begin{cases} 0, & \beta \leqslant 0.2 \\ Q_0 - \beta^2\dfrac{Q_0 - \exp(Q_0-1)/\beta^2}{\beta^2 - \exp(Q_0-1)/\beta^2}, & 0.2 < \beta < 1 \\ 1, & \beta \geqslant 1 \end{cases} \tag{5.1.24}$$

其中 $\beta = H_{rms}/H_{max}$，此外

$$Q_0 = \begin{cases} 0, & \beta \leqslant 0.5 \\ (2\beta-1)^2, & 0.5 < \beta \leqslant 1 \end{cases} \tag{5.1.25}$$

在 SWAN 模式里单位时间内谱分量的耗散可表示为

$$S_{ds,br}(\sigma,\theta) = \frac{D_{tot}}{E_{tot}}E(\sigma,\theta) = -\frac{\alpha_{BJ}Q_b\tilde{\sigma}}{\beta^2\pi}E(\sigma,\theta) \tag{5.1.26}$$

其中，E_{tot} 表示总的能量密度。

5. 波-波相互作用（S_{nl3} 和 S_{nl4}）

波-波相互作用的物理意义是共振波分量之间交换能量，使能量重新分配。在深水波中，四波相互作用是非常重要的，而在浅水中，三波相互作用则变得更重要。在深水中，四波相互作用谱的变化有着主导作用。它们将波峰能量从高频部分转移到低频部分。在浅水中，三波相互作用将能量从低频部分传递到高频部分（Beji and Battjes, 1993）。关于 S_{nl3} 和 S_{nl4} 的详细推导在此不再赘述，请详见 SWAN 手册。

5.1.3 模式的数值求解方法

SWAN 模式采用的数值方法为全隐式有限差分格式，差分方程无条件稳定。模式可采用三种网格形式：矩形网格、正交曲线网格及三角形网格。运算方式上可采用并行计算，并且能较方便地进行自嵌套和与其他模式进行嵌套计算。

对于海浪传播项，SWAN 模式中有三种计算格式：①一阶时间、空间向后差分格式（BSBT），定常和非定常的计算格式；②二阶迎风定常的差分计算格式，具

有二阶扩散（SORDUP），适用于稳定条件下大范围计算；③二阶迎风扩散非定常的差分计算格式，具有三阶扩散（S&L），适用于非稳定条件下大范围计算。在开边界、陆地边界和障碍物附近区域，SWAN 模式使用一阶 BSBT 格式，对于源项，SWAN 采取隐式格式求解。

5.2　WaveWatch 模式

Tolman（1989）基于谱能量平衡方程开发出第一代 WaveWatch Ⅰ风浪模式。随后，美国 NOAA/NCEP 开发出第二代 WaveWatch Ⅱ（Tolman and Duffy，1990）。Tolman（2002）在 WAM 模式的基础上开发了一个全谱空间的第三代波浪模式 WaveWatch Ⅲ，简称 WW3，该模式可进行全球范围的海浪预报，其关键技术与 WAM 模式有所不同。在控制方程、模式结构、源函数、数值计算方法和物理量参数化方面等都做了改进，不仅在考虑波流相互作用和风浪物理机制方面更加合理，而且提高了模式的性能和效率。下面详细介绍 WW3 模式。

5.2.1　模式物理过程

WW3 模式适用于模拟大尺度空间波浪传播过程，在传播过程中考虑地形和海流空间变化导致的波浪折射作用和浅水变形作用等；模式考虑了风成浪作用、白帽耗散作用、海底摩擦作用和波-波非线性相互作用等。

5.2.2　模式的控制方程和源项

WW3 模式以球坐标系下波作用量密度谱平衡方程为控制方程：

$$\frac{\partial N}{\partial t} + \frac{1}{\cos\varphi}\frac{\partial}{\partial\varphi}(\varphi N\cos\theta) + \frac{\partial}{\partial\lambda}(\lambda N) + \frac{\partial}{\partial k}(kN) + \frac{\partial}{\partial\theta}(\theta_g N) = \frac{S}{\sigma} \quad （5.2.1）$$

$$\varphi = \frac{C_g\cos\theta + U_\varphi}{R} \quad （5.2.2）$$

$$\lambda = \frac{C_g\sin\theta + U_\lambda}{R\cos\varphi} \quad （5.2.3）$$

$$\theta_g = \theta - \frac{C_g\tan\varphi\cos\theta}{R} \quad （5.2.4）$$

式（5.2.4）包含了沿大曲率修正形式。式（5.2.1）～式（5.2.4）中，N 表示波作用量密度谱；φ 表示经度；λ 表示纬度；θ 表示波向；S 表示源项；C_g 表示波群速度；R 表示地球半径；U_φ 表示 φ 方向上海流速度分量；U_λ 表示 λ 方向上海流速度分量；k 表示波数。

源项 S 为

$$S = S_{in} + S_{nl} + S_{ds} + S_{bot} \qquad (5.2.5)$$

其包括风能输入项 S_{in}、非线性波-波相互作用项 S_{nl}、白帽破碎引起的耗散项（白浪）S_{ds} 及底摩擦耗散项 S_{bot}。WW3 的源项与 SWAN 的源项表达式基本相同，这里不再赘述。

5.2.3　模式的数值求解方法

WW3 模式采用标准的 Fortran 90 语言编写，程序具有模块化特点且可动态分配内存。模式的空间计算网格可选经纬度坐标或笛卡儿坐标，波浪谱方向分辨率取常值，考虑各个方向传播的波浪。波数空间的离散对应着频率空间的离散，可取等间隔或对数间隔的频率离散方式。WW3 模式将波作用量密度传输方程的数值计算分解为地理空间、波数方向空间及源函数三部分进行：模式的地理空间可选一阶精度的迎风格式或三阶精度的 QUICKEST 方案；波数方向空间上的差分格式可选一阶中央差分格式和默认的 QUICKEST 方案；源函数的差分类似于 WAM 模式，采用半隐式格式。详细表达式如下：

（1）地理空间：

$$N_{i,j,l,m}^{n+1} = N_{i,j,l,m}^{n} + \frac{\Delta t}{\Delta \phi}(F_{i,-} - F_{i,+}) \qquad (5.2.6)$$

（2）波数方向空间：

$$N_{i,j,l,m}^{n+1} = N_{i,j,l,m}^{n} + \frac{\Delta t}{\Delta k_m}(F_{m,-} - F_{m,+}) \qquad (5.2.7)$$

（3）源项通过式（5.2.8）计算：

$$\frac{\partial N}{\partial t} = S \qquad (5.2.8)$$

式中，N 表示波作用量密度；F 表示依赖于频率和传播方向的二维波谱；t 表示时刻；S 表示描述一传播波群能量变化的净源函数；ϕ 表示维度；k_m 为波数。

WAM 中采用的是半隐式积分格式，在这种格式中 ΔN 为

$$\Delta N(k,\theta) = \frac{S(k,\theta)}{1 - \varsigma D(k,\theta)\Delta t} \qquad (5.2.9)$$

其中，D 表示 S 对 N 导数的斜对角项；ς 表示误差。初始采用 $\varsigma = 0.5$ 得到精确二阶项，目前采用 $\varsigma = 1$ 更适合时间步长较大的情况。详细的推导请参考 WW3 模式手册。

5.3　LAGFD-WAM 模式

20 世纪 90 年代,国家海洋局第一海洋研究所地球流体力学研究室根据我国的实际海况特点和计算能力,在分析了第三代波浪数值模拟方法的优缺点的基础上,发展了一种直接模拟海浪波数谱的 LAGFD-WAM 波浪数值模式。我国浅海海域辽阔,在地形、潮汐、潮流和强台风、强寒潮的作用下,普遍存在特征流速达 100 cm/s 和特征空间尺度近 50 km 的背景流场。在这种情况下,不仅必须考虑背景流场对波浪的折射和弥散作用,而且要考虑在波流相互作用机制下产生的背景流场向海浪场的能量输送,LAGFD-WAM 模式中导出的复杂特征线方程考虑了各种不定常背景流场对海浪传播的影响,依此建立起来的特征线嵌入区域性网格格式,实现计算空间步长和时间步长之间合理的传播性匹配,为计算提供便利;LAGFD-WAM 模式根据破碎波理论给出破碎耗散源函数的一种理论形式。在 LAGFD-WAM 模式的发展进程中,杨永增等（2005）进一步推导出了球坐标系下的海浪能量谱平衡方程及其复杂特征线方程,建立了球坐标系下的全球海浪数值模式。下面简单介绍该模式。

5.3.1　球坐标系下的海浪能谱平衡方程

在正交笛卡儿坐标系下,从均匀不可压缩黏性流体的运动方程和边界条件出发,袁业立等（1992a,1992b）在前人的基础上导出单位截面垂直水柱平均总波动能量平衡方程为

$$\frac{\partial \bar{E}}{\partial t} + \frac{\partial}{\partial x_\alpha}(U_\alpha \bar{E} + F_\alpha) = -S_{\alpha\beta}\frac{\partial U_\beta}{\partial x_\alpha} + \varepsilon_{sb} - \varepsilon_{ds} \tag{5.3.1}$$

其中,$\bar{E} = \bar{E}(x,y,t)$,表示单位截面垂直水柱平均总波动能量;F_α 表示波动能量的波动输运通量;方程右端第一项表示波动剩余动量通量张量（辐射应力）$S_{\alpha\beta}$ 与背景流场变形张量的乘积,是海流场对海浪运动的平均功率;第二项表示海面和海底外力总功率与平均外力功率的差,是外力对波动的功率;第三项表示流体内部黏性所导致的波动能量耗散率,实际上海浪破碎等强非线性的不连续过程才是能量耗散的主要机制。式（5.3.1）具有明显的物理意义,左端第一项表示波动能量的局地增长率,第二项表示背景流场与波动对波动能量输运通量的散度,而右端诸项表示外源对波动能量的输入与耗散率。

尽管式（5.3.1）是在正交笛卡儿坐标系下建立的波动能量演化形式,在球坐标系下仍有类似的表达式。为简单计,以下暂不考虑波动能量的输入与耗散,也不考虑波流相互作用。在球坐标系下对于一个固定的微元 $(\delta\lambda, \delta\varphi)$,其球面面积为 $R^2\cos\varphi\delta\lambda\delta\varphi$,其中,$R$ 表示地球半径,λ, φ 分别表示经度、纬度;则该面积

垂直水柱的波动能量为 $\bar{E}(\lambda,\varphi,t)R^2\cos\varphi\delta\lambda\delta\varphi$，其中 $\bar{E}(\lambda,\varphi,t)$ 仍为单位球面垂直水柱（实际上是一台体）平均总波动能量，则

$$\frac{\partial(\bar{E}R^2\cos\varphi\delta\lambda\delta\varphi)}{\partial t}+\frac{1}{R\cos\varphi}\left[\frac{\partial}{\partial\lambda}(U_\lambda\bar{E}R^2\cos\varphi\delta\lambda\delta\varphi+F_\lambda R^2\cos\varphi\delta\lambda\delta\varphi)\right.$$

$$\left.+\frac{\partial}{\partial\varphi}(U_\varphi\bar{E}R^2\cos^2\varphi\delta\lambda\delta\varphi+F_\varphi R^2\cos^2\varphi\delta\lambda\delta\varphi)\right]=0$$

即

$$\frac{\partial\bar{E}}{\partial t}+\frac{1}{R\cos\varphi}\frac{\partial}{\partial\lambda}(U_\lambda\bar{E}+F_\lambda)+\frac{1}{R\cos^2\varphi}\frac{\partial}{\partial\varphi}(U_\varphi\bar{E}\cos^2\varphi+F_\varphi\cos^2\varphi)=0 \quad (5.3.2)$$

通过复杂的推导可以得到球坐标系下的海浪能谱平衡方程，详细推导过程请参考杨永增等（2005）：

$$\frac{\partial E(\boldsymbol{K})}{\partial t}+\frac{C_{g\lambda}+U_\lambda}{R\cos\varphi}\frac{\partial E(\boldsymbol{K})}{\partial\lambda}+\frac{C_{g\varphi}+U_\varphi}{R}\frac{\partial E(\boldsymbol{K})}{\partial\varphi}-(C_{g\varphi}+U_\varphi)\tan\varphi R^{-1}E(\boldsymbol{K})$$

$$=S_{in}+S_{ds}+S_{bot}+S_{nl}+S_{cu}$$

$$(5.3.3)$$

其中，S_{in} 表示风能输入；S_{ds} 表示破碎耗散；S_{bot} 表示底摩擦耗散；S_{nl} 表示非线性波-波相互作用；S_{cu} 表示波流相互作用。

5.3.2 球坐标系下的特征线方程

为了求解该方程，需要引入特征线方程。特征线方程描述了波能包的传播规律，在球坐标系下可写成如下形式（杨永增等，2005）。

由式（5.3.3）可知

$$\frac{\mathrm{d}\lambda}{\mathrm{d}t}=\frac{C_{g\lambda}+U_\lambda}{R\cos\varphi} \quad (5.3.4)$$

$$\frac{\mathrm{d}\varphi}{\mathrm{d}t}=\frac{C_{g\varphi}+U_\varphi}{R} \quad (5.3.5)$$

波数模控制方程

$$\frac{\partial K}{\partial t}+\frac{C_{g\lambda}+U_\lambda}{R\cos\varphi}\frac{\partial K}{\partial\lambda}+\frac{C_{g\varphi}+U_\varphi}{R}\frac{\partial K}{\partial\varphi}+(U_\lambda\sin\theta_1-U_\varphi\cos\theta_1)\tan\varphi R^{-1}K\cos\theta_1$$

$$=-\frac{\cos\theta_1}{R\cos\varphi}\left(\frac{\partial\sigma}{\partial D}\frac{\partial D}{\partial\lambda}+K\cos\theta_1\frac{\partial U_\lambda}{\partial\lambda}+K\sin\theta_1\frac{\partial U_\varphi}{\partial\lambda}\right)$$

$$-\frac{\sin\theta_1}{R}\left(\frac{\partial\sigma}{\partial D}\frac{\partial D}{\partial\varphi}+K\cos\theta_1\frac{\partial U_\lambda}{\partial\varphi}+K\sin\theta_1\frac{\partial U_\varphi}{\partial\varphi}\right)$$

$$(5.3.6)$$

波向控制方程

$$\frac{\partial \theta_1}{\partial t}+\frac{C_{g\lambda}+U_\lambda}{R\cos\varphi}\frac{\partial \theta_1}{\partial \lambda}+\frac{C_{g\varphi}+U_\varphi}{R}\frac{\partial \theta_1}{\partial \varphi}+(U_\lambda\cos\theta_1+U_\varphi\sin\theta_1)\tan\varphi R^{-1}\cos\theta_1$$
$$+C_g\tan\varphi R^{-1}\cos\theta_1$$
$$=\frac{\sin\theta_1}{R\cos\varphi}\left(\frac{1}{K}\frac{\partial\sigma}{\partial D}\frac{\partial D}{\partial\lambda}+\cos\theta_1\frac{\partial U_\lambda}{\partial\lambda}+\sin\theta_1\frac{\partial U_\varphi}{\partial\lambda}\right)$$
$$-\frac{\cos\theta_1}{R}\left(\frac{1}{K}\frac{\partial\sigma}{\partial D}\frac{\partial D}{\partial\varphi}+\cos\theta_1\frac{\partial U_\lambda}{\partial\varphi}+\sin\theta_1\frac{\partial U_\varphi}{\partial\varphi}\right)$$

$$(5.3.7)$$

其中，式（5.3.7）左端最后一项表示波动沿球面大圆传播时的折射效应。式（5.3.4）～式（5.3.7）为球坐标系下的复杂特征线方程，它考虑了水深和非定常背景海流场对海浪的折射作用。

式（5.3.3）中源函数的表达式与坐标系选择无关，可参阅袁业立等（1992a，1992b）的文献。在此只对破碎耗散源函数项和波流相互作用源函数项作简述。

1. 破碎耗散源函数

破碎耗散源函数（袁业立等，1992a，1992b）表示为

$$S_{ds}(E)=-d_1\hat{\sigma}\left(\frac{\sigma}{\hat{\sigma}}\right)^2\left(\frac{\hat{\alpha}}{\hat{\alpha}_{PM}}\right)^{\frac{1}{2}}\exp\left\{-d_2(1-\varepsilon^2)\frac{\hat{\alpha}_{PM}}{\hat{\alpha}}\right\}E(\boldsymbol{K})\qquad(5.3.8)$$

其中，$\hat{\sigma}=\left(\iint E(\boldsymbol{K})\sigma^{-1}\mathrm{d}\boldsymbol{K}/\overline{E}\right)^{-1}$；$\hat{\sigma}^2=g\hat{K}$；$\overline{E}=\iint E(\boldsymbol{K})\mathrm{d}\boldsymbol{K}$；$\hat{\alpha}=\overline{E}\hat{\sigma}^4g^{-2}$；$d_1=1.32\times10^{-4}$；$d_2=2.61$；$\hat{\alpha}_{PM}=3.02\times10^{-3}$；$\varepsilon$表示谱宽度。

2. 波流相互作用源函数

波流相互作用源函数（袁业立等，1992a，1992b）表示为

$$S_{cu}(E)=-\left\{\left[\frac{C_g}{C}(1+\cos^2\theta_1)-\frac{1}{2}\right]\frac{\partial U_x}{\partial x}+\frac{C_g}{C}\sin\theta_1\cos\theta_1\left(\frac{\partial U_x}{\partial y}+\frac{\partial U_y}{\partial x}\right)\right.$$
$$\left.+\left[\frac{C_g}{C}(1+\sin^2\theta_1)-\frac{1}{2}\right]\frac{\partial U_y}{\partial y}\right\}E(\boldsymbol{K})\qquad(5.3.9)$$

其中，$\boldsymbol{K}$表示波数矢量。

Wang等（2020b）通过对该项的数学解析，进一步明确了其物理意义。根据

海流空间变化的运动特征，海流空间变化率可用如下三个参数表征：水平剪切
$\left(\dfrac{\partial U_x}{\partial y} + \dfrac{\partial U_y}{\partial x} \right)$、辐聚辐散 $\left(\dfrac{\partial U_x}{\partial x} + \dfrac{\partial U_y}{\partial y} \right)$ 和拉伸变形 $\left(\dfrac{\partial U_x}{\partial x} - \dfrac{\partial U_y}{\partial y} \right)$。

$$
\begin{aligned}
S_{\mathrm{cu}} = -\Bigg[& \frac{C_{\mathrm{g}}}{C}\sin\theta\cos\theta\left(\frac{\partial U_x}{\partial y} + \frac{\partial U_y}{\partial x} \right) + \left(\frac{3C_{\mathrm{g}}}{2C} - \frac{1}{2} \right)\left(\frac{\partial U_x}{\partial x} + \frac{\partial U_y}{\partial y} \right) \\
& + \frac{C_{\mathrm{g}}}{2C}(\cos^2\theta - \sin^2\theta)\left(\frac{\partial U_x}{\partial x} - \frac{\partial U_y}{\partial y} \right) \Bigg] E(\boldsymbol{K})
\end{aligned}
\tag{5.3.10}
$$

通过这种数学解析可以看出，影响海浪能量再分配的主要因素是海流流速的
空间变化率，而不是流速的大小。

5.4　混合型海浪数值预报模式

20 世纪 80 年代末，Wen 等（1989）基于文氏（文圣常）风浪谱提出一种混
合型海浪数值预报模式，该模式通过风浪成长关系导出波浪预报方程中的源函数，
避免逐项处理难于计算的能量输入和耗散问题。管长龙等（1995）对此模式做了
进一步的发展和推广。

5.4.1　文氏风浪谱

Wen 等（1989）提出了文氏风浪谱，此谱是由理论导出的，分别适用于深水
和浅水的情况。该谱被列入我国《海港水文规范》。谱函数中引入尖度因子 P 和浅
水因子 H^*，当已知有效波高 H_{s}(m) 和有效波周期 T_{s}(s) 时：

（1）对于深水水域，当水域深度 d 满足 $H^* = 0.626H_{\mathrm{s}} / d \leqslant 0.1$ 的条件时，令
$y_{\mathrm{d}} = 1.522 - 0.245P + 0.00292P^2$，则风浪频谱的形式为

$$
S(f) = \begin{cases}
0.0687H_{\mathrm{s}}^2 T_{\mathrm{s}} P \times \exp\left[-95\ln\dfrac{P}{y_{\mathrm{d}}} \times (1.1T_{\mathrm{s}}f - 1)^{\frac{12}{5}} \right], & 0 \leqslant f \leqslant 1.05 / T_{\mathrm{s}} \\
0.0824H_{\mathrm{s}}^2 T_{\mathrm{s}}^{-3} y_{\mathrm{d}} f^{-4}, & f > 1.05 / T_{\mathrm{s}}
\end{cases}
\tag{5.4.1}
$$

其中，f 表示频率；P 表示尖度因子，按式（5.4.2）计算：

$$
P = 95.3H_{\mathrm{s}}^{1.35} T_{\mathrm{s}}^{2.7}
\tag{5.4.2}
$$

此外，P 还应满足 $1.54 \leqslant P < 6.77$ 的条件。

（2）对于浅水水域，当 $0.5 \geqslant H^* > 0.1$ 时，风浪频谱中引入浅水因子 $H^* = \bar{H} / d$，

令 $y_s = (6.77 - 1.088P + 0.013P^2)(1.037 - 1.426H^*)/(5.813 - 5.137H^*)$，则频谱的表达式为

$$S(f) = \begin{cases} 0.0687H_s^2 T_s P \times \exp\left[-95\ln\dfrac{P}{y_s} \times (1.1T_s f - 1)^{\frac{12}{5}}\right], & 0 \leqslant f \leqslant 1.05/T_s \\[4mm] 0.0687H_s^2 T_s y_s \left(\dfrac{1.05}{T_s f}\right)^m, & f > 1.05/T_s \end{cases}$$

(5.4.3)

其中，$m = 2(2 - H^*)$；尖度因子 P 仍由式（5.4.2）计算，其值应满足 $1.27 \leqslant P < 6.77$。

5.4.2 混合型海浪预报模式方程

1. 风浪能量平衡方程

Wen 等（1989）提出了混合型海浪预报模式，其风浪的时空变化由下面的能量平衡方程确定：

$$\frac{\partial E}{\partial t} + \frac{\partial}{\partial x}(C_g E \cos\theta) + \frac{\partial}{\partial y}(C_g E \sin\theta) = R$$

(5.4.4)

其中，E 表示有效波动能量；C_g 表示有效波群速度；R 表示风输入的能量、各种能量消耗、波-波间非线性相互作用等综合导致的净能量增长率。模式中，利用风浪成长关系计算式［式（5.4.4）］中左侧各项，得到右侧的 R，R 是风速和风浪尺寸（有效波高和有效波周期）的函数。

2. 涌浪能量平衡方程

通过以下能量平衡方程计算涌浪（Zhang et al.，1996）：

$$\frac{\partial F}{\partial t} + \nabla \cdot (C_g F) + \frac{\partial}{\partial \theta}[(C_g \cdot \nabla\theta)F] = S$$

(5.4.5)

其中，$F(\omega, \theta, x, t)$ 是依赖于频率 f 和传播方向 θ 的二维波谱，它是位置和时间的函数；S 为源函数，即涌浪逆风传播时的空气阻力造成的能量损失 (S_{in}) 及底摩擦引起的能量损失 (S_{db}) 的总和。当涌浪顺风传播时，S_{in} 为正值，其表达式为

$$S_{in} = \max\left\{0, \beta\omega\left[\frac{U\cos(\varphi - \phi)}{C} - 1\right]F(\omega, \theta)\right\}$$

(5.4.6)

其中，U 表示海表 10m 风速；φ 表示风向；ϕ 表示浪向；$\theta = \varphi - \phi$；C 表示波的相速度；β 表示常数；对于逆风传播的涌浪，能量损失为

$$S_{in} = \beta\omega U\cos(\varphi - \phi)F(\omega, \theta)/C$$

(5.4.7)

其中，$\beta = 3 \times 10^{-4}$。

对于底摩擦造成的能量损失，表达式为

$$S_{\text{db}} = \frac{C_{\text{d}} g k^2 C_{\text{g}} \langle U \rangle}{(\omega Chkd)^2} \tag{5.4.8}$$

其中，$\langle U \rangle$ 为水质点平均速度；C_{d} 为摩擦系数，在中国近海其值为 0.015。该模式通过适当判据将逆风产生的能量消耗引入涌浪的源函数中，以取代波峰破碎消耗能量。

该模式通过比较充分成长的风浪谱估算了涌浪谱，同时考虑了风浪和涌浪之间的相互转化。

5.5　模式的应用

本节介绍 SWAN 模式的两个应用实例，以此帮助读者加强对模式的理解，其他模式的实例请参看相关文献。

5.5.1　SWAN 模式的应用实例 1

Cao 等（2018）利用 SWAN 模式模拟了美国南加州湾的波浪场（图 5.5.1），模式计算区域范围为 28°N～38°N，115°W～126°W，空间网格分辨率为 0.02°×0.02°。模式计算时间为 2004 年 1 月 1 日～2013 年 12 月 31 日，共 10 年，计算时间步长为 5min，离散频率范围设置为 0.04～1Hz。其他具体参数设置如表 5.5.1 所示。采用二维非定常计算模式，初始频谱根据 JONSWAP 谱和当地风速计算。模式考虑了底摩擦、白帽破碎、反射、三波和四波的波-波相互作用及深度诱发波破碎等物理过程。

表 5.5.1　SWAN 模式的参数设置

参数	值/公式和选项
时间步长/min	5
θ 空间网格的个数	24
最低离散频率/Hz	0.0418
最高离散频率/Hz	1
物理过程	JANSSEN 第三代
谱模式	JONSWAP

参数	值/公式和选项
传播方案	空间向后差分格式、时间向后差分格式（BSBT）
空间分辨率	0.02°×0.02°
坐标	球坐标
模式	二维非稳定模式

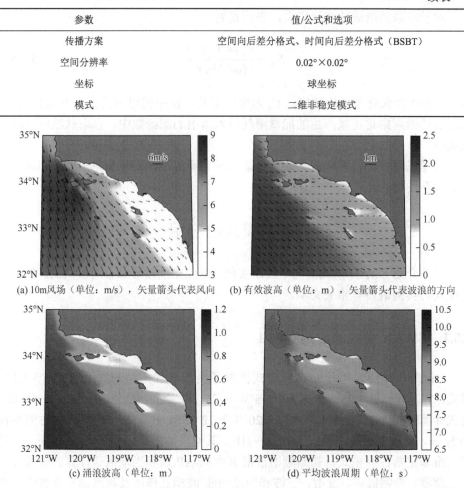

(a) 10m风场（单位：m/s），矢量箭头代表风向　　　(b) 有效波高（单位：m），矢量箭头代表波浪的方向

(c) 涌浪波高（单位：m）　　　　　　　　　　　　(d) 平均波浪周期（单位：s）

图 5.5.1　南加州湾 2004～2013 年的波浪气候态平均空间分布图（Cao et al.，2018）

5.5.2　SWAN 模式的应用实例 2

徐瑾等（2020）利用 SWAN 模式模拟了苏北近海海域的波浪场（图 5.5.2），SWAN 模式模拟的区域为 117°E～124°E，31°N～36°N。模式空间分辨率为 0.01°×0.01°。风场数据采用的是 WRF 模式模拟的 10m 风场，模式设置的时间步长为 1min，时间积分是 1 年，从 2015 年 12 月 27 日 0 时～2016 年 12 月 31 日 23 时。模式边界场资料为 NOAA 提供的 WW3 模拟的全球波浪数据集。初始和边界谱形为 JONSWAP 谱，考虑非线性四波相互作用、水深变化造成的破碎及底摩擦效应，其波浪破碎指数取为 0.68；选择的数值方案为非稳定的二维数值计算，离散频率范围为 0.04～1.00Hz。

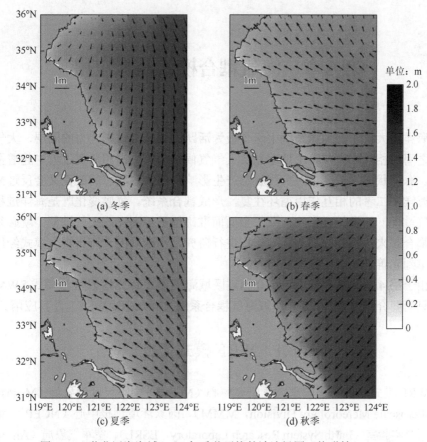

图 5.5.2　苏北近海海域 2016 年季节平均的波浪场图（徐瑾等，2020）

思　考　题

1. 国内外研究波浪的数学模型主要有哪几种？
2. SWAN 模式可以模拟哪些物理过程？有什么优缺点？
3. SWAN 模式和 WW3 模式有何异同？
4. LAGFD-WAM 模式的主要特点是什么？改进了哪些源项？
5. SWAN 模式包含哪些源汇项？

第6章　海气耦合模式及其应用

海洋和大气作为地球系统中两个最为活跃、最具气候影响力的圈层，大气和海洋之间的相互作用在整个地球圈层天气气候系统的生消和演变过程中起着主导作用。海洋状态的改变会对大气状态产生影响，而大气状态的改变又会反过来作用于海洋，二者的相互作用循环往复，形成耦合系统。气候变化既是海洋过程也是大气过程，二者相互影响。要想全面而准确地了解海洋或大气过程，就必须将二者耦合起来，割裂它们的相互作用进行研究是不准确的。海气耦合模式经历了从简单到完善（复杂）的发展历程。

由于第4章和第5章中已经介绍过区域海流模式ROMS及波浪模式SWAN，本章只简要介绍WRF模式和区域海气耦合系统之一（COAWST）及其应用。

6.1　WRF模式简介

WRF模式是由美国国家大气研究中心（NCAR）中小尺度气象处（Mesoscale and Microscale Meteorology Division，MMM）、国家环境预报中心（NCEP）、地球系统研究实验室（Earth System Research Laboratory，ESRL）、空军气象局（Air Force Weather Agency，AFWA）、海军研究实验室（Naval Research Laboratory，NRL）、俄克拉荷马大学的风暴分析预报中心（Center for Analysis and Prediction of Storms，CAPS）和联邦航空管理局（Federal Aviation Administration，FAA）等联合发起的新一代高分辨率中尺度天气研究预报模式，拟重点解决分辨率为1～10 km、时效为60h以内的有限区域天气预报和模拟问题。

WRF模式在发展过程中由于科研与业务的不同需求，形成了两个不同的版本，一个是在NCAR的MM5模式基础上发展的ARW（Advanced Research WRF），另一个是在NCEP的Eta模式上发展而来的NMM（Non-hydrostatic Mesoscale Model）。WRF模式具有可移植性强、维护容易、可扩充性强、计算效率高及使用方便等诸多特性，在世界许多研究和业务机构的各种项目及数值预报业务中得到了广泛应用。WRF模式应用了多级并行分解算法、更为先进的数值计算和资料同化技术，多重移动嵌套网格性能及更为完善的物理过程，可应用于天气预报、大气化学、区域气候等方面，有助于开展针对不同类型、不同地域天气过程的高分辨率数值模拟。WRF模式作为一个公共模式，由NCAR负责维护和提供技术支持，免费对外发布。

WRF-ARW 动力框架是一个完全可压的非静力模式；采用地形跟随的静压坐标；控制方程组写为通量形式；水平网格与 MM5 的 Arakawa B 网格不同，采用 Arakawa C 网格，有利于提高高分辨率模拟的准确性；时间积分采用三阶 Runge-Kutta 时间分裂积分方案。WRF-ARW 动力框架还包含微物理、积云参数化、大气表面层过程、行星边界层物理和大气辐射等各种物理过程。

6.1.1　WRF 模式基本方程

WRF 模式方程采用地形追随（terrain-following）的静力气压垂直坐标。依据 Laprise（1992）的文献，地形追随的静力气压垂直坐标 η 定义为

$$\eta = (p_h - p_{ht}) / \mu \tag{6.1.1}$$

其中，$\mu = (p_{hs} - p_{ht})$；p_h 为气压的静力平衡分量；p_{hs} 和 p_{ht} 分别为模式表面和模式层顶的气压。

图 6.1.1 给出了地形追随的静力气压垂直坐标示意图。近地面层 η 随着地面的起伏而起伏，当距地面越来越远时，逐渐趋于平缓。η 的取值从模式表层取 1 变化到模式顶取 0。由于 $\mu(x, y)$ 可代表模式格点 (x, y) 处单位面积空气柱的质量，所以这种坐标又可称为地形追随的质量垂直坐标。与此坐标相对应的保守量的通量形式可写作：

$$V = \mu v = (U, V, W), \quad \Omega = \mu \dot{\eta}, \quad \Theta = \mu \theta \tag{6.1.2}$$

其中，$v = (u, v, w)$ 为速度向量；$\dot{\eta}$ 为 η 坐标的垂直速度；θ 为位温；控制方程组中出现的非保守量包括位势 $\varphi = gz$；大气压强 p 和空气比热容 $\alpha = 1/\rho$ 等。

利用以上的变量，通量形式的欧拉方程组可写成如下的形式：

$$\begin{aligned}
&\partial_t U + (\nabla \cdot Vu) - \partial_x p \partial_\eta \varphi + \partial_\eta p \partial_x \varphi = F_U \\
&\partial_t V + (\nabla \cdot Vv) - \partial_y p \partial_\eta \varphi + \partial_\eta p \partial_y \varphi = F_V \\
&\partial_t W + (\nabla \cdot Vw) - g(\partial_\eta p - \mu) = F_W \\
&\partial_t \Theta + (\nabla \cdot V\theta) = F_\Theta \\
&\partial_t \mu + (\nabla \cdot V) = 0 \\
&\partial_t \varphi + \mu^{-1}[(V \cdot \nabla \varphi) - gW] = 0
\end{aligned} \tag{6.1.3}$$

方程组满足静力平衡的诊断关系

$$\partial_\eta \varphi = -\alpha \mu \tag{6.1.4}$$

和气体状态方程

$$p = p_0 (R_d \theta / p_0 \alpha)^\gamma \tag{6.1.5}$$

式（6.1.3）中下标 x，y 和 η 代表对它们的偏微分；而

$$\nabla \cdot Va = \partial_x (Ua) + \partial_y (Va) + \partial_\eta (\Omega a), \quad V \cdot \nabla a = U \partial_x a + V \partial_y a + \Omega \partial_\eta a \tag{6.1.6}$$

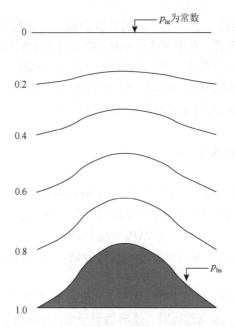

图 6.1.1　地形追随的静力气压垂直坐标示意图

式（6.1.3）～式（6.1.6）中，a 为任一变量；$\gamma = c_p / c_V = 1.4$，为干空气的定压比热容和定容比热容之比；R_d 为干空气气体常数[287J/(kg·K)]；p_0 为参考压强（通常取为 10^5Pa）；方程右边项 F_U、F_V、F_W 和 F_Θ 表示由模式物理过程、湍流混合、球面投影及地球旋转等导致的强迫项。

在控制方程组中加入水汽的影响，但仍用干空气时的坐标并考虑干空气的保守量，为了区别干、湿空气中的大气变量的符号，下标"d"表示干空气，下标"m"表示湿空气。因此，垂直坐标变量 η 和通量形式大气变量 V, Ω, Θ 分别表示为

$$\eta = (p_{dh} - p_{dht}) / \mu_d \tag{6.1.7}$$

$$V = \mu_d v, \quad \Omega = \mu_d \dot{\eta}, \quad \Theta = \mu_d \theta \tag{6.1.8}$$

则包含水汽的通量形式的欧拉方程为

$$
\begin{aligned}
&\partial_t U + (\nabla \cdot Vu) + \mu_d \alpha \partial_x p + (\alpha / \alpha_d) \partial_\eta p \partial_x \varphi = F_U \\
&\partial_t V + (\nabla \cdot Vv) + \mu_d \alpha \partial_y p + (\alpha / \alpha_d) \partial_\eta p \partial_y \varphi = F_V \\
&\partial_t W + (\nabla \cdot Vw) - g[(\alpha / \alpha_d) \partial_\eta p - \mu_d] = F_W \\
&\partial_t \Theta + (\nabla \cdot V\theta) = F_\Theta \\
&\partial_t \mu_d + (\nabla \cdot V) = 0 \\
&\partial_t \varphi + \mu_d^{-1}[(V \cdot \nabla \varphi) - gW] = 0 \\
&\partial_t Q_m + (\nabla \cdot Vq_m) = F_{Q_m}
\end{aligned}
\tag{6.1.9}
$$

方程组满足干空气静力诊断关系：

$$\partial_\eta \varphi = -\partial_d \mu_d \qquad (6.1.10)$$

和气体状态方程：

$$p = p_0 (R_d \theta_m / p_0 \alpha_d)^\gamma \qquad (6.1.11)$$

其中，α_d 为干空气比热容；α 为湿空气比热容，$\alpha = \alpha_d(1 + q_v + q_c + q_r + q_i + \cdots)$，其中 q_* 代表水汽、云、雨、冰等同空气的混合比。此外，

$$\theta_m = \theta[1 + (R_v / R_d)q_v] \approx \theta(1 + 1.61 q_v), \quad Q_m = \mu_d q_m, \quad q_m = q_v, q_c, q_i, \cdots \quad (6.1.12)$$

进一步考虑地图投影的影响，则控制方程中的动量保守量可表示为

$$U = \mu_d u / m_y, \quad V = \mu_d v / m_x, \quad W = \mu_d w / m_y, \quad \Omega = \mu_d \dot{\eta} / m_y \quad (6.1.13)$$

其中，m_x 和 m_y 为 x 和 y 方向的地图放大因子，定义为投影面上的水平网格距 $(\Delta x, \Delta y)$ 同地球上实际距离 $(\Delta x_e, \Delta y_e)$ 之比，即

$$(m_x, m_y) = \frac{(\Delta x, \Delta y)}{(\Delta x_e, \Delta y_e)} \qquad (6.1.14)$$

利用以上变量，并考虑地球旋转效应，通量形式的欧拉方程组可写为

$$\partial_t U + m_x[(\partial_x(Uu) + \partial_y(Vu)] + \partial_\eta(\Omega u) + \frac{m_x}{m_y}[\mu_d \alpha \partial_x p + (\alpha / \alpha_d)\partial_\eta p \partial_x \varphi] = F_U$$

$$\partial_t V + m_x[(\partial_x(Uv) + \partial_y(Vv)] + \frac{m_y}{m_x}\partial_\eta(\Omega v) + \frac{m_y}{m_x}[\mu_d \alpha \partial_y p + (\alpha / \alpha_d)\partial_\eta p \partial_y \varphi] = F_V$$

$$\partial_t W + m_x[(\partial_x(Uw) + \partial_y(Vw)] + \partial_\eta(\Omega w) - m_y^{-1}g[(\alpha / \alpha_d)\partial_\eta p - \mu_d] = F_W$$

$$\partial_t \Theta + m_x m_y[\partial_x(U\theta) + \partial_y(V\theta)] + m_y\partial_\eta(\Omega\theta) = F_\Theta$$

$$\partial_t \mu_d + m_x m_y(U_x + V_y) + m_y\partial_\eta\Omega = 0$$

$$\partial_t \varphi + \mu_d^{-1}[m_x m_y(U\partial_x\varphi + V\partial_y\varphi) + m_y\Omega\partial_\eta\varphi - m_y gW] = 0$$

$$\partial_t Q_m + m_x m_y[\partial_x(Uq_m) + \partial_y(Vq_m)] + m_y\partial_\eta(\Omega q_m) = F_{Q_m}$$

$$(6.1.15)$$

方程组同样满足干空气静力诊断关系

$$\partial_\eta \varphi = -\alpha_d \mu_d \qquad (6.1.16)$$

和气体状态方程

$$p = p_0 (R_d \theta_m / p_0 \alpha_d)^\gamma \qquad (6.1.17)$$

科氏项和曲率项包含在方程组中右边的强迫项里。

定义扰动量为相对于静力平衡参考态的偏差：$p = \bar{p} + p'$，$\varphi = \bar{\varphi} + \varphi'$，$\alpha = \bar{\alpha} + \alpha'$，$\alpha_d = \bar{\alpha}_d + \alpha_d'$ 及 $\mu_d = \bar{\mu}_d + \mu_d'$。由于 η 坐标面通常不是水平的，因此参考状态量 $\bar{p}$，$\bar{\varphi}$，$\bar{\alpha}$ 和 $\bar{\alpha}_d$ 通常是 (x, y, η) 的函数，$\bar{\mu}_d$ 是 (x, y) 的函数。利用这些扰动量，将欧拉方程组去除静力平衡部分，则得扰动形式的控制方程组：

$$\partial_t U + m_x[\partial_x(Uu) + \partial_y(Vu)] + \partial_\eta(\Omega u)$$

$$+\frac{m_x}{m_y}(\alpha/\alpha_d)[\mu_d(\partial_x\varphi' + \alpha_d\partial_x p' + \alpha_d'\partial_x\overline{p}) + \partial_x\varphi(\partial_\eta p' - \mu_d')] = F_U$$

$$\partial_t V + m_y[\partial_x(Uv) + \partial_y(Vv)] + \frac{m_y}{m_x}\partial_\eta(\Omega v)$$

$$+\frac{m_x}{m_y}(\alpha/\alpha_d)[\mu_d(\partial_y\varphi' + \alpha_d\partial_y p' + \alpha_d'\partial_y\overline{p}) + \partial_y\varphi(\partial_\eta p' - \mu_d')] = F_V \qquad (6.1.18)$$

$$\partial_t W + m_x[\partial_x(Uw) + \partial_y(Vw)] + \partial_\eta(\Omega w)$$

$$-m_y^{-1}g(\alpha/\alpha_d)[\partial_\eta p' - \overline{\mu}_d(q_v + q_c + q_r)] + m_y^{-1}\mu_d' g = F_W$$

$$\partial_t\mu_d' + m_x m_y(\partial_x U + \partial_y V) + m_y\partial_\eta\Omega = 0$$

$$\partial_t\varphi' + \mu_d^{-1}[m_x m_y(U\partial_x\varphi + V\partial_y\varphi) + m_y\Omega\partial_\eta\varphi - m_y gW] = 0$$

$$\partial_t\Theta + m_x m_y[\partial_x(U\theta) + \partial_y(V\theta)] + m_y\partial_\eta(\Omega\theta) = F_\Theta$$

$$\partial_t Q_m + m_x m_y[\partial_x(Uq_m) + \partial_y(Vq_m)] + m_y\partial_\eta(\Omega q_m) = F_{Q_m}$$

扰动形式控制方程组满足的静力诊断关系为

$$\partial_\eta\varphi' = -\alpha_d'\overline{\mu}_d - \alpha_d\mu_d' \qquad (6.1.19)$$

而其满足的气体状态方程仍为式（6.1.17）不变，不能改写成扰动变量的形式。更多模式描述，请参见 WRF 技术手册（https://www2.mmm.ucar.edu/wrf/users/docs/technote/contents.html）。

6.1.2　WRF 模式基本结构

如图 6.1.2 所示，WRF 模式主要由三大部分组成：WRF 模式前处理（WRF prepossessing system，WPS）系统、WRF 主模块和模式后处理及可视化（post-processing & visualization）模块。WRF 模式前处理系统主要用于：确定模式模拟区域，并将地形数据插值到相应格点；从格式数据中提取气象要素场；将提取出的气象要素场水平插值到确定的模拟格点。WRF 主模块通过对大气过程进行积分运算从而进行数值求解，是模式最为核心的部分。模式后处理及可视化模块则是对模式积分结果进行分析，将模拟结果从模式坐标平面插值到等压面或等高面，并提供给 GrADS（grid analysis and display system）等进行调用。

WRF 模式前处理系统由 geogrid.exe、ungrib.exe、metgrid.exe 三个模块组成，用于为真实数据模拟准备输入场。运行 WPS 时，这三个模块会从 namelist.wps 文件中读取参数，文件包括三个程序所要用到的参数设置部分及一个共享部分，用于模式预处理。

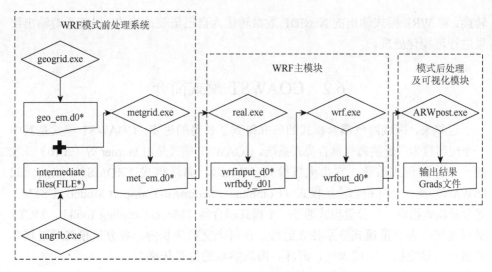

图 6.1.2　WRF 模式流程图

geogrid.exe 的目的是确定模拟区域，生成模式网格点，并把静态数据如地形、土地利用类型、土壤温度等插值到模式网格点上。模拟区域的确定通过设置 namelist.wps 文件中的&geogrid 部分来实现。该部分指定静态数据的存储路径、各个层次网格的网格数、网格间距、子网格嵌套于上一级网格的位置信息等。

ungrib.exe 程序用来解压 GRIB1 或者 GRIB2 格式的气象场数据文件，并输出过渡格式文件。GRIB 文件包含的要素场多于启动 WRF 所需的数量。两种不同格式的 GRIB 用了不同的编码来确定变量和在 GRIB 文件中的层次。ungrib.exe 用编码表格——Vtable（variable tables）来确定哪些场需要从 GRIB 文件里提取出来并写成过渡格式。关于编码的细节可以在 WMO GRIB 文档中找到。对应于不同模式的 Vtables 可以在 WPS 主目录下的/ungrib/Variable_Tables/目录下查找。当然用户也可以自定义 Vtables。具体参数设置通过 namelist.wps 文件中的&ungrib 部分来完成。

metgrid.exe 程序的作用是把 ungrib.exe 程序提取出的气象要素场水平插值到 geogrid.exe 确定的模拟区域上，为下一步的 real.exe 运算提供输入场。具体参数设置可由 namelist.wps 中的&share 部分完成，而且每个模拟区域（最外围区和嵌套区）的时间都要单独设置。与 ungrib.exe 程序一样，metgrid.exe 所处理的数据也是随时间改变的，因此每次做新的模拟时，都要运行 metgrid.exe 程序。

WRF 主模块主要由两大部分组成：real.exe 和 wrf.exe。首先对 namelist.input 进行参数设置，然后利用 real.exe 对模式进行初始化，生成初始条件和边界条件，最后利用 wrf.exe 进行数值求解并生成 wrfout 文件。

模式后处理及可视化模块 ARWpost.exe 的功能是对输出结果的数据格式进行

转换，将 WRF 模式输出的 NetCDF 数据转化为自己需要的格式，以便于对输出结果进行可视化处理。

6.2 COAWST 模式简介

近年来，区域海气耦合模式的研究得到了长足的进步，COAWST 模式是其中一个应用较为广泛的海气耦合模式系统。COAWST 模式是由 Warner 等（2010）开发的一个开源模式系统，它由大气模式（WRF）、海洋模式（ROMS）、波浪模式（SWAN）及一个沉积物输运模式（Community Sediment-Transport Model，CSTM）等分量模式组成。各分量模式通过一个模式耦合器（Model Coupling Toolkit，MCT）进行连接。各分量模式分别独立运行，在每个交换步长内，各分量模式通过耦合器进行变量交换，完成大气、海洋、海浪参数的信息传递。

6.2.1 耦合器简介

由于各模式编程代码有较大差异，在实现耦合的过程中，这种差异会使模式开发者的工作变得复杂、烦琐甚至重复，专业的耦合器在这种情况下应运而生。耦合器是连接耦合模式中各个子模式的工具，通过耦合器可实现子模式间的数据传递，构成并且控制整个耦合系统的应用程序。由于对原模式无须进行较多的修改，耦合器被视作不同模式间数据交换的"即插即用"的接口，这种方法拓展了模式的可移植性，同时在优化耦合器程序的基础上，可保证较高的运行效率。耦合器对各个子模式发送来的通量或动量进行处理，确保交换变量的守恒性，再分配给所有的子模式。目前较为常用的耦合器主要有 NCAR 开发的 CPL 耦合器、法国欧洲气候模拟和全球变化研究中心（Centre Européen de Rechercheet de Formation Avancée en Calcul Scientifique，CERFACS）等开发的 OASIS 及美国能源部研发的 MCT 耦合器等。

MCT 是 COAWST 模式中所用的耦合器。MCT 支持串行和并行运行，能够快速实现并行的数据交换。MCT 包含了一系列 Fortran 90 编写的模块，这些模块定义了数据类型和程序，可以被各个耦合子模式共同使用。模型间可以传递整型变量和实型变量，变量可以并行高效传递。MCT 提供的常用工具包括：区域分解描述器（domain segmentation descriptor）、路由器（router）、属性向量（attribute vector）、稀疏矩阵（sparse matrix）、MCTWorld 等。区域分解描述器用于存储网格分解信息，MCT 提供了两种类型的区域描述器：适用于一维区域分解的 Global Map 以及适用于多维网格和非结构化网格区域分解的 Global Seg Map。路由器主要用于完成 MCT 的并行通信调度，它能够自动实现子模式之间的高效数据交换。属性向量是 MCT 提供的一种灵活、可扩展、按地址读取区域数据的数据类型，是基于对应的区域分解描述器而创建的。属性向量数据类型给不同模式的耦合带来了极大的便利：首先，只要子模式和耦合器配置合理，就可以实现某一时刻区域数据的直接交换，灵活省时；其次，并行计算可以将区域划分给对应的进程求解，这种按照区域读取数据的方式与 MPI 并行计算有极大的兼容性；最后，属性向量可以直接当作 MPI 中的缓存区，存储插值矩阵，在重复性插值中被反复调用，节约时间和空间资源。如果耦合的两个子模式的区域网格不同，就需要对交换数据进行插值。稀疏矩阵数据类型可对稀疏矩阵的元素、全局和局部的行列编号进行压缩存储。MCT 可根据稀疏矩阵声明的稀疏矩阵元素、全局和局部行列编号信息按照规则自动生成相应的区域分解描述器。稀疏矩阵向量（sparse matrix vector）可以和属性向量直接进行乘法运算，并可通过并行的方式实现相乘。目前，MCT 内部无法直接给出关于插值权重系数的稀疏矩阵，可以借助常见的插值工具给出，如SCRIP。MCTWorld 用于描述各个子模式的相关进程信息，通过 MCTWorld 可以自动实现子模式内局部进程编号和耦合模式的全局进程编号的关系转换。

6.2.2 COAWST 耦合方案

海气耦合包括通过海气之间动量交换实现的动力学相互作用及通过海气间热量和水汽交换实现的热力学相互作用。如图 6.2.1 所示，大气 WRF 模式为海流ROMS 提供海平面气压、短波辐射、长波辐射、感热、潜热、风应力、降水率等数据；海流 ROMS 为 WRF 提供全球年均海表温度（SST）数据，为 SWAN 提供流场、地形和海表面高度数据等；海浪 SWAN 为 ROMS 提供有效波高、波长、波向、

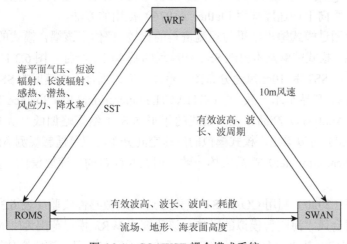

图 6.2.1 COAWST 耦合模式系统

耗散等数据，为 WRF 提供有效波高、波长和波周期数据，三个模式之间实现双向耦合。在 COAWST 系统海气交换方面，针对海气界面的粗糙度计算，为引入波浪的影响，提供了 3 种参数化方案（Taylor and Yelland，2001；Drennan et al.，2003；Oost et al.，2002）。另外，在浪-流相互作用方面，提供辐射应力（Mellor，2008）和涡度力两种耦合方案（McWilliams et al.，2004；Uchiyama et al.，2010）。

6.3   COAWST 模式应用

COAWST 模式可用于研究一些发生在区域尺度和短时间尺度（一般小于 1 周）的海气相互作用现象，如热带气旋和中纬度海洋爆发性气旋、沿海大风与低空急流、沿海风暴潮与海雾、沿海锋生及上层海洋变异等。在全球气候变化的背景下，区域性气候的变化特征呈现出显著的非均一性和极端性，因此可以利用 COAWST 模式对区域性气候进行降尺度的数值模拟与预测。

Shan 和 Dong（2017）使用 COAWST 系统的 WRF 和 ROMS 耦合模块研究了东中国海海气相互作用过程。WRF 模式模拟区域以 30°N 和 127°E 为中心，水平分辨率为 9km，共有 238×198 个格点，大气在垂直方向分为 40 层。WRF 从 2013 年 1 月 1 日 00 时开始初始化，并一直积分到 2014 年 1 月 1 日 00 时。初始条件和侧边界条件来自 CFSR（Climate Forecast System Reanalysis），并且每 6h 更新一次。ROMS 的模拟区域范围为[23°N～36.18°N]×[119°E～132.38°E]，其初始条件和侧边界条件由 1/12°的全球 HYCOM/NCODA ［HYbrid Coordinate Ocean Model with Naval Research Lab（NRL）Coupled Ocean Data Assimilation］产品提供。海洋模式垂向分为 32 层，水平分辨率为 1/24°。温度、盐度及三维速度场边界条件使用 radiation-nudging（Marchesiello et al.，2001）边界条件，自由表面使用 Chapman 边界条件，垂向平均速度采用 Flather（1976）提出的方法。

该研究通过模式输出结果与观测资料的比较，评估了该耦合模式的模拟能力，结果表明耦合模式能够基本再现 SST 和风场的基本时空特征。图 6.3.1 为观测和耦合模式年平均 SST 和 10m 风速分布图。整体而言，耦合模式模拟的 SST 与卫星遥感观测的 SST 产品基本一致。与 OSTIA（The Operational Sea Surface Temperature and Sea Ice Analysis）产品相比，模式的年平均 SST 结果略偏低。从图 6.3.1（c）和图 6.3.1（d）可以看出，模式模拟的风速空间分布与卫星遥感观测 ASCAT（The Advanced Scatterometer）产品大体一致，但在长江口的风速要偏低，其他区域则略微偏高。

Lim 等（2020）利用 COAWST 模式通过四组敏感性实验（表 6.3.1）研究了海气耦合对台风"海鸥"模拟的影响。该研究中 WRF 模拟范围为[2°N～30°N]×[99°E～140°E]，其水平分辨率为 6km，垂向上分为 58 层。该研究使用 NCEP 提

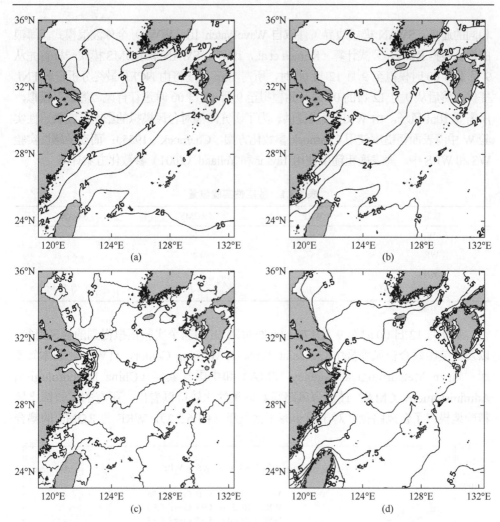

图 6.3.1 OSTIA（a）和耦合模式（b）年平均 SST（单位：℃）以及 ASCAT（c）
和模式（d）年平均风速（单位：m/s）

供的全球最终分析资料（final operational global analysis，FNL）作为大气驱动场。
WRF 模式从 2014 年 9 月 12 日 00 时模拟到 9 月 17 日（5 天）00 时。在整个模
拟过程中，每 6h 对温度、纬向和经向风以及垂直层数大于 14 层的位势高度使用
谱逼近（von Storch et al.，2000），其逼近系数为 0.0003s^{-1}。ROMS 模式模拟区域为
[5°N～24°N]×[99°E～135°E]，水平网格分辨率为 1/12°，垂向上设置为 32 层。在
开边界利用 TPXO8 数据加入八种分潮（M$_2$、K$_1$、O$_1$、S$_2$、N$_2$、P$_1$、K$_2$ 和 Q$_1$）。ROMS
首先从 9 月 1 日 00 时模拟至 12 日 00 时（共 12 天），然后从 9 月 12 日 00 时至 9 月
17 日 00 时进行台风"海鸥"模拟。在敏感性实验 WR 和 WRS 中，WRF 直接向
ROMS 提供了风应力和海表通量，以确保 ROMS 和 WRF 在大气-海洋界面上使用

相同的通量。SWAN 模式边界条件取自 WaveWatch Ⅲ（WW3）全球波浪模式。海浪的增长根据 Komen 公式计算（Komen et al.，1984）。SWAN 和 ROMS 模式一样首先从 9 月 1 日 00 时模拟至 9 月 12 日 00 时，所需 10m 风场将由 NCEP 最终分析资料 FNL 提供，然后从 9 月 12 日的 00 时开始模拟至 9 月 17 日 00 时进行台风"海鸥"模拟，所需要 10m 风场，由 WRF 模式提供。为了研究海浪对台风模拟的影响，在敏感性实验 W 中海表面粗糙度使用 Charnock 参数化方案（Charnock，1955）；而在敏感性实验 WS 和 WRS 中，海表面粗糙度使用 Taylor 和 Yelland（2001）参数化方案计算。

表 6.3.1　敏感性实验设置

实验	WRF	ROMS	SWAN
W	√	×	×
WR	√	√	×
WS	√	×	√
WRS	√	√	√

从 9 月 12 日 00 时至 9 月 17 日 00 时每隔 6h 的四个实验模拟得到的台风路径，以及与美国联合台风警报中心（Joint Typhoon Warning Center，JTWC）、日本气象厅（Japan Meteorological Agency，JMA）和中国气象局（China Meteorological Administration，CMA）最佳台风路径数据集的比较可以看出，所有的实验都比较精确地模拟了台风路径。对于最小海平面气压（图 6.3.2），WRF 与 ROMS 的耦合

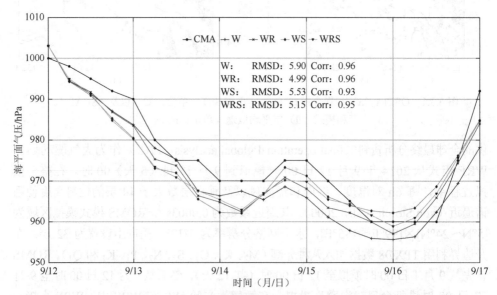

图 6.3.2　所有实验与 CMA 的最小海平面气压比较，以及相对于 CMA 数据的均方根误差 RMSD 和相关系数 Corr

实验（WR 实验）模拟结果最好（RMSD = 4.99），WRF、ROMS、SWAN 耦合实验（WRS 实验）结果次之（RMSD = 5.15），W 实验结果偏差最大（RMSD = 5.90）。

思 考 题

1. COAWST 模式系统都包含哪些模式？各模式的作用是什么？
2. 常用的耦合器有哪些？为什么要用耦合器来连接各个子模式？
3. 在 COAWST 模式系统中 WRF 模式和 SWAN 模式之间有哪些变量交换？COAWST 模式如何考虑波浪对海气交换过程的影响？

第7章　大洋环流模式在气候变化研究中的应用

　　全球气候变化会对地球环境和生态产生重大影响，甚至会威胁人类生存。气候变化导致全球灾害增多是客观事实，例如，1998 年 6~8 月长江发生全流域性特大洪水；2008 年 1 月全国发生大范围的低温、雨雪和冰冻灾害；2015~2020 年美国加利福尼亚州山火频发；2020 年 7 月长江淮河流域发生特大暴雨洪涝灾害等。数值模式是我们认识、理解和预测气候变化的重要手段。在前面对数值模式数学和物理框架介绍的基础上，本章主要对目前主流的大洋环流模式及它们在气候变化中的应用进行简单介绍。

7.1　全球大洋在气候变化中的作用

　　海洋大约占地球表面面积的 70%，从大气层顶进入地球的太阳辐射约有 70% 被海洋吸收；而海洋吸收的太阳辐射中又有约 85% 的能量储存在混合层，然后以长波辐射、潜热交换和感热交换的形式输送给大气。因此，全球大洋尤其是热带海洋，是大气运动的重要能量来源；同时，海洋环流在全球海洋热量再分配方面起着不可替代的作用。

　　海洋在全球气候变化中的作用主要体现在以下四个方面。

1. 调节全球气温

　　海水的比热容和密度均比空气大，$1m^3$ 海水温度降低（升高）1℃所释放（吸收）的热量可使 $3100m^3$ 空气温度升高（降低）1℃。海水的这一特性使得海水温度变化相对大气变化缓慢。海洋巨大的热容量使其成为一个巨大的热量存储器，对全球气温变化起到调节作用。太阳系中的其他星球（如月球）昼夜温差巨大，是由于缺少类似地球大洋这样的水体存在。政府间气候变化专门委员会（Intergovernmental Panel on Climate Change，IPCC）第五次报告指出，地球气候系统增暖的能量大部分储存在海洋中（政府间气候变化专门委员会，2014）。例如，1971~2010 年，气候增暖的能量约 90%储存在海洋中，仅有约 1%储存在大气中。

2. 再分配热量

　　大洋环流的经向热输运对维持局地的热量平衡有重要作用。从长期气候平均

来看，热带热收支常年盈余，极地热收支常年亏损，高纬与低纬之间必须存在经
向热输运，这样才能保持气候系统的热量平衡（图 7.1.1）。低纬的热量通过西边界
流输运到中高纬（图 7.1.2）；当这些热量到达太平洋和大西洋的高纬海域时，强烈
的海气热交换把大量热量输送给大气；而后，这些热量再通过大气向极地输运。
除了海洋表层风生环流的经向热输送会对气候变化产生重要影响，海洋中、深层

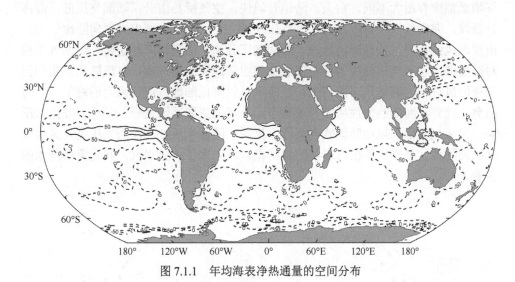

图 7.1.1　年均海表净热通量的空间分布

单位：W/m^2，实线表示正值，虚线表示 0 和负值，数据来源于 National Oceanography Centre Surface
Flux Climatology version 1.1

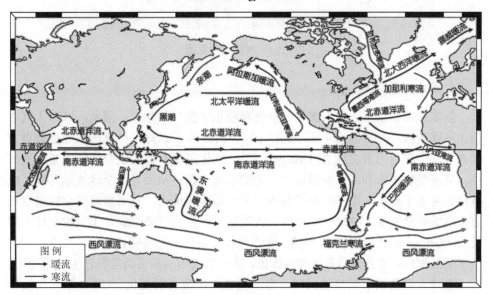

图 7.1.2　全球大洋表层风生环流示意图

的热盐环流对气候变化的影响也是不可忽略的（Wunsch，2002），热盐环流是影响十年到千年尺度气候变化的重要因素。

3. 影响沿海气候

由于海洋和陆地热容量与反射率等物理特性的差异，两者在同样的太阳辐射下增温幅度有很大不同。白天，陆地升温快，空气受热上升，陆面气压低，海洋升温慢，海面气压相对较高，水平气压梯度力使得低层大气由海洋向陆地运动，出现海风；夜晚，陆地降温迅速，陆面气压升高，而海洋降温缓慢，海面气压相对陆面低，水平气压梯度力使得低层大气由陆地向海洋运动，出现陆风。我们把昼夜的风统称为海陆风（图 7.1.3）。海风可以降低陆地气温，因而沿海午后相对凉爽。此外，海陆热力性质差异还是引起季风的主要原因之一。冬季，陆面气压高，洋面气压低，风由陆地吹向海洋；夏季，陆面气压低，洋面气压高，风由海洋吹向陆地。夏季风不仅可以使陆地降温，还带来了大量水汽，其是夏季降水的主要来源。

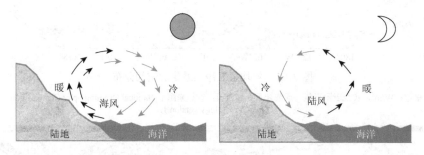

图 7.1.3　海陆风示意图

4. 吸收二氧化碳

自工业革命以来，化石燃料的燃烧释放出大量二氧化碳，因此，地球大气中的二氧化碳浓度与日俱增［图 7.1.4（c）］。2017 年，地球二氧化碳浓度更是百万年来首次突破百万分之四百（400ppm）。二氧化碳是影响气候变化的主要温室气体，它能吸收地面和海面反射回大气中的长波辐射，从而导致全球气温升高。二氧化碳可溶于海水，海洋具有较强的二氧化碳吸收能力，从而能减缓全球温室效应。最新研究表明，1994～2007 年，人类活动产生的二氧化碳有 31% 被全球大洋吸收（Gruber et al.，2019）。当然，海洋吸收二氧化碳也是有代价的，二氧化碳溶于水后显酸性，这会加剧海洋酸化现象，从而造成珊瑚和贝类等海洋生物的死亡。

全球大洋在调节气候的同时，自身也在发生显著的变化。IPCC 第五次报告指出，自 20 世纪 50 年代以来，全球大气和海洋平均温度显著升高。例如，2003～

2012 年的平均气温相对 1850~1900 年升高了 0.72~0.85℃［图 7.1.4（a）；1971~
2010 年，海洋上层 75m 的海温以 0.009~0.013℃/a 的趋势上升。全球升温一方面使
得两极积雪减少、冰川融化；另一方面使得海水发生热膨胀，这两方面的共同作用
最终导致全球海平面上升。1901~2010 年，全球平均海平面上升了 0.17~0.21m
［图 7.1.4（b）］。19 世纪中叶以来，海平面的上升速率高于过去两千年的海平面上升
速率；尤其是近 20 年，全球平均海平面上升速率达 2.8~3.6mm/a。科学家通过大量
的观测和数值模式发现，工业革命后，全球海温升高和海平面抬升主要是人类活动
（如煤炭和天然气的开发使用）排放到大气中的二氧化碳含量剧增导致的。

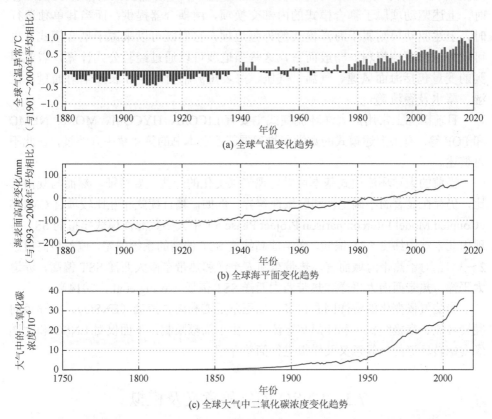

图 7.1.4　全球气温变化趋势、全球海平面变化趋势和全球大气中二氧化碳浓度变化趋势
（数据来源于 NOAA Climate.gov）

　　观测表明，目前全球平均气温已经比工业革命前上升 1℃左右。如果按现有
速度发展，今后每十年全球平均气温将上升 0.2℃。IPCC 第五次报告强调，如果
全球平均气温上升 2℃，东亚和北美地区遭受暴雨和热带低压的风险将大为上升；
即便全球平均气温只上升 1.5℃，到 2100 年前，全球海平面将上升 0.26~0.77m，
珊瑚礁面积将减少 70%~90%。

7.2　大洋环流模式简单回顾

海盆尺度的大洋环流系统在边界驱动力和主要影响因子方面有别于区域环流和近海环流系统，因此，大洋环流的数值模拟被称为大洋环流模式或者全球海流模式。大洋环流模式由海表动量通量、淡水通量和热通量驱动，既可以单独运行，也可以作为海气耦合模式中的海洋模块耦合运行。这两种运行方式的区别在于其海表通量驱动项如何确定。当其作为耦合模式的海洋模块运行时，上述驱动项属于耦合模式的内部交换项，由耦合器提供；而当其单独运行时，上述驱动项则属于海洋模式的外强迫项，它们既可以来源于耦合模式，也可以来源于观测资料。一般而言，这些强迫项可以通过经验公式计算，需要用到的变量包括海面风速、气温、气压、海表短波辐射通量和长波辐射通量、比湿、降水及径流等。

目前国际上常用的大洋环流模式主要有 LICOM、HYCOM、MOM、NEMO 和 POP 等。有关上述模式的数学和物理框架已在本书的第 4 章中介绍过，在此不再赘述。

当前的大洋环流模式基本可以再现气候变化的一些主要特征，然而与观测相比，仍存在显著的不确定性和区域性差异。例如，耦合模式相互比较项目 CMIP5（Coupled Model Intercomparison Project Phase 5）中大多数海洋模式模拟的 SST 呈现出北半球中纬度 SST 偏低，南半球高纬度 SST 偏高的系统偏差，偏差最高可达 2~3℃。对于热带海域而言，热带东南太平洋和热带东南大西洋 SST 偏高，赤道太平洋、热带西南太平洋和热带西大西洋 SST 偏低（Wang et al.，2014）。

影响气候变化的海洋因素很多，如厄尔尼诺和南方涛动（ENSO）、大洋经向翻转环流、南极绕极流和印尼贯穿流等。由于篇幅限制，下面仅对 ENSO 和大洋经向翻转环流的气候意义及模拟进行简单介绍。

7.3　ENSO 的气候意义及模拟

7.3.1　ENSO 的来历及其气候意义

热带太平洋是纬向宽度最宽的热带大洋，其西侧拥有全球 SST 最高的海域——"暖池"，而其东侧有着热带太平洋 SST 最低的海域——"冷舌"。与热带太平洋 SST 分布相对应的海表风场以偏东风为主，它驱动了热带太平洋的表层流系，如南赤道流和北赤道流。在热带太平洋海域，"冷舌"获得的净海表热通量远大于"暖池",换言之,海洋环流过程引起的平流热输运在这两个海域的热量收支平衡中起着重要的作用(图 7.3.1)。

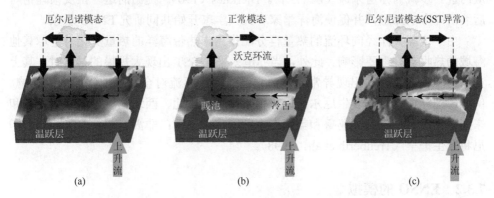

图 7.3.1 厄尔尼诺年份(a)和正常年份(b)赤道太平洋的海表温度与海表温度异常(c)及其上空的大气环流结构示意图

　　厄尔尼诺(El Niño)现象的发现与一位秘鲁地理学家有关。19 世纪末,这位地理学家发现秘鲁沿岸每隔几年就会出现气候异常,一位经验丰富的老船长告诉他,秘鲁北部的渔民发现,在每年圣诞前后秘鲁沿岸都会出现由赤道南下的沿岸暖流。由于这支暖流总是在圣诞前后出现,渔民们把它称为"厄尔尼诺流"(El Niño 在西班牙文中是圣婴的意思)。地理学家还发现在某些年份秘鲁沿岸 SST 增暖幅度特别强烈,同时伴随着其他异常的海洋现象和气候现象。然而,当 El Niño 这个概念逐渐传遍科学界的时候,其意义已经发生变化,它仅仅指个别年份的异常事件,而非每年圣诞前后出现在秘鲁沿岸的赤道南下暖流。

　　20 世纪 20、30 年代,著名的气象学家 Gilbert Walker 指出全球每隔几年就会出现显著的气候异常事件(Walker,1923,1924),他把这些气候异常事件命名为"南方涛动"(southern oscillation,SO)。南方涛动指的是西半球的达尔文(Darwin)岛和东半球的塔希提(Tahiti)岛之间海表气压差的年际变化现象,由于这两个岛均在南半球,因此这一年际变化现象被称为"南方涛动"。当时的科学家并没有意识到南方涛动与厄尔尼诺事件之间存在联系,直到 20 世纪 50、60 年代,科学家认识到秘鲁和厄瓜多尔沿岸的 SST 异常与南方涛动联系密切。并且,科学家发现厄尔尼诺现象并不仅仅局限在秘鲁和厄瓜多尔沿岸,而是整个赤道中、东太平洋海域都会出现 SST 异常。同时,著名的气象学家 Bjerknes 指出厄尔尼诺现象可能是大尺度海洋-大气相互作用的海洋表现。Bjerknes(1969)利用历史观测数据,证实了赤道中、东太平洋大规模的 SST 异常与南方涛动之间存在密切联系。此外,他指出赤道东太平洋的海洋-大气相互作用对厄尔尼诺的发展至关重要。例如，赤道东风减弱会导致赤道东太平洋的上升流减弱，从而使得该海域 SST 升高，并加热其上空大气。这会造成赤道太平洋 SST 的东、西差距缩小，沃克环流减弱，从而进一步减弱赤道东风（图 7.3.1）。Bjerknes（1969）提出的这一正反馈理论对后续研究影响深远，并促使海洋学家和大气学家开始共同研究 ENSO 现象。

由于全球大洋经向环流的热量再分配作用，热带海洋的热量变化对全球其他海域的热收支有重要影响。此外，当赤道太平洋 SST 出现大规模的异常时，其上空的对流也会相应地出现异常，然后再通过大气环流对全球各地气候产生影响。例如，当赤道太平洋发生厄尔尼诺事件时，美国东北、西北地区，加拿大西部和东亚将出现暖冬；南美秘鲁和美国东南部则出现暴雨；非洲南部、南美北部和印尼将发生干旱（Trenberth et al.，1998）。

7.3.2　ENSO 的模拟

许多科学家利用海洋模式对 ENSO 进行了大量的研究，这里仅以 Lu 等（2017）的研究为例，详细介绍 ENSO 的数值模拟情况。

Lu 等（2017）使用 POP 模式对 ENSO 进行了模拟。POP 使用的水平网格是转移极点的两极点网格，其在南半球是标准的 Mercator 网格，而在北半球极点被转移至格陵兰岛，以避免模式在北极极点附近产生奇异值（图 7.3.2）。转移极点网格的南、北边界分别设在 80°S 和 80°N 附近，经向分辨率为 1.125°，纬向间隔不均匀，由赤道附近间隔约 0.27°向中纬度附近间隔约 0.5°缓慢变化，然后又由中纬度向极地方向逐渐减小。垂直方向由海表至水下 5500m 分为 32 层。

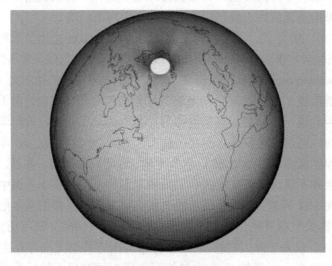

图 7.3.2　POP 模式的转移极点网格

　　模式垂向混合项选择的是 Richardson 数混合方案，水平扩散选择的是 GM 参数化方案（Gent and McWilliams, 1990）。模式从海水静止、海面无扰动的冷启动状态开始模拟。三维温、盐初始场由全球海洋温盐数据集（World Ocean Atlas 2009, WOA09）气候态年均温、盐资料进行空间插值得到。模式时间步长设为 24 min。模式的海表强迫场包括热通量、淡水通量和风应力。其中热通量和淡水通量采用温、盐恢复条件，以海表温度和海表盐度的形式输入，恢复周期为 30d。

　　首先，使用 WOA09 的气候态月均海表温度、海表盐度数据及 Hellerman 气候态月均风应力数据作为海表强迫场，强迫控制试验积分 80 年模式积分 60 年后，从动能的时间变化上看模式基本达到准稳定状态。而后，使用模式第 80 年的输出结果作为初始场，以 ECMWF ORAS4（Ocean Reanalysis System version 4）的月均海表温度场和海表盐度场作为热通量和淡水通量强迫，以 ERA-Interim 月均风应力场作为风应力强迫，强迫模式从 1979 年 1 月运行至 2016 年 7 月。

　　模式无论是从强度上，还是从空间型态上均较好地模拟出了 1979～2016 年的厄尔尼诺事件（图 7.3.3 和图 7.3.4）。例如，从强度上看，模式模拟出了 1982/83 年、1997/98 年和 2015/16 年的 3 次极端厄尔尼诺事件；1987/88 年和 1991/92 年的 2 次强厄尔尼诺事件；1994/95 年、2002/03 年和 2009/10 年的 3 次中等强度厄尔尼诺事件；以及 2004/05 年、2006/07 年和 2014/15 年的 3 次弱厄尔尼诺事件。从空间型态上看，1982/83 年和 1997/98 年的厄尔尼诺事件体现为整个赤道中、东太平洋大规模的 SST 增暖，属于典型的"东部型"厄尔尼诺事件；而 1987/88 年、1991/92 年、1994/95 年、2002/03 年、2004/05 年、2009/10 年和 2014/15 年的厄尔尼诺事件，其 SST 正异常中心位于赤道中太平洋，属于典型的"中部型"厄尔尼诺事件。

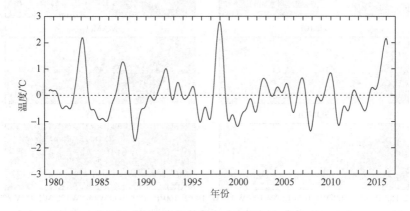

图 7.3.3　Nino3 指数

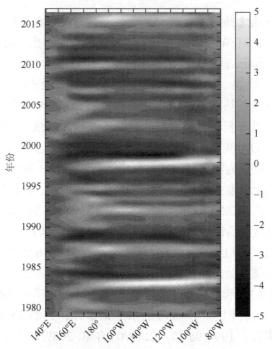

图 7.3.4　赤道海表温度异常的时间-经度图（单位：℃）

　　厄尔尼诺事件的温度异常并不仅仅体现在海表，而是整个赤道太平洋温跃层以上的海温均会出现显著的异常现象。图 7.3.5 给出了 1979～2016 年所有厄尔尼

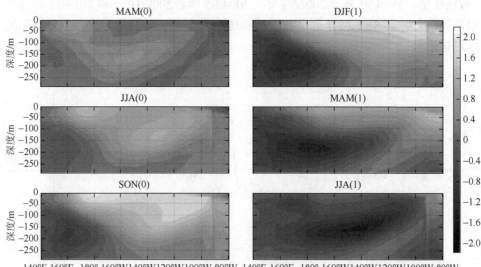

图 7.3.5　1979～2016 年所有厄尔尼诺事件合成的赤道剖面海温异常演变过程（单位：℃）

0 表示厄尔尼诺发生年，1 表示厄尔尼诺发生次年，MAM 代表 3～5 月，JJA 代表 6～8 月，
SON 代表 9、10 月，DJF 代表 12～2 月

诺事件合成的赤道剖面海温异常演变过程。可以看出，在厄尔尼诺发生当年的春季，赤道西太平洋表层及赤道中太平洋温跃层已经先出现增暖现象；夏季和秋季，该异常逐渐发展并向东传播，赤道东太平洋温跃层增厚，同时，赤道西太平洋出现海温负异常，温跃层深度变浅；冬季，厄尔尼诺发展到巅峰，整个赤道中、东太平洋 SST 达到最大正异常，赤道西太平洋表现为海温负异常；次年春季和夏季，赤道中、东太平洋 SST 增暖逐渐减弱，同时，赤道西太平洋温跃层的负异常逐渐增强并向东传播。

7.4　大洋经向翻转环流的气候意义及模拟

7.4.1　大洋经向翻转环流的气候意义

大洋经向翻转环流（MOC）是纬向平均意义上的经向闭合环流，它包含大洋经向运动和垂向运动。MOC 分为上层环流与深层环流两部分，直接影响大洋内部的热盐输运和热盐平衡，因此，对气候变化有着重要影响。研究表明，太平洋、大西洋和印度洋均存在着 MOC，分别称为大西洋经向翻转环流（AMOC）、太平洋经向翻转环流（PMOC）和印度洋经向翻转环流（IMOC）。

AMOC 是指墨西哥湾流到达北大西洋高纬海域后冷却下沉，而后在深层转为向南流动，最终在南大西洋副热带海域上升回上层所形成的经向闭合环流圈（Wunsch，2002）。AMOC 的水平范围为 30°S～60°N，垂向深度可达 3000m，主要由上层的湾流和深层的热盐环流构成（图 7.4.1）。墨西哥湾流挟带巨大的热量进入北大西洋高纬海区（通过 24°N 断面的热输运约为 1.2×10^{15}W）（Ganachaud and Wunsch，2000）。由于湾流的存在，北欧的气温较同纬度其他地区的气温要高。大量调查研究表明，AMOC 存在显著的季节、年际、年代际和更长时间尺度的变化。若湾流强度减弱将使北大西洋显著变冷，北极冰冻圈扩大，热带辐合带位置向赤道移动，同时，东亚夏季风也随之减弱（Vellinga and Wood，2002）。

PMOC 是太平洋所有经向翻转环流的总称（图 7.4.2）。与结构单一的 AMOC 相比，PMOC 的结构要复杂得多，它包含六个经向环流圈：两个热带环流圈（Tropical Cells，TCs）、两个副热带环流圈（Subtropical Cells，STCs）、一个北太平洋温跃层环流圈（Thermocline Cell，THC）和一个北太平洋副极地环流圈（Subpolar Cell，SPC）。TCs 位于 0°和 5°N(S)之间，STCs 位于 0°和 30°N(S)之间，TCs 和 STCs 均位于 500m 深度以上，它们是赤道潜流水体的主要来源（Lu et al.，1998）。此外，STCs 还是连接热带太平洋和副热带太平洋的桥梁。热带太平洋暖水通过表层的向极流被输运至副热带，而副热带相对较冷的海水在温跃层内流向热带，上述经向流动与赤道的上升流和副热带的下降流一起构成了 STCs（McCreary and Lu，1994）。

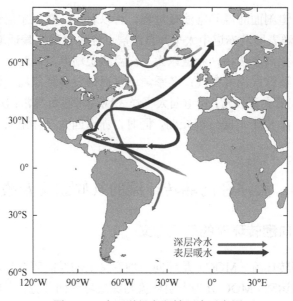

图 7.4.1　大西洋经向翻转环流示意图

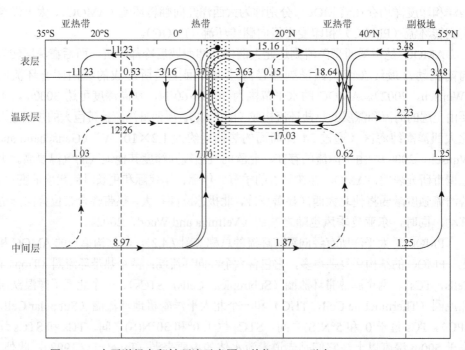

图 7.4.2　太平洋经向翻转环流示意图（单位：Sv；引自 Lu et al.，1998）

STCs 的变化不仅会影响热带和副热带太平洋的温、盐结构，还对 ENSO 的年代际变化有着重要影响（Gu and Philander，1997），进而影响全球气候变化。THC 水平范围为 25°N～65°N，垂向最深可达 3000m；而 SPC 与 STCs 一样，仅局限在上层 500m，其水平范围为 30°N～50°N。THC 和 SPC 对北太平洋高纬海域的温、盐结构和气候变化有着重要影响（Bryan，1991）。

　　IMOC 的结构比 AMOC 复杂，但比 PMOC 简单；其强度与 AMOC 和 PMOC 相比要弱。IMOC 具有跨赤道环流圈和深层环流圈（Miyama et al.，2003），其中，跨赤道环流圈的垂向范围在 500m 深度以上（图 7.4.3）。IMOC 除了影响印度洋的经向热输运和热量平衡，还会对包括我国在内的周边地区的气候产生影响。

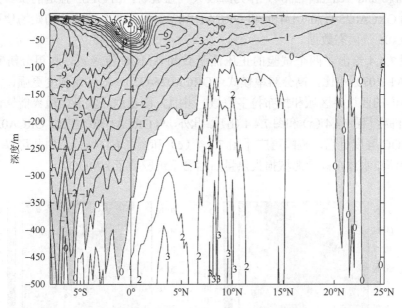

图 7.4.3　北印度洋经向流函数（单位：Sv；引自 Miyama et al.，2003）

7.4.2　大西洋经向翻转环流的模拟

　　Stepanov 和 Haines（2014）利用 NEMO 模式，分别使用 1°和 1/4°两种水平分辨率网格对 1960～2010 年的 AMOC 进行了模拟。他们使用的是 NEMO 2.3 版本。模式采用了 z 坐标系，静压假定和 Boussinesq 近似。模式使用了自由表面及三极点的 ORCA 网格。ORCA 网格垂向分为 46 层，垂向间隔由表层（6m）向海底（250m）逐渐增大。而其水平方向有两种分辨率，一种是全球为 1°分辨率，热带加密为 1/3°分辨率的 ORCA1 网格系统；另一种是全球 1/4°分辨率的 ORCA025 网格系统，其赤道处的分辨率约为 28km，60°N 处的分辨率约为 13.8km，北冰洋的分辨率为 10km。模式采用能量守恒动量平流方案（Barnier et al.，2006）；水平方向采用 Laplacian 扩散方案，水平扩散和黏性系数随纬度和深度变化；垂向涡动扩散和黏性系数采用

Blanke 和 Delecluse（1993）方案，此方案是基于湍动动能诊断方程得到的。此外，沿等密度面的混合采用 GM 混合方案（Gent and McWilliams，1990）。由于缺乏淡水通量强迫数据，为防止全球模式的盐度出现漂移现象，模式使用气候态海表盐度作为恢复场。对于 ORCA025 而言，无冰海表的恢复周期为 180d，有冰海表的恢复周期为 60d；而对于 ORCA1 而言，无冰海表的恢复周期为 36d，有冰海表的恢复周期为 7d。

上述模式使用混合 DFS3（DRAKKAR Forcing Set 3，1958～2004 年）大气数据（Large and Yeager，2004）作为海表大气强迫场。由 DFS3 强迫的试验分别被命名为 ORCA025-G70（1/4°）和 ORCA1-R07（1°），两个试验的初始场使用的均是 WOA05 气候态数据。

图 7.4.4 给出了两个试验的正压流函数和 AMOC 流函数。与粗分辨率模式（ORCA1-R07）相比，高分辨率模式（ORCA025-G70）的环流强度更强，尤其是在大西洋的西边界区域和拉布拉多海域，并且，副极地环流沿西边界能够渗透到更南的纬度［图 7.4.4（a）和图 7.4.4（b）］。此外，与 ORCA1-R07 相比，ORCA025-G70 中 AMOC 强度更强，范围更广［图 7.4.4（c）和图 7.4.4（d）］。由此可以看到，温暖的湾流水体在高纬海域损失热量后增密下沉驱动了 AMOC。

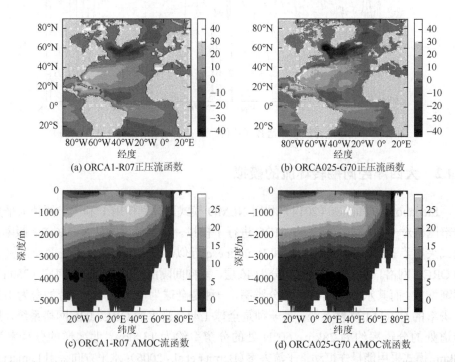

图 7.4.4　两个试验的正压流函数和 AMOC 函数（单位：Sv；引自 Stepanov and Haines，2014）

7.4.3　太平洋热带环流圈和副热带环流圈的模拟

　　Farneti 等（2014）利用 MOM 模式，采用三种不同分辨率的网格对太平洋 TCs 和 STCs 进行了模拟。第一种网格的纬向分辨率为 1/4°，经向由赤道（1/4°约 28km）向两极逐渐加密（8~11km），垂直方向分成 50 层（对应的数值试验命名为 MOM-p25）；第二种网格的水平分辨率为 1°，热带加密为 1/3°，垂向同样分成 50 层（对应的数值试验命名为 MOM-1）；第三种网格的水平分辨率为 2°，热带加密为 1°，垂向分成 30 层（对应的数值试验命名为 MOM-2）。

　　模式平流采用多维分段抛物线方案（multidimensional piecewise parabolic method，MDPPM）（Marshall et al.，1997）；沿等密度面扩散采用常数扩散系数 $600m^2/s^2$ 和 slope-tapering 方案（Danabasoglu and McWilliams，1995）；垂向混合采用 KPP 参数化方案（Large et al.，1994）；水平扩散采用 Laplacian 方案。由于 MOM-p25 网格分辨率较高，可以刻画涡旋运动，模式不需要使用涡旋参数化方案，但采用了 Fox-Kemper 等（2011）提出的次中尺度参数化方案。而对于分辨率较低的 MOM-1 和 MOM-2 则采用了 Ferrari 等（2010）提出的涡旋参数化方案。

　　模式外强迫数据来自 CORE2（Coordinated Ocean-Ice Reference Experiments version 2）海-气数据集（Large and Yeager，2009），使用到的变量包括降水、辐射通量、海表压强、海表 10m 比湿、10m 气温、10m 经向和纬向风速。为防止模式出现漂移，使用 WOA09 盐度数据对模式海表 10m 层的盐度进行弱恢复，MOM-p25 和 MOM-1 的恢复周期为 60d，MOM-2 的恢复周期为 55d。1948~2007 年 60 年的 CORE2 数据被循环 5 次来强迫 MOM 模式，取最后 60 年的模式输出结果用于分析。

　　图 7.4.5 给出了太平洋上层 250m STCs 的气候态平均流函数及其 60 年变化趋势。MOM-p25、MOM-1 和 MOM-2 三者的流函数和趋势的空间型态一致，但高分辨率模式（MOM-p25）的经向环流圈结构更清晰，TCs 和 STCs 的区分更加明显。1948~2007 年，15°S~15°N 范围内 STCs 呈现出显著的减弱趋势，减弱幅度约为 0.25Sv/a。可以看出，次表层的减弱程度大于表层，最大减弱趋势出现在 50~200m 深度。STCs 的垂向分布说明了副热带"潜沉"——沿温跃层向赤道的经向输运对赤道的重要影响。

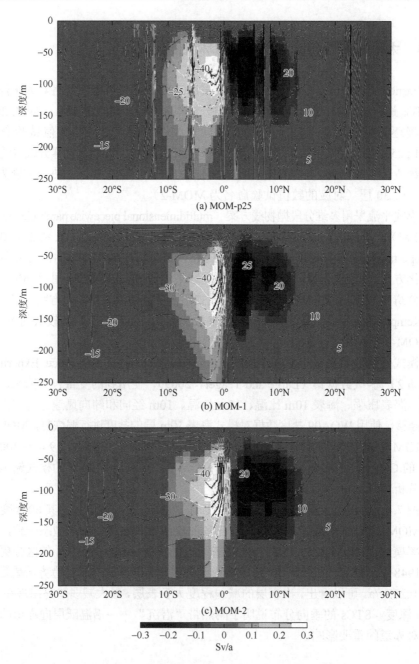

图 7.4.5　MOM-p25、MOM-1 和 MOM-2 的太平洋经向流函数（等值线，单位：Sv）
与线性趋势（引自 Farneti et al., 2014）

思 考 题

1. 举例还有哪些极端天气事件与全球气候变化有关？

2. 除海陆热力性质差异外，还有哪些因素影响季风的变化？

3. 如何设置数值试验来研究二氧化碳对气候变化的影响？

4. ENSO 事件对我国气候有何影响？它对我国不同区域的影响是否一样？

5. 经向翻转环流对大洋环流与全球气候有何影响？

6. 中国是世界上少数几个受台风影响严重的国家之一，如何通过设置数值试验研究海洋变化对台风的影响？

第 8 章　其他常用海洋模式

第 4～7 章详细介绍了海流模式、波浪模式、海气耦合模式及大洋环流模式，本章简要地介绍以下几类常用海洋模式：大涡模拟、海冰模式、海洋生态动力学模型及海洋沉积输运模式。

8.1　大　涡　模　拟

8.1.1　模式介绍

大涡模拟（LES）是由 Smagorinsky（1963）提出的用于研究湍流运动的一种重要手段。目前计算机的计算能力仍然无法完全分辨全部的湍流过程，人们可以获得大于网格尺度的湍流结构，而无法模拟小于该网格尺度的结构。研究湍流过程的数值模拟方法有 LES、直接数值模拟（direct numerical simulation，DNS）方法和雷诺平均纳维-斯托克斯方程（Reynolds-averaged Navier-Stokes equations，RANS）方法。LES 方法用滤波器将物理量分成大尺度量和小尺度量，通过精确求解某个尺度以上所有湍流尺度的运动，从而能够捕捉到 RANS 方法所无能为力的许多非稳态、非平衡过程中出现的大尺度效应和结构，同时又克服了 DNS 由于需要求解所有湍流尺度而带来的巨大计算量的问题。LES 方法直接模拟大尺度运动，利用次网格尺度模型描述小尺度运动对大尺度运动的影响，因而被认为是最具潜力的湍流数值模拟发展方向。现在 LES 在科学和工程方面有广泛的应用，主要包括声学、大气边界层、海洋混合等方面。

8.1.2　海洋中 LES 理论和方法

对于旋转的笛卡儿坐标系而言，动量方程的张量形式可写为

$$\frac{\partial u_i}{\partial t} = -u_k \frac{\partial u_i}{\partial x_k} - \varepsilon_{ijk} f_j u_k - \frac{1}{\rho} \frac{\partial p}{\partial x_i} - g\delta_{i3} + v_m \left(\frac{\partial^2 u_i}{\partial x_k^2} + \frac{1}{3} \frac{\partial}{\partial x_i} \frac{\partial u_k}{\partial x_k} \right) \quad (8.1.1)$$

对于质量守恒（连续方程）：

$$\frac{\partial \rho}{\partial t} = -\frac{\partial (u_i \rho)}{\partial x_i} \quad (8.1.2)$$

对于热量守恒（热力学第一定律）：

$$\frac{\partial \theta}{\partial t} = -u_k \frac{\partial \theta}{\partial x_k} + \nu_h \frac{\partial^2 \theta}{\partial x_k^2} + Q_h \qquad (8.1.3)$$

对于标量守恒：

$$\frac{\partial s}{\partial t} = -u_k \frac{\partial s}{\partial x_k} + \nu_s \frac{\partial^2 s}{\partial x_k^2} + Q_s \qquad (8.1.4)$$

式（8.1.1）～式（8.1.4）中，u_k 为速度分量；x_i 为笛卡儿坐标系；t 为时间；p 为压强；ρ 为密度；ε_{ijk} 为标准反对称张量，$i,j,k \in \{1,2,3\}$；f_j 为科氏参数，并且 $f = (0, 2\Omega\cos\varphi, 2\Omega\sin\varphi)$，$\Omega$ 为地球旋转角速度，φ 为纬度；g 为重力加速度；δ_{i3} 为克罗内克函数；θ 为温度；s 为对流动有或没有影响的任何标量；ν_m、ν_h、ν_s 分别为与动量、温度和标量相关的分子黏性系数；Q_h 和 Q_s 分别为位温和标量的源、汇项。

本节以并行大涡模拟海气耦合模式（parallelized large-eddy simulation model，PALM）（Maronga et al.，2015）为例，简要介绍海洋中 LES 方法理论。PALM 对式（8.1.1）～式（8.1.4）使用 Boussinesq 近似，之后对方程进行滤波，由于 LES 的主要思想是将湍流尺度分离，因此每个变量都可以分解为可解析部分 $\bar{\psi}$（网格尺度）和不可解析部分 ψ'（次网格尺度）：

$$\psi = \bar{\psi} + \psi' \qquad (8.1.5)$$

可解析部分和不可解析部分是由滤波宽度决定的，在 PALM 中使用的方法是由 Schumann（1975）提出的：

$$\bar{\psi}(V,t) = \frac{1}{V} \int_V \psi(V',t)\mathrm{d}V' \qquad (8.1.6)$$

网格体积为

$$V = \left[x - \frac{\Delta x}{2}, x + \frac{\Delta x}{2} \right] \times \left[y - \frac{\Delta y}{2}, y + \frac{\Delta y}{2} \right] \times \left[z - \frac{\Delta z}{2}, z + \frac{\Delta z}{2} \right] \qquad (8.1.7)$$

在 PALM 中，过滤尺度等于空间离散的网格长度。因此，可使用体积平均值过滤出次网格尺度湍流，该方法为隐式滤波。最终可得到 PALM 滤波后的模式方程：

$$\frac{\partial \overline{u_i}}{\partial t} = -\frac{\partial \overline{u_k}\,\overline{u_i}}{\partial x_k} - \varepsilon_{ijk} f_j \overline{u_k} - \frac{1}{\rho_0} \frac{\partial \overline{\pi^*}}{\partial x_i} - \frac{\overline{\rho_\theta - <\rho_\theta>}}{<\rho_\theta>} g\delta_{i3} - \frac{\partial \tau_{ki}}{\partial x_k} \qquad (8.1.8)$$

$$\frac{\partial \overline{u_i}}{\partial x_i} = 0 \qquad (8.1.9)$$

$$\frac{\partial \overline{\theta}}{\partial t} = -\frac{\partial \overline{\theta}\ \overline{u_k}}{\partial x_k} - \frac{\partial \overline{u_k'\theta'}}{\partial x_k} + Q_h \tag{8.1.10}$$

$$\frac{\partial \overline{s}}{\partial t} = -\frac{\partial \overline{s}\ \overline{u_k}}{\partial x_k} - \frac{\partial \overline{u_k's'}}{\partial x_k} + Q_s \tag{8.1.11}$$

次网格项则定义为

$$\tau_{ki} = \overline{u_k'u_i'} = \overline{u_k u_i} - \overline{u_k}\ \overline{u_i} \tag{8.1.12}$$

$$\overline{u_k'\theta'} = \overline{u_k \theta} - \overline{u_k}\ \overline{\theta} \tag{8.1.13}$$

$$\overline{u_k's'} = \overline{u_k s} - \overline{u_k}\ \overline{s} \tag{8.1.14}$$

式（8.1.8）～式（8.1.14）中，τ_{ki} 为次网格尺度应力张量；$\overline{u_k'\theta'}$ 和 $\overline{u_k's'}$ 分别为温度和标量的次网格尺度的通量；ρ_θ 为位密；$\pi^* = p^* + 2/3\rho_0 e$，$p^*$ 为扰动压强，ρ_0 为空气密度，e 为次网格尺度动能。由于不能准确计算以上这些次网格尺度的应力张量，所以必须使用次网格尺度模型进行参数化。□表示体积过滤后的变量，包括湍流的可解析部分，□′表示湍流的次网格尺度部分，<>表示对变量水平平均。

8.1.3　LES 的应用

本小节将简要介绍两个大涡模拟方法在海洋中应用的例子。实验一是模拟海洋中对流不稳定性现象（Gao et al.，2019），实验二是模拟海洋中波浪诱导的朗缪尔环流现象，研究海洋上边界层的混合（Wang et al.，2020a）。

实验一：

海底热液喷发释放大量的热量和矿物质元素，对海洋环境特别是海底生物过程和海底成矿有重要的影响。这一过程伴随着强烈的对流不稳定，诱导剧烈的湍流混合。本实验利用 LES 对热液喷发过程进行数值模拟。模拟的区域为一个 800m×800m×800m 的立方体，水平方向和垂直方向上网格分辨率 dx = dy = dz = 5m。网格分辨率的大小必须确保大部分的湍流输运是可解析的，在水平方向上采用循环边界条件。在模式中考虑了科氏力的作用，在模拟区域底部中心设置一个 15m×15m×15m 的方形区域，并在该区域表面释放热通量以模拟热液喷口。图 8.1.1 为流线和垂向速度的垂直剖面图，在羽流底部，垂向速度为正值；在上部 −500～−350m 的范围内，羽流周围流体的垂向速度为负值。白色线条为平均流场的流线，箭头表示流线的方向，在羽流底部周围海水流向羽流中心，随后向上运动；在羽流上部，流线向下向外运动。

实验二：

实验设置波高为 1m、波长为 40m 的表面重力波，研究在此重力波作用下的斯托克斯漂流诱导产生的朗缪尔环流现象。为了分析波浪破碎和朗缪尔环流对混

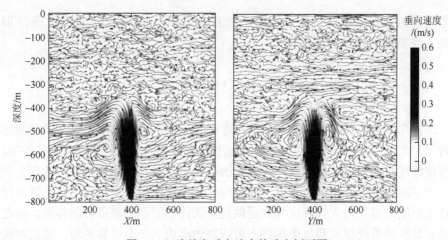

图 8.1.1 流线和垂向速度的垂直剖面图

左边为 y = 400m 处 x-z 平面内的垂直剖面，右边为 x = 400m 处 y-z 平面内的垂直剖面，所示结果为控制实验的
最后 24h 的数据平均（白色的线条为平均流场的流线）。图片引自 Gao et al., 2019

合层的影响，实验区域所选网格数为 300×300×60，水平和垂直分辨率均为 1m。
模式在开始前的 900s 加一个冷却源来启动湍流运动，大小为 0.47×10⁻⁴K·m/s，
实验一共运行 13h。实验中温度盐度均设定为常值，无梯度变化，横向边界条
件为循环边界条件，底部边界条件为自由滑动面。PALM 中初始条件的海表面
摩擦速度由风应力计算得到，$u_* = \sqrt{\tau / \rho_w}$，实验中设定风应力 $\tau = 0.1\text{N/m}^2$，海
水密度 $\rho_w = 1000\text{kg/m}^3$。为了简化实验，实验将风应力设定为沿单一方向。图 8.1.2

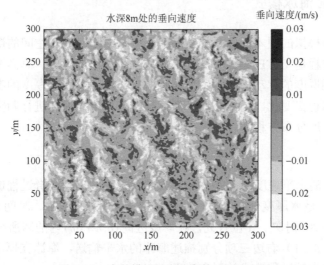

图 8.1.2 实验模拟垂向速度的平面分布图

图片引自 Wang et al., 2020a

为实验模拟垂向速度的平面分布图，下沉速度大于上升速度，并且有条纹现象产生，表明有朗缪尔环流现象。

8.2　海　冰　模　式

过去几十年，两极海冰发生了显著的变化，特别是过去的 40 年，北极海冰迅速融化，成为人类活动影响气候变化最敏感的证据之一，受到了越来越多的关注。海冰使海洋与大气隔绝、提高冰盖水域的反照率、在其形成或融化时改变上层海洋盐度进而影响浮力来调节极地气候。海冰在确定地球行星反照率、全球海洋温盐环流强度，以及为大气环流模式提供边界条件等方面起着重要的作用，因此海冰模式是地球系统模式和气候模式不可或缺的模块。一个可靠的海冰模式对模拟大气-海冰-海洋相互作用有着非常重要的作用。目前发展较为完善的海冰模式有如下几类：区域海洋系统中的海冰模块（Regional Ocean Modeling System，ROMS）、洛斯·阿拉莫斯海冰模式（The Los Alamos Sea Ice Model，CICE）、泛北极海冰海洋模拟与同化系统中的海冰模式（Pan-Arctic Ice Ocean Modeling and Assimilation System，PIOMAS）（Zhang and Rothrock，2003），其中 CICE 在 2018 年更新到第六个版本，是目前考虑海冰物理过程比较完善的海冰模式。

本节主要介绍 CICE 模式和 ROMS 模式中使用的海冰模块，对其他海冰模式感兴趣的读者，请参考相关文献。

8.2.1　CICE 海冰模式

海冰数值模拟的根本问题是描述海冰厚度分布随时间和空间的演变，海冰厚度时空分布方程是 CICE 模式求解的基本方程。海冰与大气、海洋进行动量与热量交换，不同厚度的冰动力和热力性质有所差异，随着海冰厚度的变化，海冰所属的厚度类别也在变化，因此 CICE 海冰模式按厚度对海冰进行归类。基于质量守恒，海冰厚度分布方程为

$$\frac{\partial g_h}{\partial t} = -\nabla \cdot (\boldsymbol{u} g_h) - \frac{\partial (f_h g_h)}{\partial h} + \psi \tag{8.2.1}$$

其中，$\boldsymbol{u}$ 是冰的水平速度；f_h 是冰的热力学增长率；ψ 是成脊过程造成的厚度重分布函数；g_h 是冰厚度分布函数，它是位置 x、海冰厚度 h、时间 t 的函数。定义 $g_h(x,h,t)\mathrm{d}h$ 为 t 时刻、x 位置处，在厚度区间 $(h, h+\mathrm{d}h)$ 内的冰所覆盖的海洋面积比例。式（8.2.1）右边三项分别描述海冰的水平输送，海冰在厚度 h 方向的增长、融化及成脊等过程造成的厚度输送。

海冰模式通常包括两个模块：海冰动力学模块和海冰热力学模块。为求解海

冰厚度分布方程，CICE 通过动力学模块计算 u 和 ψ ，通过热力学模块计算 f_h 。下面分别介绍这两个模块的基本物理过程。

1. 海冰动力学模块

海冰运动主要受 5 种力的作用，包括风应力、海流应力、海表高度梯度力、科氏力及海冰内部应力，其中风应力是冰运动的主要强迫机制。海冰动力模型主要计算海冰在上述 5 种力作用下的运动特征、海冰的平流输送、海冰成脊叠挤作用，其中最重要的是海冰的流变学特性，这体现在海冰运动方程中的内部应力张量项。目前应用到的海冰动力学模块中的海冰流变学主要是黏-塑性（viscous-plastic，VP）流变学模型（Hibler，1979）、弹-黏-塑性（elastic-viscous-plastic，EVP）流变学模型（Hunke and Dukowicz，2002）、弹-各向异性-塑性（elastic-anisotropic-plastic，EAP）流变学模型（Tsamados et al.，2013），其中 EVP 模型是对 VP 模型的修正，EAP 模型考虑了冰盖变化的各向异性。

1）海冰动力学方程

$$m\frac{\partial u}{\partial t} = \nabla \cdot \boldsymbol{\sigma} + \boldsymbol{\tau}_a + \boldsymbol{\tau}_w + \boldsymbol{\tau}_b - \boldsymbol{k} \times mf\boldsymbol{u} - mg\nabla H_o \tag{8.2.2}$$

其中，u 是海冰的水平流速；m 是单位面积上的冰雪质量；$\boldsymbol{\sigma}$ 是内部应力张量；$\boldsymbol{\tau}_a$、$\boldsymbol{\tau}_w$ 分别是海洋应力和风应力；$\boldsymbol{\tau}_b$ 是基底应力，表示浅水中的压力成脊作用；$mf\boldsymbol{u}$ 为科氏力；$mg\nabla H_o$ 是由海面倾斜造成的海表压强梯度力。其中，内部应力张量 $\boldsymbol{\sigma}$ 的求解是海冰动力学方程的关键，包括 EVP 和 EAP 两种不同模型。

2）EVP 模型

将内部应力张量 $\boldsymbol{\sigma}$ 写为：$\sigma_1 = \sigma_{11} + \sigma_{22}$，$\sigma_2 = \sigma_{11} - \sigma_{22}$，散度记为 D_D ，水平应力和切变力分别记为 D_T 和 D_S ，EVP 应力方程为

$$\frac{\partial \sigma_1}{\partial t} + \frac{\sigma_1}{2T} + \frac{P_R(1-k_t)}{2T} = \frac{P(1-k_t)}{2T\Delta}D_D \tag{8.2.3}$$

$$\frac{\partial \sigma_2}{\partial t} + \frac{e^2\sigma_2}{2T} = \frac{P(1+k_t)}{2T\Delta}D_T \tag{8.2.4}$$

$$\frac{\partial \sigma_{12}}{\partial t} + \frac{e^2\sigma_{12}}{2T} = \frac{P(1+k_t)}{4T\Delta}D_S \tag{8.2.5}$$

其中，T 是弹性波的阻尼时间尺度；P_R 是排驱压力（Geiger et al.，1998）；P 为冰强度；e 是椭圆纵横比（ellipse aspect ratio）；k_t 是冰强度比例系数（介于 0～1）；算符 $\Delta = \left[D_D^2 + \frac{1}{e^2}(D_T^2 + D_S^2)\right]^{\frac{1}{2}}$ 。

3）EAP 模型

EAP 模型将内部应力张量与冰的几何性质联系起来，EAP 应力方程为

$$\frac{\partial \sigma_1}{\partial t} + \frac{\sigma_1}{2T} = \frac{\sigma_1^{\text{EAP}}}{2T} \tag{8.2.6}$$

$$\frac{\partial \sigma_2}{\partial t} + \frac{\sigma_2}{2T} = \frac{\sigma_2^{\text{EAP}}}{2T} \tag{8.2.7}$$

$$\frac{\partial \sigma_{12}}{\partial t} + \frac{\sigma_{12}}{2T} = \frac{\sigma_{12}^{\text{EAP}}}{2T} \tag{8.2.8}$$

其中，$\sigma^{\text{EAP}}(h) = P_r(h) \int_S \vartheta(r)[\sigma_r^b(r) + k\sigma_s^b(r)]\mathrm{d}r$ 是应变率和结构张量，P_r 是成脊强度，$k = P_r / P_s$，是摩擦参数，P_s 是滑动强度。

2. 海冰热力学模块

控制海冰厚度分布的主要平衡是那些热力学过程之间的平衡，这些热力学过程导致了增长、融化，以及一些由驱动形变的风应力、海洋应力、内部应力等诱导的机械过程。目前海冰模式中提供的热力学方案包括：零层热力学（Semtner，1976）、线性盐度热力学（Bitz and Lipscomb，1999）、糊状层热力学（Feltham et al.，2006）。对零层热力学感兴趣的读者可以参考 Semtner（1976）的文献，下面简要介绍后两种热力学方案。

1）线性盐度热力学

给定海冰的盐度垂直廓线，且不随时间变化，每一冰层中间的盐度为

$$S_{ik} = \frac{1}{2} S_{\max} \left\{ 1 - \cos\left[\pi z^{\left(\frac{a}{z+b}\right)} \right] \right\} \tag{8.2.9}$$

其中，z 是标准化冰厚度；$S_{\max} = 3.2 \times 10^{-12}$；$a = 0.407$；$b = 0.573$；这些常量基于对多年冰的观测得到。盐度剖面的表面盐度为 0，底部盐度达到最大值 $S_{\max}$。海冰内部温度变化方程为

$$\rho_i c_i \frac{\partial T_i}{\partial t} = \frac{\partial}{\partial z}\left(K_i \frac{\partial T_i}{\partial z} \right) - \frac{\partial}{\partial z}[I_{\text{pen}}(z)] \tag{8.2.10}$$

其中，ρ_i 是海冰密度；c_i 是海冰比热容；T_i 是冰温；K_i 是海冰热传导率；$I_{\text{pen}}(z)$ 是深度 z 处的太阳短波辐射穿透量。

2）糊状层热力学

海水结冰会发生盐析现象，未排出的盐水在海冰内部形成盐泡，糊状层热力学认为固体海冰包裹在盐水中，海冰内部的盐度是随时间变化的，盐度变化方程为

$$\frac{\partial S}{\partial t} = w \frac{\partial S_{\text{br}}}{\partial z} + G \tag{8.2.11}$$

其中，S 是海冰的盐度；S_{br} 是盐泡的盐度；w 是垂向 Darcy 速度；G 是源项。

海冰内部温度变化方程为

$$\frac{\partial q}{\partial t} = \frac{\partial}{\partial_z}\left(K\frac{\partial T}{\partial_z}\right) + w\frac{\partial q_{br}}{\partial_z} + F \tag{8.2.12}$$

其中，K 是海冰热传导率；w 是垂向 Darcy 速度；q_{br} 是盐水的焓；F 是冰内吸收的短波辐射；q 是海冰的焓，是冰层温度 T 的函数。式（8.2.12）右端第一项表示热传导项，第二项表示重力导致的盐析垂直对流项。

8.2.2　ROMS 中的海冰模块

在 ROMS 海冰模块中，海冰动力学模块基于 Hunke 和 Dukowicz（1997）及 Hunke（2001）的 EVP 流变学。海冰热力学模块基于 Mellor 和 Kantha（1989）及 Häkkinen 和 Mellor（1992）的文献。热力学过程中，ROMS 海冰模块用两个冰层和一个雪层来求解热传导方程，ROMS 海冰模块热力学模型冰雪分层示意图如图 8.2.1 所示。雪层不含热量，起绝缘层的作用。冰热力学包含了表面融池，并通过一个薄过渡层将冰盖底部和上层海洋分开。ROMS 海冰模块动力学过程与 CICE 模式类似，热力学过程不同于 CICE，这里简单介绍 ROMS 热力学过程。

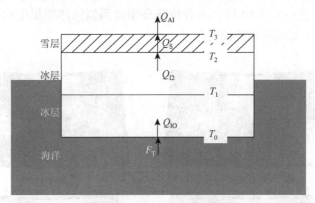

图 8.2.1　ROMS 海冰模块热力学模型冰雪分层示意图

大气与雪或者冰之间的净热通量为

$$Q_{AI} = Q_{SI} + Q_{LI} - (1 - \alpha_I)SW - LW + \varepsilon_I\sigma(T_3 + 273)^4 \tag{8.2.13}$$

其中，Q_{SI} 是感热通量；Q_{LI} 是潜热通量；α_I 是冰或雪的反照率；SW 是太阳短波辐射；LW 是长波辐射；$\varepsilon_I\sigma(T_3 + 273)^4$ 是表面发射的长波辐射，σ 是玻尔兹曼常数，ε_I 是发射率，T_3 是表面温度。

由于模式假设雪没有热容，雪传导的热量为

$$Q_s = \frac{k_s}{h_s}(T_2 - T_3) \tag{8.2.14}$$

其中，h_s 是雪层的厚度；k_s 是雪的热传导率；T_2 是冰雪界面温度。

顶层冰传导的热量为

$$Q_{12} = \frac{k_1}{h_1 / 2}(T_1 - T_2)$$ （8.2.15）

其中，h_1 是冰的厚度；k_1 是冰的热传导率；T_1 是冰内部温度。

底层冰传导的热量为

$$Q_{IO} = \frac{k_1}{h_1 / 2}(T_0 - T_1)$$ （8.2.16）

其中，T_0 是冰-海界面温度，受冰-海热通量 F_T 影响。

8.2.3 模式应用

Dong 等（2019）用 ROMS 海冰模块模拟了 1990～2004 年白令海海冰多尺度变化。模式区域涵盖整个白令海及部分楚科奇海，模式分辨率为 3～7km，由南至北逐渐加密。其中在阿留申群岛南部，平均空间分辨率为 5km。根据 15 年卫星观测数据对模拟进行分析和评估，该模型准确再现了白令海海冰覆盖率的季节和年际变化。该模型还模拟了圣劳伦斯岛周围冰间湖的生成和演变，图 8.2.2 展示了 1996 年 4 月 5 日～5 月 10 日，圣劳伦斯岛南北两侧海冰密集度的变化，显示了该岛屿附近的冰间湖的时空演变。

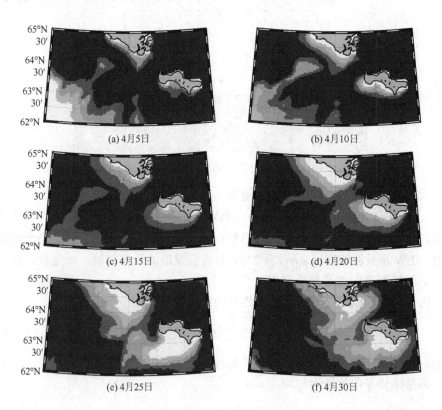

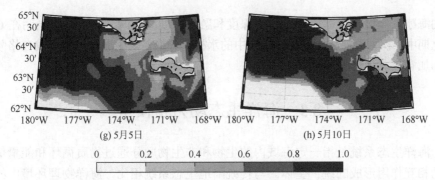

(g) 5月5日　　　　　　　　　　　　　　(h) 5月10日

图 8.2.2　1996 年 4 月 5 日～5 月 10 日，圣劳伦斯岛南北两侧冰间湖的时空演变

图片引自 Dong et al.，2019

　　Hunke 等（2013）用 CICE 海冰模式模拟了 1998～2007 年北极海冰时空演变。模式采用三极点网格，空间分辨率为 1°。图 8.2.3 展示了 1998～2007 年 6 月平

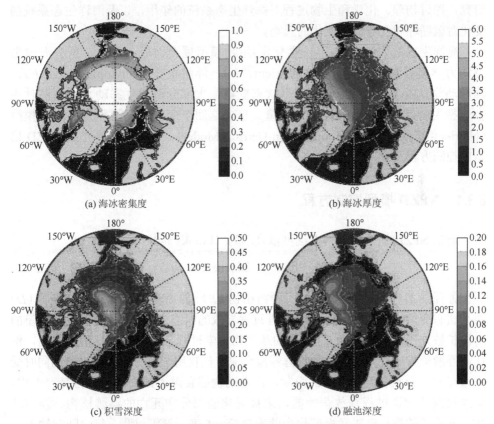

(a) 海冰密集度　　　　　　　　　　　　(b) 海冰厚度

(c) 积雪深度　　　　　　　　　　　　(d) 融池深度

图 8.2.3　1998～2007 年 6 月平均的海冰密集度、海冰厚度（m）、积雪深度（m）和
融池深度（m）的空间分布

图片引自 Hunke et al.，2013

均的海冰密集度、海冰厚度、积雪深度和融池深度的空间分布，结果表明在 6 月融化期中，积雪没能完全融化，融池中的水被部分掩盖。最深的融池形成在格陵兰岛和加拿大北极群岛附近。

8.3　海洋生态动力学模型

海洋生态系统是指一定海域内的生物和非生物成分通过物质循环和能量信息流动相互作用形成的统一整体。与传统陆地生态系统相比，海洋物理环境中的流场、锋面、中尺度涡旋、次中尺度动力过程等，以及与颗粒物和沉积物有关的生物地球化学循环等都使得海洋生态系统更加复杂且难以观测。为研究具有复杂的物理和生物化学过程的海洋生态系统，海洋生态动力学应运而生。海洋生态动力学将海洋当作一个有机整体，对海洋生态系统的结构、功能与时空变化特征进行研究，探讨物理、化学和生物过程对海洋生态系统的作用，以及海洋生态系统的变化对碳循环和全球气候变化的影响。

海洋生态动力学模型由物理-化学-生物模型耦合而成，目前，所有海洋生态动力学模型都含有营养盐（Nutrient，N）、浮游植物（Phytoplankton，P）、浮游动物（Zooplankton，Z）三个状态变量，大部分海洋生态动力模型同时还会包括生物碎屑（Detritus，D）变量。包含这四个变量的模型称为 NPZD 模型（Nutrient-Phytoplankton-Zooplankton-Detritus Model）。本节将简单介绍 NPZD 模型的控制方程及应用个例。

8.3.1　NPZD 模型控制方程

通常 NPZD 模型的基本方程可以表示为（Franks and Chen，2001）：

$$\frac{\partial E_i}{\partial t} = \text{Phy}(E_i) + \text{Biochem}(E_i) + S \qquad (8.3.1)$$

方程中 E_i 代表了营养盐（N）、浮游植物（P）、浮游动物（Z）和生物碎屑（D）四个状态变量；$\text{Phy}(E_i)$ 表示的是物理过程导致的状态变量的变化，如生态变量的对流扩散作用；$\text{Biochem}(E_i)$ 代表的是生物化学过程导致的状态变量的变化，例如，浮游植物通过光合作用吸收营养盐合成有机物用于自身生长，生长的同时受到营养盐、光照和温度条件的限制，浮游动物捕食浮游植物同化为自身有机物，并通过新陈代谢过程释放营养盐，未被同化的部分和死亡的浮游植物、浮游动物一起形成碎屑；碎屑又再矿化为营养盐等；S 表示源汇过程，包含陆源输入与大气沉降等对营养盐的贡献。针对研究的不同海域，营养盐部分可以进一步分为氮（N）、磷（P）、硅（Si）、铁（Fe）等。

模型的基本方程组可写为如下形式（Fan and Lv，2009）。

营养盐（N）控制方程：

$$\frac{\partial N}{\partial t}+u\frac{\partial N}{\partial x}+v\frac{\partial N}{\partial y}+w\frac{\partial N}{\partial z}=\frac{\partial}{\partial x}\left(A_H\frac{\partial N}{\partial x}\right)+\frac{\partial}{\partial y}\left(A_H\frac{\partial N}{\partial y}\right)+\frac{\partial}{\partial z}\left(K_H\frac{\partial N}{\partial z}\right)$$

$$-\frac{V_m N}{k_s+N}\cdot\frac{I}{I_0}\exp\left(1-\frac{I}{I_0}\right)AQ_{10}^{(T-10)/10}P+\theta BQ_{10}^{(T-10)/10}i(P)Z+eD \tag{8.3.2}$$

浮游植物（P）控制方程：

$$\frac{\partial P}{\partial t}+u\frac{\partial P}{\partial x}+v\frac{\partial P}{\partial y}+w\frac{\partial P}{\partial z}+w_P\frac{\partial P}{\partial z}=\frac{\partial}{\partial x}\left(A_H\frac{\partial P}{\partial x}\right)+\frac{\partial}{\partial y}\left(A_H\frac{\partial P}{\partial y}\right)+\frac{\partial}{\partial z}\left(K_H\frac{\partial P}{\partial z}\right)$$

$$+\frac{V_m N}{k_s+N}\cdot\frac{I}{I_0}\exp\left(1-\frac{I}{I_0}\right)AQ_{10}^{(T-10)/10}P-BQ_{10}^{(T-10)/10}i(P)Z+d_P P \tag{8.3.3}$$

浮游动物（Z）控制方程：

$$\frac{\partial Z}{\partial t}+u\frac{\partial Z}{\partial x}+v\frac{\partial Z}{\partial y}+w\frac{\partial Z}{\partial z}=\frac{\partial}{\partial x}\left(A_H\frac{\partial Z}{\partial x}\right)+\frac{\partial}{\partial y}\left(A_H\frac{\partial Z}{\partial y}\right)+\frac{\partial}{\partial z}\left(K_H\frac{\partial Z}{\partial z}\right) \tag{8.3.4}$$

$$+\gamma G_m\cdot BQ_{10}^{(T-10)/10}(1-e^{-\lambda P})Z+d_Z Z$$

生物碎屑（D）控制方程：

$$\frac{\partial D}{\partial t}+u\frac{\partial D}{\partial x}+v\frac{\partial D}{\partial y}+w\frac{\partial D}{\partial z}+w_D\frac{\partial D}{\partial z}=\frac{\partial}{\partial x}\left(A_H\frac{\partial D}{\partial x}\right)+\frac{\partial}{\partial y}\left(A_H\frac{\partial D}{\partial y}\right)+\frac{\partial}{\partial z}\left(K_H\frac{\partial D}{\partial z}\right)$$

$$+(1-\gamma-\theta)BQ_{10}^{(T-10)/10}i(P)Z+d_P P+d_Z Z-eD \tag{8.3.5}$$

式（8.3.2）～式（8.3.5）中的 x,y,z 分别表示东西、南北和垂向三个方向；u,v,w 和 T 分别表示物理场中的三维背景流场和海水温度；A_H 与 K_H 分别表示水平与垂向的扩散系数；V_m 为浮游植物最大生长率；$i(P)$ 为浮游动物对浮游植物捕食过程；d_P 为浮游植物死亡率；d_Z 为浮游动物死亡率；e 为碎屑的再矿化速率；λ 为捕食常数；AQ_{10} 为 10℃时浮游植物生长的温度调整系数；BQ_{10} 为 10℃时浮游动物生长的温度调整系数；γ 为浮游动物同化率；θ 为浮游动物的排泄比率；k_s 为营养盐吸收的半饱和常数；w_P 为浮游植物的沉降速度；w_D 为碎屑的沉降速度；I 为光照强度；I_0 为最优光强。其中涉及的主要生物化学作用如下：

（1）浮游植物的生长过程会受到营养盐的限制，通常用 Michaelis-Menten（M-M）公式（Franks and Chen，2001）表示，即 $g(N)=\dfrac{N}{k_s+N}$，当营养盐浓度 N 足够大时，该项接近 1［该项出现在式（8.3.2）和式（8.3.3）中］。

（2）浮游生物（包括浮游植物和浮游动物）在生长过程中会受到温度的限制，

温度控制条件分别表示为 $AQ_{10}^{(T-10)/10}$ 和 $BQ_{10}^{(T-10)/10}$（Fransz and Verhagen，1985），表示温度每升高 10℃，浮游植物或浮游动物的生理活动的活跃程度会增加一倍，即 Q_{10} 法则（Berthelot equation），也就是说浮游生物生长的最低要求温度是 10℃，温度过低会直接影响浮游生物的生长，但是如果海水温度超过浮游生物承受的范围，该法则就会失效。

（3）用线性关系 $d_p P$，$d_z Z$，eD 表达系统内的浮游植物和浮游动物的死亡及生物碎屑的再矿化过程。

（4）浮游植物的生长过程也受到光照的限制，用公式 $\dfrac{I}{I_0}\exp\left(1-\dfrac{I}{I_0}\right)$ 表达光照对浮游植物的影响（Garcia-Gorriz et al.，2003）。

（5）浮游动物对浮游植物的捕食项 $i(P)$ 则有多种表达形式，主要如下。

①Lotka-Volterra 公式，这是一种线性公式（Taguchi and Nakata，1998），形式较简单且容易理解，即随着浮游植物生物量的增长，浮游动物摄食量也随之增大。由于该公式没有上限限制，与海洋生态学中的实际情况不符，所以近些年已很少有人采用该公式进行计算。

②M-M 公式或 Holling 第二类公式（Franks，2002）：$i(P)=\dfrac{C_m P}{K_p + P}$，该公式与 Lotka-Volterra 公式的最大区别是当浮游植物生物量增长到一定值时，不会无限增大，而是趋近于一个极限值。

③Holling 第三类公式：$i(P)=\dfrac{C_m P^2}{K_p + P^2}$，该公式与 Holling 第二类公式类似（Chai et al.，2002）。

④Ielve 公式（Garcia-Gorriz et al.，2003）：$i(P)=G_m(1-e^{-\lambda P})$，$G_m$ 为浮游植物最大捕食率。该公式与 Holling 和 Lotka-Volterra 公式的区别在于公式描述的摄食过程存在限制，当 P 增长到一定程度时，$i(P)$ 趋向饱和，也就是随着浮游植物生物量的增长，浮游动物对浮游植物的捕食率将趋于一个极限值，这与实际生物本身的生理局限较为符合。

（6）浮游植物和生物碎屑的自然沉降过程分别用一阶微分 $w_P\dfrac{\partial P}{\partial z}$ 和 $w_D\dfrac{\partial D}{\partial z}$ 来表达。

从以上模型的结构分析可以看出，即使一个非常简单的 NPZD 模型也会包含复杂的生物化学过程，且每个代表生物化学过程的数学公式并不是统一的，会有两个甚至更多的表达方式，除此之外，每个生物化学过程所包含的生态参数及其取值也不尽相同。因此，海洋生态模式的建立与所研究的对象密切相关。

8.3.2　海洋生态动力学模型个例

本小节简要介绍目前在 ROMS 模式中广泛使用的一种海洋生态动力学模块——碳硅氮生态系统（Carbon Silicon Nitrogen Ecosystem，CoSiNE）模型。CoSiNE 模型最初由柴扉教授及其团队发展起来（Chai et al.，2002），用以描述多种浮游植物和浮游动物受环境因素（如温度、光、流场等）及各种营养盐（如氮、磷、硅和铁等）的影响，并包含海洋中的碳循环。CoSiNE 模型包含 13 个基本变量、两种浮游植物群落（小型浮游植物 S1 和硅藻 S2）、两种浮游动物群落（小型浮游动物 Z1 和中型浮游动物 Z2）、三种氮形态营养盐 [NO$_3$、NH$_4$ 和碎屑氮（detritus nitrogen，DN）]、两种硅形态营养盐 [SiO$_4$ 和碎屑硅（detritus silicon，DSi）]、一种磷形态营养盐（PO$_4$）、溶解氧（DOX）、总二氧化碳（CO$_2$）和总碱度（ALK）。其中，S1 适合生长在营养盐浓度较低的海域，而 S2 适合生长在营养盐浓度较高的海域（如近岸上升流区）。浮游动物 Z1 摄食 S1，Z2 摄食 S2。CoSiNE 模型结构示意图如图 8.3.1 所示。

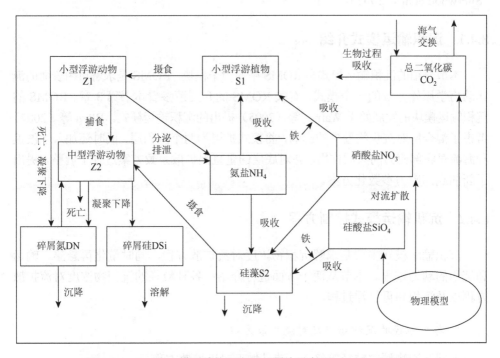

图 8.3.1　CoSiNE 模型结构示意图（图片引自 Chai et al.，2002）

通过将 CoSiNE 模式与区域动力学模型（ROMS）耦合，柴扉等还建立了

ROMS-CoSiNE 耦合模式。该耦合模式已被成功地用来研究北太平洋初级生产力及赤道太平洋海域营养盐的时空变化（Chai et al.，2007；Bidigare et al.，2009），硅铁元素在高营养盐低叶绿素海域对浮游植物及整个生态系统的影响（Jiang and Chai，2004；Chai et al.，2007），中国南海初级生产力及碳循环研究（Chai et al.，2009；Ma et al.，2013；Guo et al.，2015），长江口低氧环境研究（Zhou et al.，2017），加利福尼亚流系生态预测及上升流区在全球变暖背景下生态的可能变化研究（Mobley，2011；Xiu et al.，2018）等。

8.4　海洋沉积输运模式

随着对海洋环境的开发利用和生态保护的加强，探索海洋环境中的沉积物输运过程变得非常重要。海洋环境中沉积物的输运涉及复杂的物理过程和动力机制，各种流体动力学过程决定了沉积物的再悬浮、输运和沉积。20 世纪下半叶发展起来的沉积输运数值模式已经成为研究海洋沉积动力学的一个重要工具。沉积物输运的数值模拟可以对沉积物变化进行预测，并提高人们对有关输运机制的认识（Sherwood et al.，2002）。

8.4.1　沉积输运模式介绍

本节介绍的沉积输运模式是 ROMS 中的一个模块，ROMS 是求解自由表面的流体动力学原始方程的一个模式，有关 ROMS 的介绍请参看本书第 3 章。ROMS 的沉积输运模块的发展始于 Warner 等（2005）提出的沉积输运模式。Blass 等（2007）考虑了混合层对沉积物卷夹的影响，将模式扩展为两个沉积层，同时还加入了波浪和海流对底部应力的共同作用，并对底层的垂直涡扩散系数方案进行了调整，提出了新的底部应力参数化方案。

8.4.2　沉积输运模式控制方程

沉积输运模式主要是求解沉积物浓度对流扩散方程，同时量化再悬浮、输运和沉积的动力过程。本节从两个方面进行介绍：各种粒径的沉积物浓度对流扩散方程以及沉积和再悬浮过程。

1. 各种粒径的沉积物浓度对流扩散方程

不同沉积物颗粒粒径等级 j，满足如下对流扩散方程：

$$\frac{\partial c_j}{\partial t} + \frac{\partial u_i c_j}{\partial x_i} - \frac{\partial}{\partial x_i}\left(K_i \frac{\partial c_j}{\partial x_i}\right) - w_{sj}\frac{\partial c_j}{\partial x_3} = Q_j \qquad (8.4.1)$$

其中，下标 i 表示坐标方向（ x_1 表示纬向， x_2 表示经向， x_3 表示垂直向上的方向）； c_j 表示粒径等级为 j 的雷诺平均、波平均沉积物浓度； u_i 表示海水流速； K_i 表示湍流扩散系数； w_{sj} 表示沉降速度，其主要取决于沉积物的粒径大小，与流动条件和沉积物浓度无关； Q_j 表示点源或点汇。

对每个粒径等级分别求解式（8.4.1），其中式（8.4.1）中水平和垂直平流、水平和垂直扩散、垂直沉降、源汇项等各项通过数值积分获得。垂直沉降方案包括分段抛物线法（Colella and Woodward，1984）和一个加权基本无振荡方案（Liu et al.，1994）。Marchesiello 等（2001）处理开放边界的方法：在流出时，采用辐射和平流条件；在流入时，将浓度微调至外部值。在应用中，开放边界尽可能位于深水中，当预计沉积物的浓度在深水中消失时，可以调整为 0。

2. 沉积和再悬浮过程

流入水中的沉积物的净流量是研究沉积输运的一个重要参数。对于每一个粒径等级，流入水中的净流量是沉积通量 $(-w_{sj}c_j)$ 与侵蚀通量 E_j $(kg/(m^2 \cdot s))$ 之和。其中，沉积通量 $(-w_{sj}c_j)$ 的估算可以通过求解式（8.4.1）获得，侵蚀通量 E_j 的估算需考虑再悬浮卷夹过程。

侵蚀过程发生在海底底床边缘，在海底以上的沉积层可分为相对薄弱的活跃层和垂直混合均匀的底层（或称为堆积层），活跃层位于底层的顶部，是水柱与沉积层的界面。侵蚀通量 E_j 取决于活跃层的特性和底部应力：

$$E_j = \begin{cases} E_{0,j}(1-p)f_j\left(\dfrac{\tau_b}{\tau_{cr,j}}-1\right), & \tau_b > \tau_{cr,j} \\ 0, & 其他 \end{cases} \qquad (8.4.2)$$

其中， $E_{0,j}$ 表示第 j 级粒径颗粒的经验卷夹率； p 表示沉积物的孔隙度（可根据海底组成而定）； f_j 表示 j 类沉积物的体积分数； $\tau_{cr,j}$ 表示第 j 级颗粒粒径等级的启动临界剪切应力； τ_b 是水流作用于颗粒上的剪切应力的大小。

式（8.4.2）中经验卷夹率 $E_{0,j}$ 与颗粒粒径大小密切相关。粒径较小的颗粒由于隐藏而不容易再次悬浮，粒径较大的细小颗粒由于暴露而更容易再悬浮，剩下的粗颗粒则抑制细颗粒的再悬浮。这种颗粒选择性的再悬浮过程可以影响卷夹率。对于每个粒径等级大小 j ，修正后的卷夹率变为

$$E_{0,j} = \left(\frac{d_j}{d_{50}}\right)\lambda_E^5 E_{u,j} \qquad (8.4.3)$$

其中， $E_{u,j}$ 表示底层中第 j 级粒径颗粒的卷夹率； λ_E 是一个应变参数，它取决于活跃层中沉积物的分布； d_j 表示 j 类沉积物的颗粒粒径。与大粒径的颗粒相比，小粒径颗粒的卷夹率更低。

式（8.4.3）中水流作用于颗粒上的剪切应力 τ_b 取决于多种因素，包括由沉积层形式引起的阻力效应、颗粒大小及海底波纹等。其中，沉积层形态的特征在经验上取决于活跃层的中值粒径 d_{50}，对于沙区（$d_{50} > 63\mu m$），可能会出现波纹，波纹引起的粗糙度可用于确定作用在流动上的剪切应力。

8.4.3　模式应用

Blaas 等（2007）利用 ROMS 对圣莫尼卡（Santa Monica）和圣佩德罗（San Pedro）湾的悬浮沉积物输移过程进行了模拟研究。在 2001 年 12 月用一组嵌套的网格进行了为期一个月的模拟。模型输入包括潮汐、风、表面波和理想化的初始沉积物条件。该研究分析了沉积物输运对表面波、波纹粗糙度和陆架粗糙度的敏感性。从敏感性实验来看，沉积物的水平输运被限制在近岸侵蚀带的几千米范围内。在波浪较大的试验中，沉积物被运输更远的距离，也有一部分以不同的羽状流从大陆架上被移走。由于海面风应力和波浪增强底部应力的双重作用，水平沉积物输运很大程度上依赖于垂直混合。强风与巨浪同时发生（因此发生强烈的垂直混合）是沉积物输送的最佳条件。敏感性实验还表明，附加波纹粗糙度对侵蚀和沉积的直接影响较弱。局部关闭陆架粗糙度会导致近底部沉积物浓度和颗粒大小的空间梯度增大。

思　考　题

1. 研究湍流过程的数值模拟方法有哪些？大涡模拟与其他方法相比优点在哪里？
2. 海冰模式中线性盐度热力学和糊状层热力学的主要区别是什么？
3. 浮游生物（包括浮游植物和浮游动物）在生长过程中会受到温度限制的法则是什么？
4. 什么是海洋生态动力学？NPZD 模型包含哪些状态变量？
5. 海洋沉积输运模式中沉积层形态的特征取决于什么？

参 考 文 献

陈克明. 1994. IAP 全球海气耦合环流模式的改进及温室气候引起气候变化的数值模拟研究. 广州：中国科学院南海海洋研究所.

董昌明. 2019. 物理海洋学导论. 北京：科学出版社.

管长龙，文圣常，张大错. 1995. 分析海浪方向谱的扩展本征矢方法 I：方法的导出. 海洋与湖沼，26（1）：58-62.

李春辉. 2016. 近海水沙垂线分布与瞬时含沙量研究. 南京：河海大学.

李庆扬，王能超，易大义. 2008. 数值分析. 5 版. 北京：清华大学出版社.

刘海龙. 2002. 高分辨率海洋环流模式和热带太平洋上层环流的模拟研究. 北京：中国科学院.

时海云. 2019. 长江下游径流量对江心洲和长江口盐水入侵变化的影响研究. 南京：南京信息工程大学.

徐瑾，曹玉晗，杨永增，等. 2020. 2016 年苏北近海风场和波浪场多时间尺度变化的数值模拟研究. 海洋科学进展，38（4）：600-623.

徐文灿，胡俊. 2011. 计算流体力学（上）. 北京：北京理工大学出版社.

杨永增，乔方利，赵伟，等. 2005. 球坐标系下 MASNUM 海浪数值模式的建立及其应用. 海洋学报，27（2）：1-7.

尹宝树，蒋德才. 1989. 于复杂地形和存在流的浅水域波浪的折射绕射联合模式 I. 海洋学报，11（6）：682-692.

俞永强. 1997. 海-冰-气耦合方案的设计及年代际气候变化的数值模拟研究. 北京：中国科学院.

宇如聪. 1989. 具有陡峭地形的有限区域数值天气预报模式设计. 大气科学，13（2）：139-149.

袁业立，潘增弟，华锋，等. 1992a. LAGFD-WAM 海浪数值模式 I：基本物理模型. 海洋学报（中文版），14（5）：1-7.

袁业立，潘增弟，华锋，等. 1992b. LAGFD-WAM 海浪数值模式 II：区域性特征线嵌入格式及其应用. 海洋学报（中文版），14（6）：12-24.

张学洪，俞永强，周天军，等. 2013. 大洋环流和海气相互作用的数值模拟讲义. 北京：气象出版社.

政府间气候变化专门委员会. 2014. IPCC 第五次评估报告. https://www.ipcc.ch/report/ar5/syr/ [2015-12-13].

Anderson R J. 1993. A study of wind stress and heat flux over the open ocean by the inertial-dissipation method. Journal of Physical Oceanography，23（10）：2153-2161.

Andreas E L，Mahrt L，Vickers D. 2012. A new drag relation for aerodynamically rough flow over the ocean. Journal of the Atmospheric Sciences，69（8）：2520-2537.

Andreas E L，Mahrt L，Vickers D. 2015. An improved bulk air-sea surface flux algorithm，including spray-mediated transfer. Quarterly Journal of the Royal Meteorological Society，141（687）：642-654.

Bachman S D，Fox-Kemper B，Taylor J R，et al. 2017. Parameterization of frontal symmetric instabilities. I：Theory for resolved fronts. Ocean Modelling，109：72-95.

Bachman S D，Taylor J R. 2014. Modelling of partially-resolved oceanic symmetric instability. Ocean Modelling，82（10）：15-27.

Bao Y，Song Z，Qiao F. 2020. FIO earth system model (FIO-ESM) version 2.0：Model description and evaluation. Journal of Geophysical Research：Oceans，125（6）：e2019JC016036.

Barnier B，Madec G，Penduff T，et al. 2006. Impact of partial steps and momentum advection schemes in a global ocean circulation model at eddy-permitting resolution. Ocean Dynamics，56（5-6）：543-567.

Beji S，Battjes J A. 1993. Experimental investigation of wave propagation over a bar. Coastal Engineering，19（1-2）：151-162.

Bidigare R R，Chai F，Landry M R，et al. 2009. Subtropical ocean ecosystem structure changes forced by North Pacific climate variations. Journal of Plankton Research，31（10）：1131-1139.

Bigg P H. 1967. Density of water in SI units over the range 0-40℃. British Journal of Applied Physics，18（4）：521-524.

Bissett W P，Walsh J J，Dieterle D A，et al. 1999. Carbon cycling in the upper waters of the Sargasso Sea：I. Numerical simulation of differential carbon and nitrogen fluxes. Deep Sea Research Part I：Oceanographic Research Papers，46（2）：205-269.

Bitz C M，Lipscomb W H. 1999. An energy-conserving thermodynamic model of sea ice. Journal of Geophysical Research，104（15）：15669-15678.

Bjerknes J. 1969. Atmospheric teleconnections from the equatorial Pacific. Monthly Weather Review，97：163-172.

Blaas M，Dong C，Marchesiello P，et al. 2007. Sediment-transport modeling on southern californian shelves：A ROMS case study. Continental Shelf Research，27（6）：832-853.

Blanke B. Delecluse P. 1993. Variability of the tropical Atlantic Ocean simulated by a general circulation model with two different mixed-layer physics. Journal of Physical Oceanography，23（7）：1363-1388.

Blumberg A F，Mellor G L. 1987. A Description of A Three-Dimensional Coastal Ocean Circulation Model，Three-Dimensional Coastal Ocean Models. Washington D. C.：American Geophysical Union.

Booij N R，Ris R C，Holthuijsen L H. 1999. A third-generation wave model for coastal regions：1. Model description and validation. Journal of Geophysical Research：Oceans，104（C4）：7649-7666.

Bryan K. 1969. A numerical method for the study of the circulation of the world ocean. Journal of Computational Physics，4（3）：347-376.

Bryan K. 1991. Poleward heat transport in the ocean. Tellus，43（4）：104-115.

Bryant K，Akbar M. 2016. An exploration of wind stress calculation techniques in hurricane storm surge modeling. Journal of Marine Science and Engineering，4（3）：58.

Buckingham C E，Lucas N S，Belcher S E，et al. 2019. The contribution of surface and submesoscale processes to turbulence in the open ocean surface boundary layer. Journal of Advances in

Modeling Earth Systems, 11 (12): 4066-4094.

Budgell W P. 2005. Numerical simulation of ice-ocean variability in the Barents Sea region. Ocean Dynamics, 55 (3-4): 370-387.

Canuto V M, Howard A, Cheng Y, et al. 2001. Ocean turbulence I: One-point closure model momentum and heat vertical diffusivities. Journal of Physical Oceanography, 31 (6): 1413-1426.

Cao Y, Dong C, Uchiyama Y, et al. 2018. Multiple-scale variations of wind-generated waves in the Southern California bight. Journal of Geophysical Research: Oceans, 123 (12): 9340-9356.

Chai F, Dugdale R C, Peng T H, et al. 2002. One-dimensional ecosystem model of the equatorial Pacific upwelling system. Part I: Model development and silicon and nitrogen cycle. Deep Sea Research Part II: Topical Studies in Oceanography, 49 (13-14): 2713-2745.

Chai F, Jiang M S, Chao Y, et al. 2007. Modeling responses of diatom productivity and biogenic silica export to iron enrichment in the equatorial Pacific Ocean. Global Biogeochemical Cycles, 21 (3): 3-90.

Chai F, Liu G, Xue H, et al. 2009. Seasonal and interannual variability of carbon cycle in South China Sea: A three-dimensional physical-biogeochemical modeling study. Journal of Oceanography, 65 (5): 703-720.

Chapman D C. 1985. Numerical treatment of cross-shelf open boundaries in a barotropic coastal ocean model. Journal of Physical Oceanography, 15 (8): 1060-1075.

Charnock H. 1955. Wind stress on a water surface. Quarterly Journal of the Royal Meteorological Society, 81 (350): 639-640.

Chen C, Liu H, Beardsley R C. 2003. An unstructured grid, finite-volume, three-dimensional, primitive equations ocean model: Application to Coastal Ocean and Estuaries. Journal of Atmospheric and Oceanic Technology, 20 (1): 159-186.

Chen D, Rothstein L M, Busalacchi A J. 1994. A hybrid vertical mixing scheme and its application to tropical ocean models. Journal of Physical Oceanography, 24 (10): 2156-2179.

Colella P, Woodward P R. 1984. The piecewise parabolic method (PPM) for gas-dynamical simulations. Journal of Computational Physics, 54 (1): 174-201.

Cox M D. 1987. Isopycnal diffusion in a z-coordinate ocean model. Ocean Modelling, 74: 1-5.

Danabasoglu G, McWilliams J C. 1995. Sensitivity of the global ocean circulation to parameterizations of mesoscale tracer transports. Journal of Climate, 8 (12): 2967-2987.

Deacon E L, Webb E K. 1962. Interchange of properties between sea and air. The Sea, 1: 43-87.

Donelan M A, Drennan W M, Katsaros K B. 1997. The air-sea momentum flux in conditions of wind sea and swell. Journal of Physical Oceanography, 27 (10): 2087-2099.

Dong C, Gao X, Zhang Y, et al. 2019. Multiple-scale variations of sea ice and ocean circulation in the bering sea using remote sensing observations and numerical modeling. Remote Sensing, 11 (12): 1484.

Dong C, McWilliams J C, Shchepetkin A F. 2007. Island wakes in deep water. Journal of Physical Oceanography, 37 (4): 962-981.

Dong J, Fox-Kemper B, Zhang H, et al. 2021a. The scale and activity of symmetric instability globally. Journal of Physical Oceanography, 51 (5), 1655-1670.

Dong J, Fox-Kemper B, Zhu J, et al. 2021b. Application of symmetric instability parameterization in the Coastal and Regional Ocean Community Model (CROCO). Journal of Advances in Modeling Earth Systems, 13 (3): e2020MS002302.

Drennan W M, Graber H C, Hauser D, et al. 2003. On the wave age dependence of wind stress over pure wind seas. Journal of Geophysical Research Oceans, 108 (C3): 1-13.

Fan R, Zhao L, Lu Y, et al. 2019. Impacts of currents and waves on bottom drag coefficient in the East China Shelf Seas. Journal of Geophysical Research: Oceans, 124 (11): 7344-7354.

Fan W, Lv X. 2009. Data assimilation in a simple marine ecosystem model based on spatial biological parameterizations. Ecological Modelling, 220 (17): 1997-2008.

Farneti R, Dwivedi S, Kucharski F, et al. 2014. On Pacific subtropical cell variability over the second half of the twentieth century. Journal of Climate, 27 (18): 7102-7112.

Feltham D L, Untersteiner N, Wettlaufer J S, et al. 2006. Sea ice is a mushy layer. Geophysical Research Letters, 33 (14): L14501.

Fennel K, Wilkin J, Levin J, et al. 2006. Nitrogen cycling in the Middle Atlantic Bight: Results from a three-dimensional model and implications for the North Atlantic nitrogen budget. Global Biogeochemical Cycles, 20 (3): GB3007(1-14).

Ferrari R, Griffies S M, Nurser A G, et al. 2010. A boundary-value problem for the parameterized mesoscale eddy transport. Ocean Modelling, 32 (3-4): 143-156.

Flather R A. 1976. A tidal model of the northwest European continental shelf. Memoires de la Societe Royale des Sciences de Liege, 6: 141-164.

Fox-Kemper B, Danabasoglu G, Ferrari R, et al. 2011. Parameterization of mixed layer eddies. III: Implementation and impact in global ocean climate simulations. Ocean Modelling, 39 (1): 61-78.

Fox-Kemper B, Ferrari R. 2008. Parameterization of mixed layer eddies. Part II: Prognosis and impact. Journal of Physical Oceanography, 38 (6): 1166-1179.

Fox-Kemper B, Ferrari R, Hallberg R. 2008. Parameterization of mixed layer eddies. Part I: Theory and diagnosis. Journal of Physical Oceanography, 38 (6): 1145-1165.

Francis J R. 1951. The aerodynamic drag of a free water surface//The Royal Society of London. Series A. Mathematical and Physical Sciences, 206 (1086): 387-406.

Franks P J. 2002. NPZ models of plankton dynamics: Their construction, coupling to physics, and application. Journal of Oceanography, 58 (2): 379-387.

Franks P J, Chen C. 2001. A 3-D prognostic numerical model study of the Georges Bank ecosystem. Part II: Biological-physical model. Deep Sea Research Part II: Topical Studies in Oceanography, 48 (1-3): 457-482.

Fransz H G, Verhagen J H G. 1985. Modelling research on the production cycle of phytoplankton in the southern bight of the North Sea in relation to riverborne nutrient loads. Netherlands Journal of Sea Research, 19 (3-4): 241-250.

Gan J, Allen J S. 2005. On open boundary conditions for a limited-area coastal model off Oregon. Part 1: Response to idealized wind forcing. Ocean Modelling, 8 (1-2): 115-133.

Ganachaud A, Wunsch C. 2000. Improved estimates of global ocean circulation, heat transport and mixing from hydrographic data. Nature, 408 (23): 453-457.

Gao X, Dong C, Liang J, et al. 2019. Convective instability-induced mixing and its parameterization using large eddy simulation. Ocean Modelling, 137: 40-51.

Garcia-Gorriz E, Hoepffner N, Ouberdous M. 2003. Assimilation of SeaWiFS data in a coupled physical-biological model of the Adriatic Sea. Journal of Marine Systems, 40-41: 233-252.

Garratt J R. 1977. Review of drag coefficients over oceans and continents. Monthly Weather Review, 105 (7): 915-929.

Geiger C A, Hibler W D, Ackley S F, et al. 1998. Large-scale sea ice drift and deformation: Comparison between models and observations in the western Weddell Sea during 1992. Journal of Geophysical Research: Oceans, 103: 21893-21913.

Gelci R, Cazalé H, Vassal J. 1957. Prévision de la houle. La méthode des densités spectroangulaires. Bull. Inform. Comité Central Oceanogr. d'Etude Côtes, 9: 416-435.

Gent P R, McWilliams J C. 1990. Isopycnal mixing in ocean circulation models. Journal of Physical Oceanography, 20 (1): 150-155.

Griffies S M, Biastoch A, Böning C, et al. 2009. Coordinated ocean-ice reference experiments (COREs). Ocean Modelling, 26 (1-2): 1-46.

Group T W. 1988. The WAM model—A third generation ocean wave prediction model. Journal of Physical Oceanography, 18 (12): 1775-1810.

Gruber N, Clement D, Carter B R, et al. 2019. The oceanic sink for anthropogenic CO_2 from 1994 to 2007. Science, 363 (6432): 1193-1199.

Gu D, Philander S G. 1997. Interdecadal climate fluctuations that depend on exchanges between the tropics and extratropics. Science, 275 (5301): 805-807.

Guo M, Chai F, Xiu P, et al. 2015. Impacts of mesoscale eddies in the South China Sea on biogeochemical cycles. Ocean Dynamics, 65 (9-10): 1335-1352.

Haine T W N, Marshall J. 1996. Gravitational, symmetric, and baroclinic instability of the ocean mixed layer. Journal of Physical Oceanography, 28 (4): 634-658.

Häkkinen S, Mellor G L. 1992. Modeling the seasonal variability of a coupled Arctic ice-ocean system. Journal of Geophysical Research: Oceans, 97 (C12): 20285-20304.

Haney S, Fox-Kemper B, Julien K, et al. 2015. Symmetric and geostrophic instabilities in the wave-forced ocean mixed layer. Journal of Physical Oceanography, 45 (12): 249-250.

Hibler W D. 1979. A dynamic thermodynamic sea ice model. Journal of Physical Oceanography, 9 (4): 815-846.

Hiroyuki T, Shogo U, Hideyuki N, et al. 2018. JRA-55 based surface dataset for driving ocean-sea-ice models(JRA55-do). Ocean Modelling, 130: 79-139.

Hoskins B J. 1974. The role of potential vorticity in symmetric stability and instability. Quarterly Journal of the Royal Meteorological Society, 100 (425): 480-482.

Hunke E C. 2001. Viscous-plastic sea ice dynamics with the EVP Model: Linearization issues. Journal of Computational Physics, 170 (1): 18-38.

Hunke E C, Dukowicz J K. 1997. An elastic-viscous-plastic model for sea ice dynamics. Journal of Physical Oceanography, 27 (9): 1849-1867.

Hunke E C, Dukowicz J K. 2002. The elastic viscous plastic sea ice dynamics model in general orthogonal curvilinear coordinates on a sphere—incorporation of metric terms. Monthly Weather Review, 130 (7): 1848-1865.

Hunke E C, Hebert D A, Lecomte O. 2013. Level-ice melt ponds in the Los Alamos sea ice model, CICE. Ocean Modelling, 71: 26-42.

Janssen P A E M. 1989. Wave-induced stress and the drag of air flow over sea waves. Journal of Physical Oceanography, 19 (6): 745-772.

Janssen P A E M. 1991. Quasilinear theory of wind-wave generation Applied to wave forecasting. Journal of Physical Oceanography, 21 (11): 1631-1642.

Janssen P A E M, Lionello P, Feistad M, et al. 1989. Hindcasts and data assimilation studies with the WAM model during the Seasat period. Journal of Geophysical Research: Oceans, 94 (C1): 973-993.

Jerlov N G. 1968. Optical Ocenography. Amsterdam: Elsevier: 194.

Jiang H, Breier J A. 2014. Physical controls on mixing and transport within rising submarine hydrothermal plumes: A numerical simulation study. Deep Sea Research Part I: Oceanographic Research Papers, 92: 41-55.

Jiang M, Chai F. 2004. Iron and silicate regulation of new and export production in the equatorial Pacific: A physical-biological model study. Geophysical Research Letters, 31 (7): 73-95.

Jin X Z, Zhang X H, Zhou T J. 1999. Fundamental framework and experiments of the third generation of IAP/LASG world ocean general circulation model. Advances in Atmospheric Sciences, 16 (2): 197-215.

Jones W P, Launder B E. 1972. The prediction of laminarization with a two-equation model of turbulence. International Journal of Heat and Mass Transfer, 15 (2): 301-314.

Jonsson I G. 1966. Wave boundary layers and friction factors// The 10th International Conference on Coastal Engineering, Tokyo.

Komen G J, Hasselmann K, Hasselmann K. 1984. On the existence of a fully developed wind-sea spectrum. Journal of Physical Oceanography, 14 (8): 1271-1285.

Kraus E B, Turner J S. 1967. A one-dimensional model of the seasonal thermocline II. The general theory and its consequences. Tellus, 19 (1): 98-106.

Laprise R. 1992. The Euler Equations of motion with hydrostatic pressure as an independent variable. Monthly Weather Review, 120 (1): 197-207.

Large W G, Danabasoglu G, Doney S C, et al. 1997. Sensitivity to surface forcing and boundary layer mixing in a global ocean model: Annual-mean climatology. Journal of Physical Oceanography, 27 (11): 2418-2447.

Large W G, McWilliams J C, Doney S C. 1994. Oceanic vertical mixing: A review and a model with a nonlocal boundary layer parameterization. Reviews of Geophysics, 32 (4): 363-403.

Large W G, Pond S. 1981. Open ocean momentum flux measurements in moderate to strong winds. Journal of Physical Oceanography, 11 (3): 324-336.

Large W G, Yeager S G. 2004. Diurnal to decadal global forcing for ocean and sea-ice models: The data sets and flux climatologies. NCAR/TN-460+STR, CGD Division of the National Center for

Atmospheric Research.

Large W, Yeager S G. 2009. The global climatology of an interannually varying air-sea flux data set. Climate Dynamics, 33 (2-3): 341-364.

Launder B E, Sharma B I. 1974. Application of energy dissipation model of turbulence to the calculation of flow near spinning disc. Letters in Heat and Mass Transfer, 1 (2): 131-137.

Li Z, Chao Y, Mcwilliams J C, et al. 2008. A three-dimensional variational data assimilation scheme for the Regional Ocean Modeling System: Implementation and basic experiments. Journal of Geophysical Research, 113 (C5): 1-19.

Lim Kam Sian K T C, Dong C, Liu H, et al. 2020. Effects of model coupling on Typhoon Kalmaegi (2014) simulation in the South China Sea. Atmosphere, 11 (4): 432.

Lin P, Yu Z, Liu H, et al. 2020. LICOM model datasets for the CMIP6 Ocean Model intercomparison project. Advances in Atmospheric Sciences, 37 (3): 239-249.

Liu H L, Lin P F, Yu Y Q. 2012. The baseline evaluation of LASG/IAP climate system ocean model (LICOM) Version 2. Acta Meteorologica Sinica, 26 (3): 318-329.

Liu X D, Osher S, Chan T. 1994. Weighted essentially non-oscillatory schemes. Journal of Computational Physics, 115 (1): 200-212.

Liu Y, Dong C, Liu X, et al. 2017. Antisymmetry of oceanic eddies across the Kuroshio over a shelfbreak. Scientific Reports, 7 (1): 1-7.

Lu P, McCreary Jr J P, Klinger B A. 1998. Meridional circulation cells and the source waters of the Pacific equatorial undercurrent. Journal of Physical Oceanography, 28 (1): 62-84.

Lu Q, Ruan Z, Wang D P, et al. 2017. Zonal transport from the western boundary and its role in warm water volume changes during ENSO. Journal of Physical Oceanography, 47 (1): 211-225.

Ma W, Chai F, Xiu P, et al. 2013. Modeling the long-term variability of phytoplankton functional groups and primary productivity in the South China Sea. Journal of Oceanography, 69 (5): 527-544.

Madec G. 2008. NEMO reference manual, ocean dynamics component: NEMO-OPA. France: Note du Pole de modélisation, Institut Pierre-Simon Laplace (IPSL), (27): 1288-1619.

Madsen O S, Poon Y K, Graber H C. 1988. Spectral wave attenuation by bottom friction: Theory//The 21th International Conference on Coastal Engineering, ASCE: 492-504.

Marchesiello P, McWilliams J C, Shchepetkin A F. 2001. Open boundary conditions for long-term integration of regional oceanic models. Ocean Modelling, 3 (1-2): 1-20.

Maronga B, Gryschka M, Heinze R, et al. 2015. The Parallelized Large-Eddy Simulation Model (PALM) version 4.0, for atmospheric and oceanic flows: Model formulation, recent developments, and future perspectives. Geoscientific Model Development, 8 (8): 2515-2551.

Marotzke J, Willebrand J. 1991. Multiple equilibria of the global thermohaline circulation. Journal of Physical Oceanography, 21 (9): 1372-1385.

Marshall J, Hill C, Perelman L, et al. 1997. Hydrostatic, quasi-hydrostatic, and nonhydrostatic ocean modeling. Journal of Geophysical Research: Oceans, 102 (C3): 5733-5752.

Marshall J. 2007. ECCO2 progress report, 2006. http://citeseerx.ist.psu.edu/viewdoc/summary?doi= 10.1.1.137. 5284[2020-12-21].

McCreary J P Jr, Lu P. 1994. Interaction between the subtropical and equatorial ocean circulations: The subtropical cell. Journal of Physical Oceanography, 24 (2): 466-497.

McWilliams J C, Restrepo J M, Lane E M. 2004. An asymptotic theory for the interaction of waves and currents in coastal waters[J]. Journal of Fluid Mechanics, 511: 135-178.

McWilliams J C, Sullivan P P. 2000. Vertical mixing by langmuir circulations. Spill Science & Technology Bulletin, 6 (3): 225-237.

Mellor G L, Kantha L. 1989. An ice-ocean coupled model. Journal of Geophysical Research: Oceans, 941 (C8): 10937-10954.

Mellor G L, Yamada T. 1982. Development of a turbulence closure model for geophysical fluid problems. Reviews of Geophysics, 20 (4): 851-875.

Mellor G L. 2008. The depth-dependent current and wave interaction equations: A revision. Journal of Physical Oceanography, 38 (11): 2587-2596.

Menemenlis D, Fukumor I, Lee T. 2005. Using green's functions to calibrate an ocean general circulation model. Monthly Weather Review, 133 (5): 1224-1240.

Mesinger F, Janjic Z I. 1985. Problems and numerical methods of the incorporation of mountains in atmospheric models. Lectures in Applied Mathematics, 22: 81-120.

Metzger E J, Smedstad O M, Thoppil P G, et al. 2014. US navy operational global ocean and Arctic ice prediction systems. Oceanography, 27 (3): 32-43.

Miles J W. 1957. On the generation of surface waves by shear flows. Journal of Fluid Mechanics, 3 (2): 185-204.

Miyama T, Mccreary J P, Jensen T G, et al. 2003. Structure and dynamics of the Indian-Ocean cross-equatorial cell. Deep Sea Research, 50 (12-13): 2023-2047.

Mobley C D. 2011. Improved Ecosystem Predictions of the California Current System via Accurate Light Calculations. Bellevue, WA: Sequoia Scientific Inc..

Moore A M, Arango H G, Broquet G, et al. 2011. The Regional Ocean Modeling System (ROMS) 4-dimensional variational data assimilation systems: Part I-System overview and formulation. Progress in Oceanography, 91 (1): 34-49.

Moore A M, Arango H G, Dilorenzo E, et al. 2004. A comprehensive ocean prediction and analysis system based on the tangent linear and adjoint of a regional ocean model. Ocean Modelling, 7 (1): 227-258.

Nagurny J, Martel L, Jansen E, et al. 2011. Modeling global ocean thermal energy resources. OCEANS'11 MTS/IEEE KONA: 1-7.

Ohlmann J C. 2003. Ocean radiant heating in climate models. Journal of Climate, 16 (9): 1337-1351.

Oost W A, Komen G J, Jacobs C M J, et al. 2002. New evidence for a relation between wind stress and wave age from measurements during ASGAMAGE. Boundary Layer Meteorology, 103(3): 409-438.

Orlanski I A. 1976. Simple boundary condition for unbounded flows. Journal of Computational Physics, 21 (3): 251-269.

Pacanowski R C. 1995. MOM 2 documentation user's guide and reference manual. GFDL Ocean Technical Report, 329: 232.

Pacanowski R C, Philander G. 1981. Parameterization of vertical mixing in numerical models of the tropical ocean. Journal of Physical Oceanography, 11 (11): 1442-1451.

Paulson C A, Simpson J J. 1977. Irradiance measurements in the upper ocean. Journal of Physical Oceanography, 7 (6): 952-956.

Phillips O M. 1957. On the generation of waves by turbulent wind. Journal of Fluid Mechanics, 2 (5): 417-445.

Powell T M, Lewis C V, Curchitser E N, et al. 2006. Results from a three-dimensional, nested biological-physical model of the California Current System and comparisons with statistics from satellite imagery. Journal of Geophysical Research: Oceans, 111: C07018.

Price J F, Weller R A, Pinkel R. 1986. Diurnal cycling: Observations and models of the upper ocean response to diurnal heating, cooling, and wind mixing. Journal of Geophysical Research: Oceans, 91 (C7): 8411-8427.

Qiao F, Yuan Y, Yang Y, et al. 2004. Wave-induced mixing in the upper ocean: Distribution and application to a global ocean circulation model. Geophysical Research Letters, 31 (11): 293-317.

Raymond W H, Kuo H L. 1984. A radiation boundary condition for multi-dimensional flows. Quarterly Journal of the Royal Meteorological Society, 110 (464): 535-551.

Redi M H. 1982. Oceanic isopycnal mixing by coordinate rotation. Journal of Physical Oceanography, 12 (10): 1154-1158.

Sanford T B, Lien R C. 1999. Turbulent properties in a homogeneous tidal bottom boundary layer. Journal of Geophysical Research, 104 (C1): 1245-1258.

Sarmiento J L. 1983. A simulation of bomb tritium entry into the Atlantic ocean. Journal of Physical Oceanography, 13 (10): 1924-1939.

Schumann U. 1975. Subgrid scale model for finite difference simulations of turbulent flows in plane channels and annuli. Journal of Computational Physics, 18 (4): 376-404.

Semtner A J. 1976. A model for the thermodynamic growth of sea ice in numerical investigations of climate. Journal of Physical Oceanography, 6 (3): 379-389.

Semtner A J, Mintz Y. 1977. Numerical simulation of the Gulf Stream and mid-ocean eddies. Journal of Physical Oceanography, 7 (2): 208-230.

Shan H X, Dong C M. 2017. The SST-wind coupling pattern in the East China Sea based on a regional coupled ocean-atmosphere model. Atmosphere Ocean, 55 (4-5): 230-246.

Shchepetkin A F. 2015. An adaptive, courant-number-dependent implicit scheme for vertical advection in oceanic modeling. Ocean Modelling, 91: 38-69.

Shchepetkin A F, McWilliams J C. 1998. Quasi-monotone advection schemes based on explicit locally adaptive dissipation. Monthly Weather Review, 126 (6): 1541-1580.

Shchepetkin A F, McWilliams J C. 2003. A method for computing horizontal pressure-gradient force in an oceanic model with a nonaligned vertical coordinate. Journal of Geophysical Research: Oceans, 108 (3): (35) 1-34.

Sheppard P A. 1958. Transfer across the earth's surface and through the air above. Quarterly Journal of the Royal Meteorological Society, 84 (361): 205-224.

Sherwood C R, Drake D E, Wiberg P L, et al. 2002. Prediction of the fate of p, p'-DDE in sediment on the Palos Verdes shelf, California, USA. Continental Shelf Research, 22 (6-7): 1025-1058.

Sherwood C R, Lacy J R, Voulgaris G. 2006. Shear velocity estimates on the inner shelf off Grays Harbor, Washington, USA. Continental Shelf Research, 26 (17-18): 1995-2018.

Shriver J F, Arbic B K, Richman J G, et al. 2012. An evaluation of the barotropic and internal tides in a high-resolution global ocean circulation model. Journal of Geophysical Research: Oceans, 117 (C10): C10024.

Smagorinsky J. 1963. General circulation experiments with the primitive equations. Monthly Weather Review, 91 (3): 99-164.

Smagorinsky J, Manabe S, Holloway J L. 1965. Numerical results from a nine-level general circulation model of the atmosphere. Monthly Weather Review, 93 (12): 727-768.

Smith S D, Banke E G. 1975. Variation of the sea surface drag coefficient with wind speed. Quarterly Journal of the Royal Meteorological Society, 101 (429): 665-673.

Smith S. 1980. Wind stress and heat flux over the ocean in gale force winds. Journal of Physical Oceanography, 10 (5): 709-726.

Song Y, Haidvogel D. 1994. A semi-implicit ocean circulation model using a generalized topography-following coordinate system. Journal of Computational Physics, 115 (1): 228-244.

Soulsby R L. 1983. The bottom boundary layer of shelf seas. Elsevier Oceanography Series, 35: 189-266.

Stepanov V N, Haines K. 2014. Mechanisms of Atlantic Meridional Overturning Circulation variability simulated by the NEMO model. Ocean Science, 10 (4): 645-656.

Su Z, Wang J, Klein P, et al. 2018. Ocean submesoscales as a key component of the global heat budget. Nature Communications, 9 (1): 1-8.

Taguchi K, Nakata K. 1998. Analysis of water quality in Lake Hamana using a coupled physical and biochemical model. Journal of Marine Systems, 16 (1-2): 107-132.

Taylor P K, Yelland M J. 2001. The dependence of sea surface roughness on the height and steepness of the waves. Journal of Physical Oceanography, 31 (2): 572-590.

The Wamdi Group. 1988. The WAM model—a third generation ocean wave prediction model. Journal of Physical Oceanography, 18: 1775-1810.

Thomas L N, Taylor J R, Ferrari R, et al. 2013. Symmetric instability in the Gulf Stream. Deep-Sea Research Part II, 91 (2013): 96-110.

Tolman H L. 1989. The numerical model WAVEWATCH: A third-generation model for hindcasting of wind waves on tides in shelf seas. Communications on Hydraulic and Geotechnical Engineering.

Tolman H L. 2002. User manual and system documentation of WAVEWATCH-III version 2.22. Washington: National Oceanic and Atmospheric Administration, 1-3.

Tolman H L, Duffy D L. 1990. Ocean Wind Wave Modeling. Research and Technology of Goddard Space Flight Center.

Trenberth K E, Branstator G W, Karoly D, et al. 1998. Progress during TOGA in understanding and modeling global teleconnections associated with tropical sea surface temperatures. Journal of Geophysical Research: Oceans, 103 (C7): 14291-14324.

Tsamados M, Feltham D L, Wilchinsky A V. 2013. Impact of a new anisotropic rheology on simulations of Arctic sea ice. Journal of Geophysical Research: Oceans, 118 (1): 91-107.

Uchiyama Y, McWilliams J C, Shchepetkin A F. 2010. Wave-current interaction in an oceanic circulation model with a vortex-force formalism: Application to the surf zone. Ocean Modelling, 34 (1-2): 16-35.

Umeyama M, Gerritsen F. 1992. Velocity distribution in uniform sediment-laden flow. Journal of Hydraulic Engineering, 118 (2): 229-245.

UNESCO. 1981. Tenth Report of the Joint Panel on Oceanographic Tables and Standards. Paris: Unesco Technical Papers in Marine Science.

van Roekel L P, Fox-Kemper B, Sullivan P P, et al. 2012. The form and orientation of Langmuir cells for misaligned winds and waves. Journal of Geophysical Research: Oceans, 117 (C5): 1-22.

Vellinga M, Wood R A. 2002. Global climatic impacts of a collapse of the Atlantic thermohaline circulation. Climatic Change, 54 (3): 251-267.

von Storch H, Langenberg H, Feser F. 2000. A spectral nudging technique for dynamical downscaling purposes. Monthly Weather Review, 128 (10): 3664-3673.

Walker G T. 1923. Correlation in seasonal variations of weather Ⅷ: A preliminar study of world weather. Memoirs of the Indian Meteorological Department, 24: 75-131.

Walker G T. 1924. Correlation in seasonal variations of weather Ⅸ: A further study of world weather. Memoirs of the Indian Meteorological Department, 24: 275-332.

Wang C Z, Zhang L P, Lee S K, et al. 2014. A global perspective on CMIP5 climate model biases. Nature Climate Change, 4 (3): 201-205.

Wang H, Dong C, Yang Y, et al. 2020a. Parameterization of wave-induced mixing using the Large Eddy Simulation (LES) (I). Atmosphere, 11 (2): (207) 1-13.

Wang J, Dong C, Yu K. 2020b. The influences of the Kuroshio on wave characteristics and wave energy distribution in the East China Sea- ScienceDirect. Deep Sea Research Part I: Oceanographic Research Papers, 158: 103228.

Warner J C, Armstrong B, He R, et al. 2010. Development of a coupled ocean-atmosphere-wave-sediment transport (COAWST) modeling system. Ocean Modelling, 35 (3): 230-244.

Warner J C, Sherwood C R, Arango H G, et al. 2005. Performance of four turbulence closure models implemented using a generic length scale method. Ocean Modelling, 8 (1-2): 81-113.

Warner J C, Sherwood C R, Signell R P, et al. 2008. Development of a three-dimensional, regional, coupled wave, current, and sediment-transport model. Computers & Geosciences, 34 (10): 1284-1306.

Wen S, Zhang D, Chen B, et al. 1989. A hybrid model for numerical wave forecasting and its implementation: Part I. Wind wave model. Acta Oceanologica Sinica, 8 (1): 1-14.

Wilson B W. 1960. Note on surface wind stress over water at low and high wind speeds. Journal of Geophysical Research, 65 (10): 3377-3382.

Wu J. 1967. Wind stress and surface roughness at air-sea interface. Journal of Geophysical Research, 74 (2): 444-455.

Wu J. 1980. Wind-stress coefficients over sea surface near neutral conditions—A revisit. Journal of Physical Oceanography, 10 (5): 727-740.

Wu J. 1982. Wind-stress coefficients over sea surface from breeze to hurricane. Journal of Geophysical Research: Oceans, 87 (C12): 9704-9706.

Wunsch C. 2002. What is the thermohaline circulation? Science, 298 (5596): 1179-1181.

Xiu P, Chai F, Curchitser E N, et al. 2018. Future changes in coastal upwelling ecosystems with global warming: The case of the California Current System. Scientific Reports, 8 (1): (2866) 1-9.

Yang D, Chen B, Chamecki M, et al. 2015. Oil plumes and dispersion in Langmuir, upper-ocean turbulence: Large-eddy simulations and K-profile parameterization. Journal of Geophysical Research: Oceans, 120 (7): 4729 -4759.

Yelland J, Moat B I, Taylor P K, et al. 1998. Wind stress measurements from the open ocean corrected for airflow distortion by the ship. Journal of Physical Oceanography, 28 (7): 1511-1526.

Yelland M, Taylor P K. 1996. Wind stress measurements from the open ocean. Journal of Physical Oceanography, 26 (4): 541-558.

Yu K, Liu H, Chen Y, et al. 2019. Impacts of the mid-latitude westerlies anomaly on the decadal sea level variability east of China. Climate Dynamics, 53 (9-10): 5985-5998.

Zhang J, Rothrock D A. 2003. Modeling global sea ice with a thickness and enthalpy distribution model in generalized curvilinear coordinates. Monthly Weather Review, 131 (5): 845-861.

Zhang X H, Chen K M, Jin X Z, et al. 1996. Simulation of thermohaline circulation with a twenty-layer oceanic general circulation model. Theoretical and Applied Climatology, 55 (1-4): 65-87.

Zhang X H, Shi G Y, Liu H, et al. 2000. IAP Global Ocean-Atmosphere-Land System Model. Beijing, New York: Science Press: 234-248.

Zhang X, Liang X. 1989. A numerical world ocean general circulation model. Dynamics of Atmospheres and Oceans, 8 (2): 141-172.

Zhou F, Chai F, Huang D, et al. 2017. Investigation of hypoxia off the Changjiang Estuary using a coupled model of ROMS-CoSiNE. Progress in Oceanography, 159: 237-254.

Zhou T J, Yu Y Q, Liu Y M, et al. 2013. Flexible Global Ocean-Atmosphere-Land System Model. Berlin: Springer.

Zijlema M, Vledder G P V, Holthuijsen L H. 2012. Bottom friction and wind drag for wave models. Coastal Engineering, 65: 9-26.

附　　录

ROMS 模式操作流程如下所述。

1. 安装 ROMS

1）安装前设置

在安装 ROMS 之前，需要准备至少 500M 的磁盘空间。编译器和依赖的库包括：C 编译器、Fortran 编译器、NetCDF 库及 MPI 库（如果需要并行计算）。以下以 CROCO-v1.1 为例，基于 CentOS7 操作系统，使用 Intel 编译器及 NetCDF4.2.2.1 版本，以及 MPICH3.2 版本运行 ROMS。在第 4 章中，我们已经指出 CROCO 是 ROMS-AGRIF 的更新版本。

在进行编译之前，需要设置环境变量：

```
export CC=icc
export FC=ifort
export F90=ifort
export F77=ifort
```

并且声明 NetCDF 库所在路径：

```
export NETCDF=$HOME/softs/netcdf
export PATH=$NETCDE/bin：：${PATH}
export LD_LIBRARY_PATH=$ {LD_LIBRARY_PATH}：：${NETCDF}/lib
```

2）下载代码

源代码（croco.tar.gz）下载网址：https://www.croco-ocean.org/croco-project/
前后处理工具包（croco_tools.tar.gz）下载网址：https://www.croco-ocean.org/croco-project/

3）下载数据

一些默认用来制作输入文件的数据，可以替换为其他包含这些变量的数据集。下载地址：https://www.croco-ocean.org/download/datasets/

4）解压压缩包

将源代码和工具包在选取的目录下解压，保证二者解压出来的文件夹处于同一目录下。将源代码文件夹改名为 croco，工具包文件夹改名为 croco_tools。

```
tar-zxvf croco-v1.0.tar.gz
tar-zxvf croco_tools-v1.0.tar.gz
```

进入 croco 文件夹，更改 create_run.bash 文件中的路径设置，然后运行，它会将需要用到的文件都复制粘贴到更改的路径中。

2. 前处理

可以利用 croco_tools 中提供的工具包进行前处理，以得到模式的输入文件。首先必须运行 start.m，将各工具包的路径加入 MATLAB 的路径中。鉴于 MATLAB 的 NetCDF 工具包不同版本处理方式不同，建议使用 croco_tools 提供的 NetCDF 工具包。

1）修改 Crocotools_param.m 文件

Crocotools_param.m 文件定义了所有前处理需要用到的参数，并且分了不同的小节。在进行前处理之前需要先编辑该文件（附表 1）。

附表 1　Crocotools_param.m 分节一览

1-Configuration parameters	used by make_grid.m (and others)
2-Generic file and directory names	need to match your work architecture
3-Surface forcing parameters	used by make_forcing.m and by make_bulk.m
4-Open boundaries and initial conditions parameters	used by make_clim.m, make_biol.m, make_bry.m make_OGCM.m and make_OGCM_frcst.m
5-Parameters for tidal forcing	used by make_tides.m
6-Reference date and simulation times	used for make_tides, make_CFSR (or make_NCEP), make_OGCM
7-Parameters for Interannual forcing	SODA, ECCO, CFSR, NCEP, …
8-Parameters for the forecast system	used by make_forecast.m
9-Parameters for the diagnostic tools	used by scripts in Diagnostic_tools

2）制作地形

在 MATLAB 的命令行中运行：

```
make_grid
```

脚本会根据在 Crocotools_param.m 第一小节中的设置进行地形的制作。在运行过程中会询问是否要对地形进行编辑，输入 n 跳过该步骤，输入 y 进行编辑。注意该编辑只会更改网格点的水陆属性，不会改变它的深度。在输出界面中记录下 LLm0 及 MMm0 的数值，需要在后面的编辑编译文件的步骤中用到。

3）制作强迫场

强迫场的制作有两种方式，分别是制作 forcing 文件：

```
make_forcing
```

或者制作 bulk 文件：

```
make_bulk
```

forcing 文件主要包含风应力、表面净热通量、表面淡水通量、日照短波辐射、海表盐度（SSS）、海表温度（SST）及海面热通量相对于模拟 SST 的修正。

bulk 文件包含表面大气温度、相对湿度、降雨率、表面 10m 风速、净向上/下的长/短波辐射及表面风速。它也包含表面风应力，但这不是必要的变量，程序会自动进行风应力的计算。

如果选择了使用 bulk 文件，需要在编译的步骤中打开 cppdefs.h 中的 BULK_FLUX 开关。

4）制作边界场与初始场

在制作边界场时也有两种方式，分别是制作 clim 文件：

```
make_clim
```

或者制作 bry 文件：

```
make_bry
```

clim 文件体积大，包含整个场的数据，但其实只有边界及边界周围的若干个点是真正被用到的。它的优点是可以在边界的每个层上进行逼近和海绵层处理。

bry 文件体积小巧，只有边界上的数据，但使用它就无法进行边界上的逼近处理。如果使用 bry 文件，需要在编译步骤中关掉 climatology 及打开 frc_bry 开关。

使用如下命令制作初始场：

```
make_ini
```

运行 make_ini 文件，会生成模式所需的初始场，包括温度、盐度、海流、海面高度等参数。

3. 编译

编译前需要编辑的文件有 cppdefs.h、param.h 及 jobcomp。

1）编辑 cppdefs.h

在这个文件中可以选择模式配置、计算方案、边界方案、参数化方案等，通过更改关键词前的开关来进行选择，define 表示开，undef 表示关。

2）编辑 param.h

在该文件中可以设置计算网格的水平格点数、垂直层数及并行参数等。其中网格设置（LLm0：x 方向格点数；MMm0：y 方向格点数；N：垂直层数）必须设置得与输入文件中网格的尺寸一致，否则会报错。

3）编辑 jobcomp

运行 jobcomp 即可进行编译。在该文件中可以对依赖库的路径进行设置。在每次更改 cppdefs.h 或 param.h 后若要使更改生效，必须重新运行 jobcomp 进行编译。

4）进行编译

```
./jobcomp＞jobcomp.log
```

编译成功后会得到 CROCO 可执行文件。

4. 运行模式

1）运行前确认

在运行前，应确保已经拥有如下文件：

```
croco # model executable
croco.in # namelist file (available in croco source directory: OCEAN)
#in CROCO_FILES:
croco_grd.nc # grid file
croco_bdy.nc or croco_clm.nc # lateral boundary condition file
croco_frc.nc or croco_blk.nc # surface forcing file
croco_ini.nc # initial condition file
```

2）编辑 croco.in

这个文件包含了运行的时间、输入输出及相关参数的设置，需要在运行前进行编辑。

时间设置如下：

time_stepping: NTIMES	dt [sec]	NDTFAST	NINFO
720	3600	60	1

其中 NTIMES 规定了总时间步数，dt 代表时间步长（斜压步长），NDTFAST 为斜压时间步长与正压时间步长之比。模式运行总时长为 NTIMES*dt。在设置时间步长时需要注意满足 CFL 条件。

垂直坐标设置：

```
S-coord: THETA_S,      THETA_B,     Hc(m)
         7.0d0          2.0d0       200.0d0
```

这里的设置需要与前处理时 crocotools_param.m 中的设置一致。

之后检查输入文件的存放路径是否设置正确，然后检查输出设置：

```
restart:                    NRST, NRPFRST/filename
                            720      -1
            CROCO_FILES/croco_rst.nc
```

其中 NRST 表示热启动初始场文件 croco_rst.nc 的输出间隔步数。NRPFRST 代表存放方式，设置为-1 表示每次输出都覆盖上一次的记录，设置为 0 表示每次输出都存放在一个文件里，设置为正整数 N 代表每 N 个记录就重新创建一个新的文件继续进行记录。Filename 为 RST 文件的保存名字。

同样的，avg 文件和 his 文件的设置也是相似的。avg 文件记录每次输出间数据的平均值，his 文件记录输出时刻数据的瞬时值。通过更改 T（记录）和 F（不记录）来决定输出文件中包含的变量。

```
primary_history_fields: zeta   UBAR   VBAR   U    V    wrtT(1:NT)
                          T      T      T     T    T      30*T
auxiliary_history_fields: rho omega W Akv Akt Aks Visc3d Diff3d HBL
HBBL Bostr wstr Ustr Vstr Shfl Swfl rsw rlw lat sen HEL
                          F     F    F  T   F   F    F       T
 T   T   T   T   T   T   T   10*T
gls_history_fields: TKE   GLS   Lscale
                     T     T      T
primary_averages: zeta    UBAR    VBAR    U    V     wrtT(1:NT)
                   T        T       T     T    T       30*T
auxiliary_averages: rho Omega W Akv Akt Aks Visc3d Diff3d HBL HBBL
Bostr wstr Ustr Vstr Shfl Swfl rsw rlw lat sen HEL
                     F    T    F   T    F   F    F      T     T
 T    T   T   T   T   T   10*T
gls_averages: TKE   GLS   Lscale
               T     T      T
```

3）运行命令

在以上所有工作准备结束后便可以提交任务进行计算，使用单核进行计算：

```
./croco croco.in
```

或者使用 MPI 进行并行计算：

```
mpirun-np NPROCS croco croco.in
```

计算完成后会在相应文件夹中生成三种类型的输出数据，分别是 his.nc、avg.nc 和 rst.nc。his.nc 数据为某时刻的计算结果，avg.nc 则为一段时间内计算结果的平均值，rst.nc 数据与初始场数据类似，是一种断点启动文件。在模式完成某一阶段计算后，如果想接着已有结果继续进行计算，此时 rst.nc 即可作为初始场数据，重新启动模式，或者在模式计算中可能会出现一些特殊情况导致模式计算中断，此时便可以使用 rst.nc 作为模式中断处的初始场数据重新启动模式。

本书仅简要介绍了 ROMS 模式的操作流程，实际操作中可能会出现各种各样的问题，这里给出两个常用网站以供学习。一个是 ROMS 的官方网站 wikiroms（https://www.myroms.org/wiki/Documentation_Portal），该网站中包括了丰富的 ROMS 模式相关内容；另一个是一个视频教程网站（http://www.oces.us/eas-ocean-modeling/ROMS-Tutorial/tutorials.html）。

后 记

在 2014 年万象更新的初春时节，当时留学刚刚回国的我开始着手海洋数值模拟与观测实验室的创建工作。在调研中，我发现对于相关专业的师生和更多的受众而言，他们真的缺少一本从最基本概念出发，详细全面介绍海洋数值模拟的教材。于是，经过 7 年的积累和总结，我和我的教学团队及科研团队的伙伴们终于编写完成了一部贴合实际需求、入门级、零门槛的海洋数值模拟教材。

海洋数值模拟是海洋科学基础研究和工程应用方面不可或缺的工具，更是相关学科、领域师生和研究者必须掌握的基础知识。我们从最基础的海洋流场流体动力学特征、控制方程等知识出发，逐步深入地总结了海洋数值模式的参数化方案、海流模式、海气耦合模式、海洋环流模式和一些常用的海洋模式，还延展性地分析了海洋数值模式的实际应用和前沿课题。通过结合基础理论和教学实践，本书不仅让读者们对海洋数值模拟有一个直观、感性的认识，而且可以加深其对海洋动力学物理现象的认知。

本书的编写得到了由我带领的"海洋数值模拟与观测实验室"年轻的团队成员们和南京信息工程大学海洋科学学院的青年教师们的大力支持。大家分工协作，使得繁重的科研任务与本书的编写工作有条不紊地进行。尤其是在全球新冠肺炎疫情肆虐的特殊时期，这些优秀的年轻人携手与共、互助共进，这也使我沉浸在这份难得的欢乐和睦的工作氛围中。

海洋科学的持续发展，需要我们共同的努力和关注。我们真诚地希望，能够借由此书为相关领域的同学们提供些许思考，为教师们提供些许参考，为研究者们提供些许启发，也让更广大的受众们开始热爱有趣的海洋。

董昌明

2021 年春于南京龙王山下